JN016818

核燃料サイクルという迷宮

核ナショナリズムがもたらしたもの

山本義隆

みすず書房

核燃料サイクルという迷宮　目次

凡例

■年号は原則として西暦で表記。明治維新より第二次世界大戦での日本の敗戦までは１９３１年のように4桁の数で表し、必要に応じて１９３１（昭６）年のように元号も付記する。その場合、明治を「明」、大正を「大」、昭和を「昭」で略記する。第二次世界大戦後つまり１９４５年以降は、２桁の数で44以下の数たとえば23年は２０２３年を、45以上の数たとえば60年は１９６０年を表す。

■「通商産業省」「経済産業省」はそれぞれ「通産省」「経産省」と略記する場合がある。

■「東京電力」「関西電力」はそれぞれ「東電」「関電」と略記する場合がある。

■新聞、雑誌等は『毎日新聞』→『毎日』、『朝日新聞』→『朝日』、『東京新聞』→『東京』、『読売新聞』→『読売』、『日本経済新聞』→『日経』、『科学主義工業』→『工業』、『中央公論』→『中公』、『電氣新聞』→『電気』、『原子力資料情報室通信』→『通信』と略記する場合がある。なお『通信』は月刊で毎月1日発行ゆえ、号（No.）と年-月を示す。

■朝日新聞特別報道部『プロメテウスの罠』全9巻からの引用参照箇所は『罠』巻-章で指し示す。

■引用文中の鍵括弧「　」は〈　〉に改め、一部省略は……で、また引用者（山本）による補いは〔　〕で記す。

■国名は米国、英国、中国、ソ連、ロシア、ドイツ、フランス、イタリア、韓国、北朝鮮と略記。

■戦前文献からの引用では、固有名詞をのぞき、旧漢字は新漢字に、また「ゐ」は「い」に改める。

■人名はすべて敬称略とする。

用語について

■日本では「核エネルギー」にたいして「原子力」という物理学的には不正確な用語が使われているが、本書では、「核エネルギー」と「原子力」の両方をおなじ意味で使用する。同様に「核発電」や「核爆弾」や「核反応炉」にたいしても、それぞれ「原子力発電」や「原子爆弾」（通称「原爆」）や「原子炉」が使われているので、これらの用語も併用する。

■「原発」は「原子力発電」の略であるが、日本語では「原発」は主要に施設としての原子力発電所の意味に使用されているようなので、本書でもそれに合わせる。なお発電システムないし発電技術の意味での原子力発電にたいしては、主要に「核発電」を用いる。

■このことに関連し、日本では「反核」は「反核兵器（反原爆）」を意味し、「反核発電（反原発）」の意味を含まないと区別している向きもあるようだが、本書はその立場をとらない。すなわち「反核」は「反核兵器（反原爆）」と「反核発電（反原発）」の両義を含むとする。

原子核および核エネルギーに関連する基礎的な用語

■「原子」は中央に位置するひとつの「原子核」と、比喩的に言うと「そのまわりを廻っている」いくつもの負電荷の電子から成る。原子核は正電荷をもつ陽子と電荷をもたない中性子から成る。

■原子内の電子の数は原子核内の陽子の数とおなじで、その数を「原子番号」、原子核内の陽子数と中性子数の和を「質量数」という。質量数は原子および原子核の質量にほぼ比例する。原子番号がおなじで質量数の異なる（つまり中性子数の異なる）原子核を「同位体（アイソトープ）」という。

■ウランは原子番号92で、主要に質量数２３８のものと質量数２３５のものの二つの同位体があり、後者（ウラン２３５）は中性子を吸収すると原子番号がほぼ等しい二つの原子核に分裂し、そのさい、大きなエネルギーが解放される。その現象を「核分裂」という。前者（ウラン２３８）は核分裂しない。自然界のウランには核分裂を起こすウラン２３５が０・７％しか含まれていないが、この割合を増すことを「ウランの濃縮」という。

■核分裂にさいして分裂片とともに中性子が２個あまり飛び出すので、核分裂性の原子核を十分密に詰めておくと、核分裂がねずみ算式に広がる。それを「連鎖反応」といい、そのさい巨大なエネルギーが解放される。密度が十分になって自然に連鎖反応が起こる状態、つまり核分裂の発生が一定の割合で維持される状態を「臨界」という。連鎖反応により生じるエネルギー、つまり「核エネルギー」を瞬時に解放させるのが核兵器（核爆弾）、制御してゆっくり解放させ、熱として用いるのが核反応炉（原子炉）、その熱による発電が核発電である。

■「放射線」は、いずれも人体に危険な高エネルギーのα（アルファ）線（ヘリウム原子核）、β（ベータ）線（電子）、γ（ガンマ）線（高振動数の電磁波）および中性子線より成り、物体が自発的に放射線を放出する能力を「放射能」、物体が放射能を有していることを「放射性」という。ある「もの」が放射線によって「汚染」されるということは、その「もの」自体が放射性物質に変わることをいう。

「放射性原子核」は、自然発生的にこれらの放射線を放出して、別の原子核に変わる。これを「崩壊」という。α線を放出する崩壊をα崩壊、β線を放出する崩壊をβ崩壊、γ線の放出の場合は、おなじ原子核のエネルギーの低い状態に変化する。放射性原子核はこのように放射線を放出して崩壊するので「不安定」と言われる。放射性原子核は、一般には何回か崩壊をくりかえして、最終的に安定な、つまりそれ以上崩壊しない非放射性の原子核に変わる。

いくつかの箴言――序文にかえて

原発の危険というものは2通りありますね。事故が現実に起こるかも知れないという危険、それから何十万年にもわたって子孫に毒物を残すという危険。

水戸巌「東海原発裁判講演記録」1986年5月14日

ドイツで〔2023年4月〕15日、東京電力福島第一原発事故を受けて決めた脱原発が完了する。……ただ、高レベル放射性廃棄物の最終処分場の選定は進まず、数十年かかる廃炉作業とともに重い課題として残る。

『東京新聞』2023年4月15日朝刊

私たちが考慮したのは、放射性廃棄物に関連した多くの未解決な問題の扱いが、将来の世代に残されているという問題です。そして、将来の世代に未解決な問題を残しながら、エネルギー多消費の生活スタイルを今日楽しむことが正しいのかどうかという疑問です。

ドイツ脱原発倫理委員会委員　ミランダ・シュラーズ

ごみを後始末する確かなめどもないまま、ひたすら自転車操業を続けてきた核燃料サイクル。それはそもそも実現不可能な政策であり、つじつま合わせと無理の連続が現下の顚末、すなわち、とてつもない量の核のごみとプルトニウムというツケを次代に残したのではないか。そうだとしたら、現代人はこの上ない無責任を続けてきたことになる。

太田昌克『日米〈核〉同盟　原爆、核の傘、フクシマ』

放射能の時間スケールは人間の歴史に比べてみても、想像を絶する長いものである。いくら技術的改良によって安全性の研究をしても、それはほとんど何の意味もなさない。地球規模の半永久的な汚染は、将来にわたっての人類の犯罪であり、その責任は原子力にたいして推進派であるか批判派であるかを問うものではない。

藤田祐幸「地球を一周する日本の使用済核燃料」

人類に　まだ荷が重い　原子力

青柳茂夫『毎日新聞』仲畑流万能川柳　2023年5月6日

序章　本書の概略と問題の提起

〇・一　核発電の根本問題

東日本大震災とその直後の津波による東電福島第一原子力発電所（以下　福島原発）の２０１１年3月の事故で、周辺は放射能により広範囲に汚染され、地域の共同体は無残に破壊され、多くの住民が仕事も住居も失い、健康への不安を抱え、故郷を追われた人たちはいまなお先の見えない避難生活を強いられている。避難の過程で亡くなられた方も少なくはない。その被害は筆舌に尽くしがたい。

事故は、3月11日より4日あまりで、1・2・3号機では熔融した核燃料が圧力容器の底を突き破って流れ落ち、1・3・4号機では巨大で頑丈な建屋が水素爆発で崩壊し一部が吹き飛ばされたという、大規模で激甚なものであった。爾来十余年の現在になっても、融け落ちた核燃料（デブリ）の状態さえよくわからず、わかったとしても取り出すことも叶わない。そして、その８８０トンと推定される大量のデブリが放射能を帯びた汚染水を吐き出しつづけている。事故はいまなおつづいているのであり、真の意味での終息には、今後何十年、いや何百年も要するであろう。ひとたび人間のコントロールを離れた原子力は、凶悪なばかりか人間的時間を超越した存在として、福島の地に居座りつづける。京都大学原子炉実験所の助教であった小出裕章が、事故の翌年に語っている。

〔事故を起こした〕原子炉を廃炉にするには、長い時間がかかるでしょう。そもそも、燃料が熔融して、格納容器の外に出ていたら、取り出せませんから、原子炉の周囲をバリアー〔障壁〕で囲んで、放射性物質が外界に出てこないように、封じ込めるしかありません。……

チェルノブイリでも、重コンクリートという放射線の遮蔽効果が高い物質で、原子炉を封じ込めましたが、今も放射線が出続けている為、中性子の照射でコンクリートが脆弱になっています。いわゆる〈石棺〉が崩壊する危険があり、また、新しい覆いを建設中です。

何度も、何度もこういうことを繰り返す必要が生じてきます。福島第一原発でも何百年もこういうことを繰り返すことになるでしょう。お金も何十兆円もかかります。原発がシビアー・アクシデント〔過酷事故〕を起こすということは、こういう事態を招くということなのです。（小出 2012, p. 19）

「何百年」という表現は決して誇張ではない。チェルノブイリ原発事故の1年後に現地入りしたテレビ朝日の取材班にたいして、所長は「〔石棺に閉じ込められた〕炉が安全になるまで、今後８００年間はこのままの状態で管理する必要がある」と認めたという（『朝日』1987-5-25）。

北海道函館市が14年に津軽海峡をへだてた青森県大間原発の建設停止を求めて国と電源開発を訴えた

裁判の冒頭陳述で、函館市長は「放射能というどうしようもない代物をまき散らす原発の過酷事故は、これまでの歴史にない破壊的な状況を半永久的に周辺自治体や住民に与えるのです」と語ったが（『罠』9–51, 傍点山本）、そこには明らかに福島事故の衝撃が投影されている。

はっきり言えば、原発の事故は人間社会と自然環境にたいして回復不可能なダメージを与え、その意味でとり返しのつかないことなのであり、石油コンビナートの火災や火薬工場の爆発とは、単にレベルや規模の違いではなく、根本的に異なる。「根本的に異なる」ということの意味は、第一に、ある程度の終息に持ち込むためにも作業員の「決死隊」的な働きを必要とすることである。その働きがなければ、事故は破局にいたるまで進展拡大する可能性が高い。福島の事故でも、現地にとどまった作業員は死と隣り合わせの状態で働いていたのであった。死者が出なかったのは不思議なくらいである。そして第二に、ある程度の終息に達したのちも、危険で非生産的で終わりの見えない後始末の作業が必要とされ、そのための膨大な経済的負担そして精神的苦痛が、今後何世代にもわたって私たちの子孫に負わされることになる。つまり、原発の事故には、言葉の本来的な意味での「復興」はありえないのである。

そんなわけで福島の事故以来、原発の稼働に関して、当然のことながら「原発の安全性」――正確には「事故の危険性」――がつねに問題とされてきた。このことの重要性はいくら強調しても、強調しすぎることはない。もちろん事故がなくとも、原発の運転にはウランの採掘から定期点検にいたるまでの被曝労働が避けられないという非人間性があり、さらに運転や定期点検の過程では放射能で汚染された液体や気体が環境に放出される、あるいは熱効率が悪く発電量の約2倍の熱を環境に棄てなければならないなどの由々しい環境汚染の問題もある。

しかし核発電つまり原発稼働にまつわる問題は、じつはそれだけではない。核発電に内在する本質的な、そしてある意味ではより深刻な問題は、たとえ無事故で正常に運転されたとしても、きわめて危険でしかも人間の処理能力をほとんど超える放射性廃棄物としての「核のゴミ」がかならず生み出され、後に残されることにある。そして「この問題は原発そのものの安全性の問題と同じか、ひょっとするとそれ以上にやっかいで難しい側面を持っている」のである（今田他 2023, p. 3）。

原子爆弾（通称「原爆」、正しくは「核爆弾」）も原子炉（正しくは「核反応炉」）も作動原理はおなじで、原子核の核分裂の連鎖反応で生じる巨大なエネルギーを用いていることには変わりない。そのことを比喩的に――あくまで比喩的に――「燃焼」と表現すれば、核分裂性原子核を「爆薬」として使用し「瞬時に燃やす」ことでその巨大なエネルギーを一挙に放出させ破壊と殺戮に用いるのが核爆弾（原爆）で、それにたいして核分裂性原子核を「燃料」として使用し、制御しながら「ゆっくり燃やして」その大量のエネルギーを「熱」として取り出す装置が核反応炉（原子炉）である。[1]「原子炉」と称される巨大で複雑ですこぶる高価で危なっかしい装置は、ようするにお湯を沸かすための「炉」でしかないのである。核発電は、その熱で作られる蒸気でタービンを回し発電機を動かすわけだが、発電に使用する施設としての核反応炉が原発とよばれているものであり、その発電の原理は通常の火力発電と変わらない。

そして核爆弾であれ核反応炉であれ、いずれの場合でも「燃焼」のさいに生じた核分裂の生成物（分裂片とそれが崩壊してできる不安定な放射性原子のあつまり）は、それ自身がきわめて危険な放射性物質であ

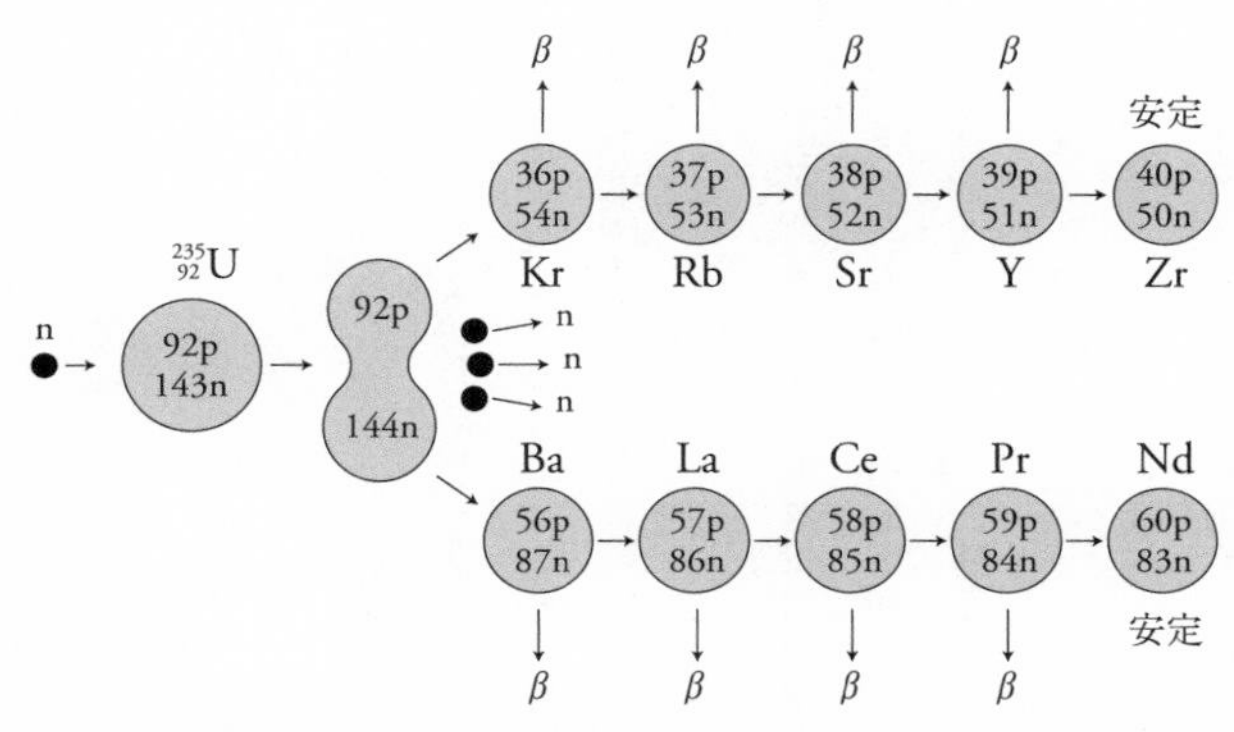

図1　ウラン235の核分裂と分裂生成物（死の灰）の例

核分裂では、中性子（図の黒丸）を吸収した核分裂性原子核が質量のほぼ等しい二つの原子核に分裂する。分裂のパターンはさまざまである。図はウラン（^{235}U）がバリウム（^{143}Ba）とクリプトン（^{90}Kr）に分裂したケース。このバリウムとクリプトンはともに不安定（放射性）で、最終的に安定な原子核となるまで何段にも崩壊をくりかえす。

このバリウムとクリプトン以下の一連の不安定な原子核をもつ原子が死の灰の構成要素である。これらは崩壊のたびに放射線（この場合はすべてβ線）を放出し、それが死の灰を危険なものにしている。またそのたびに飛び出した放射線のもつ運動エネルギーが死の灰の発する熱となる。「崩壊熱」と言われているものである。

り、それが「灰」として残される。その「灰」に含まれる放射性原子の多くは、最終的に安定な原子に変わるまで時間をかけて何回も崩壊をくりかえし、そのたびに危険な放射線を出しつづける（図1）。その意味でその「灰」は「死の灰」と呼ばれる。広島では空中で爆発した原爆の死の灰が塵となって舞い上がり、のちにそれを含んだ雨が降ったが、それが所謂「黒い雨」である。そして「使用済燃料中の放射性物質（死の灰）は原発の危険性の根源そのもの」（小林 2002, p. 112）であり、「死の灰を生み出さずに核分裂を起こすことはできない。この冷厳な事実が、原子力が抱える危険の一切の根源となる」（小出 2004, p. 325）のである。その意味において、〝核エネルギー自体は中性だが、その軍事使用（兵器としての原爆）は悪つまり危険で、民事使用（「平和利用」としての核発電）は善つまり安全〟という二分法は成り立たないことがわかる。

ここに「核分裂性原子核」と語ったが、それには核分裂性のウランとプルトニウムがあり、通常「原子爆弾」と呼ばれている核爆弾には、それぞれに対応してウラン爆弾とプルトニウム爆弾の2種がある。天然ウランはごくわずかな割合（0・7％）の核分裂可能な「可燃性ウラン」と圧倒的な割合（99・3％）の核分裂しない「非燃性ウラン」の混合物で、現在日本で使われている軽水炉では、可燃性ウランの濃度を数％に上げた「濃縮ウラン」が核燃料(2)として使用されている。それゆえ「燃焼」後には、「死の灰」としての核分裂生成物のほかに、「燃え残り」のウランや、非燃性ウランが中性子を吸収したときに生まれるプルトニウム(3)から成る「使用済み核燃料」が残され、それらはいずれも長期にわたって放射能を維持し、相当のエネルギーをもつ危険な放射線を出しつづけ、そのエネルギーが大量の熱となる。

それゆえ原発では、第一にその「使用済み核燃料」を隔離し、相当長期にわたって冷却しなければならない。冷却に失敗すれば融け落ち、大量の放射性物質が飛散することになるからである。そして、ある程度冷却された後も放射線の危険が残っているため、その後もさらに隔離し安全な所に保管しつづけなければならない。その残存放射性物質には危険性のレベルの高いものも低いものもあり、寿命の短いものも長いものもある。たとえばヨウ素131は、放射性であるが、半減期（放射能の強さが半分に減る時間）は8日で、約1カ月で放射能の強さは1桁減る。福島の事故で大量に放出された放射性のセシウム137は半減期が約30年、原子炉や原爆で生成されるストロンチウム90も半減期約29年で、ともに放射能の強さが1桁減るのに約100年を要する。半減期のもっと長いものもあり、とくにプルトニウム

239は、もともと地球上にはほとんどなかったもので、[4] 軽水炉での発電中に生まれ、そのため使用済み核燃料に含まれているのであるが、危険なα線を長期にわたって出しつづける。発見した化学者グレン・シーボーグ自身が「たとえ少量であっても、とてつもなく有毒（fiendishly toxic）」と語ったように（拙著 2022, p. 278）、プルトニウムはウランの10万倍程度の毒性をもち、しかも半減期が2万4千年と桁違いに長いので、強さが1桁減るのに約8万年、実質的に安全になるまで数十万年を要し、人間の時間感覚では事実上永久的に人間の生活環境・活動領域から隔離されなければならない。[5] それはしかし、有限の能力しかない人間にとって「想像を絶する難題」なのである（小林 2002, p. 112）。

福島原発の事故で、1、2、3号機は炉心が熔融落下（メルトダウン）した。つまり高温になった核燃料がむき出しになり、圧力容器の底を突き破って熔け落ちた。その後の放射能汚染水の大量発生は、1、2、3号機では格納容器も損傷したことを示している。さらに1、3、4号機では水素爆発で原子炉建屋が崩壊した。

チェルノブイリ原発事故の直後、86年5月に通産省資源エネルギー庁原子力発電課長は、炉心熔融の危険性について「日本の軽水炉はいわば水づけになっており、炉心に水を送りこむ装置が三重、四重についており、工学的に考えられない」と断言していた（『電気』1986-5-13）。東電が毎年発行している『原子力発電の現状』にも、原子力発電所では、核燃料をペレットとして固め、被覆管、圧力容器、格納容器、建屋の「五重の障壁」で包むことで「放射性物質の閉じ込めに万全を期し」ているのであり、そのため「外部に放射性物質の異常な放出をもたらすような事故が発生することはほとんど考えられません」とある（2004年版 pp. 74-76）。文科省発行の副読本にも同様の記述があった（『東京』2011-4-19）。「原発安全神話」の根拠であった。しかし福島の事故では、そのすべてが破られたのである。

他方、4号機は工事中で核燃料が炉から抜き取られていたので、炉心溶融は免れた。しかしその棒状の核燃料は、使用済みのものとともに、1500本あまりが冷却用のプールに相当の密度で詰め込まれていたのであり、もしも地震でこのプールの冷却水が失われていたならばこの核燃料が熔融し、膨大な量の放射能が放出され、人は福島原発に近づけなくなるばかりか、首都圏を覆う大規模汚染が起こり、関東一円は人が住めなくなるというおそるべき事態におちいる可能性があった。そして実際に、冷却用の電源が津波で失われ、大惨事になる寸前であった。しかし4号機では炉がたまたま工事中であったため、隣接する原子炉上部の普段は水の入れられていない部分に水が張られていて、しかも地震で燃料用プールとの仕切りがずれたので約千トンの水がプールに流れ込んだために爆発を免れたことが、のちに判明した（『朝日』2012-3-8）。しかも4号機でも、その原因がよくわかっていないのだが、水素爆発があって建屋の屋根が吹き飛ばされたので、上からの注水が可能になり、その後も燃料の冷却を続けることができたのである。まったくの僥倖であり、こうしていくつもの偶然が重なって奇跡的に日本は救われたのだが、正直、背筋の寒くなる話である。

この事実は、原子炉から取り出された後の使用済み核燃料そのものの危険性と、その処分の喫緊性を物語って余りある。「福島第一原発〔の事故〕は、使用済燃料プールとそれに伴うリスクに世界の関心を向けさせた」のであった（Lochbaum *et al.* 2014, p. 106）。

かつて50年代末から60年代にかけての高度成長の過程で、化学工場等から流出した廃液や放出された排気ガスが各地で河川や海洋や大気を汚染し、自然環境を破壊し、近隣住民の命と健康に多大な被害をもたらしたことは、いまではよく知られている。「公害」と言われた事態である。有害物質がひとたび環境に放出されれば回収はもはや不可能ゆえ、対処の仕方は、基本的には有害廃棄物が生じないように作業工程を改良するか、さもなければその有害廃棄物を煙突や排水口から工場外へ出さないようにしてすべて回収し、そのうえで化学処理により無害化することにある。そのいずれもができなければ、その技術は欠陥技術として、現実の生産過程に用いられてはならない。

チッソの水俣病にたいする熊本地裁の73年の判決文は明確に語っている。

化学工場が廃水を工場外に放流するにあたっては、常に最高の知識と技術を用いて、廃水中に危険物質混入の有無および動植物や人体に対する影響の如何につき調査研究を尽して、その安全性を確認するとともに、万一有毒であることが判明し、あるいは又、その安全性に疑念を生じた場合には、直ちに操業を中止するなどして必要最大限の防止措置を講じ、とくに地域住民の生命・健康に対する危害を未然に防止すべき高度の注意義務を有するものといわなければならない。……蓋し、如何なる工場といえども、その生産活動を通じて環境を汚染破壊してはならず、況んや地域住民の生命・健康を侵害し、これを犠牲に供することは許されないからである。（原田 1985, p. 19）

水俣におけるおびただしい数の患者の犠牲のうえに得られたかけがえのない教訓であり、高度成長の過程で日本が学んだ、ゆるがせにしてはならない原則である。

しかし原発では、死の灰を含む使用済み核燃料の発生は避けられないし、またその危険性をなくするあるいは低減する術（すべ）、つまり原子核1個や2個ではなくキログラムやリットルで量られるマクロな量にたいして放射能をなくするないし弱める手段も、半減期を短縮するという方法もない。また原発の稼働では大量の中性子も生み出されるが、中性子は電荷をもたないので、金属であれコンクリートであれ物質中を容易に通過し、その過程でその物質を脆化させる。それゆえ原発は何年も使えばかならず使用不可能になり、廃炉にしなければならない。もちろん、廃炉になった時点で原発そのものが放射能に汚染された、リサイクル使用のできない巨大な核のゴミと化し、残される。

つまり原発は、どのように処理しても最終的に残される、人間の手にあまる核のゴミという根本的な問題を抱えているのであり、原発の使用は、受益者としての現代人だけではなく、後の何世代にも過大な負担を負わせることになる。その意味で核発電はまったくの未完成技術であり、原発は由々しい欠陥装置なのである。原発が「トイレのないマンション」と言われる所以である。

結局、核のゴミにたいする唯一のそして真の解決策は「核のゴミを生み出さない」ということに尽きる。そのこと、および原発の事故が人間社会と自然環境に回復不能なダメージを与えることの二点から導き出される唯一の結論は、核発電は有限な人間の手に負えない、そして有限な地球上で使ってはならない技術であり、その根本的な解決策は原発を造らないこと、原発を使わないことでしかない、ということになる。

○・二　核のゴミとその後処理

それにしても、上述の福島原発4号機の使用済み核燃料が爆発しなかった顚末を報じた新聞報道の図(『朝日』2012-3-8)ではじめて知ったことだが、使用済み核燃料冷却用プールが原子炉建屋内の相当上部に設置されているのには驚かされた。現在日本で広く使用されている軽水炉の構造は、どう見ても地震の少ない米国用の仕様を、深く考えずに日本に流用したとしか思えない。

「〔米国の〕規制当局は、GE〔ゼネラル・エレクトリック〕の〔福島第1原発1～5号機と同形の〕マークI型および〔同6号機と同形の〕マークII型原子炉の設計を承認する際には、使用済燃料プールを原子炉建屋の5階に設置し、鉄骨フレーム構造で蓋をするだけで何の問題もないと考えた」のである(Lochbaum *et al.* 2014, p. 89. 原子炉建屋の5階は通常のビルの15階くらいに相当する)。原発が通常内陸部の河岸に設置されている米国では、そもそも津波対策など考えられていなかったのであろう[6]。その仕様を米国は、そのまま日本に輸出した。そして福島原発の事故――冷却機能の喪失――の原因としては、地震による振動の可能性が指摘されているが[7]、13台あった非常用ディーゼル発電機が海側のタービン建屋の地下に置かれていたために、6号機用の1台をのぞいて津波によりすべて冠水し使えなくなったのが、その後の展開にとっては致命的であった。非常用発電機をそのように地下に設置したのは、竜巻やハリケーンを想定した「米国式設計」を日本でそのまま採用したためだと言われている。

輸入した側の日本の事情について言うと、環太平洋地震帯を構成している地震大国で、地震研究は世界的レベルにあると言われる日本であるが、物理学者・水戸巌はすでに78年の時点で「驚くべきことに、原発の耐震設計という点で、日本は何ら独自の研究を行なっていない」と指摘していた（水戸 p. 210）。07年の新潟県中越沖地震では、実際の地震の揺れが東電柏崎刈羽原発の設計時に想定されていた揺れを大きく上まわったのであり、耐震性評価において電力会社が地震動をいちじるしく過小評価し、規制当局もそれを認めていたことが明らかになった。そればかりか、原発が地震災害に遭った場合の重大な危険性を地震学者の石橋克彦が「原発震災」として警告し、その意味で福島の惨状を予言したときにも、核発電を推進していた学者や研究者は「この人物は原子力工学会の人ではない」という理由で取り合わなかったのであった。そしてまた、中越沖地震での東電柏崎刈羽原発の被害から、原発において外部電源からの電力が途絶え、非常用ディーゼル発電機がダウンしたときの危険性をジャーナリスト広瀬隆が指摘したのは、福島原発事故の前年であった（広瀬 2010, p. 183）。地震国日本の経験に学ぶという謙虚な姿勢が電力会社にあったならば、福島の事故の展開も違っていたのではないだろうか。

そこで、米国で開発され、現在日本で主流になっている軽水炉の誕生の過程について簡単に触れておこう（軽水炉は冷却と中性子の減速に「軽水」つまり通常の水を用いるもので、加圧水型と沸騰水型がある）。

広島と長崎への2発の原爆投下で第二次世界大戦が終わりを迎えた時点では、米国は世界で唯一の核兵器保有国であり、核独占体制を維持することで戦後世界に君臨することを考えていたと思われる。

しかしソ連による予想外に早い49年の原爆実験、さらには52年に原爆実験に成功した英国による民生用原子力発電計画の発表によって、核独占という米国の当初の目論みは頓挫することになる。その結果が、ひとつには、52年11月の米国による人類最初の水素爆弾の実験であり、いまひとつが、53年12月のアイゼンハワー米大統領による国連総会での「平和のための原子力」[8]の演説であった。ソ連が水爆保有を発表し、米ソ間の緊張が高まった年である。米国は、核情報の完全な秘匿がもはや不可能であることを悟り、そしてまた原子力の民生用使用における英国の先行に焦って、急遽方向転換したのである。アイゼンハワー演説のねらいは、軍事については核開発競争において対ソ優位を保ちつつ、非軍事については、世界核市場の主導権を握り、米国核産業の持続的発展を図るとともに、核技術と核燃料の提供によって同盟国を囲い込むことにあった。核燃料を提供する相手国と2国間の原子力協定を結び、核物質の使用を厳密に規制することで、核兵器の拡散を妨げうるという目算もあったのであろう。アイゼンハワー演説がかなり焦ったものであったことは、米国が、国際的な原子力機関による核物質の共同管理という当初の国連総会での提案を、わずか2カ月でそれぞれの国との2国間協定に転換させたことからも、推し量ることができる。

かつて蒸気機関は英国において水没した炭鉱を甦らせるために開発されたのだが、原子炉と核発電はなんらかの産業上の要請から生まれたものではなく、もっぱら軍事つまり原爆製造の副産物として生まれたもので、その民需への転用も国際社会でのヘゲモニーを確立するためであった。軍事との関連で言うならば、アイゼンハワーが原子力（核エネルギー）にたいしてわざわざ「平和のための（for Peace）」と修飾しなければならなかったという事実自体が、原子力が第一義的に軍事のためのものであったことを裏返しに物語っている。実際「原子力の平和利用」と言われるが、石油や石炭にたいしてわざわざ「平和利用」などとは言わない。つまり核技術は本来的に軍事技術だったのであり、もともと民生用に開発されたものではないのである。

米国原子力委員会初代委員長D・リリエンソールの46年末の日記には「ヒロシマこの方世界を覆っている恐怖の雲」という表現があるが（Lilienthal 1964, II, p. 341）、当時、核は広島での核爆発の「きのこ雲」を連想させたのであり、「平和利用」という言葉はその「恐怖の雲」の印象を覆い隠し、できれば払拭する意図があったのだろう。結局、世界に先んじて究極の大量殺人兵器、桁外れの破壊兵器を作りだし、そして実際に使用した米国が、その忌まわしい事実を隠蔽とまではゆかないにせよ、その印象を中和させ薄めさせるために編み出した標語が「平和利用」であった。

米国は、戦争中に「マンハッタン計画」と称される原爆製造計画を秘密裏に立ちあげ、20億ドルを投入し、おびただしい数の科学者・技術者を動員し、まったくゼロの状態からわずか3年で核兵器を作りあげた。平時であれば20年以上を要したであろうと考えられている。そのさい技術上もっとも困難な過程は「爆薬」としての高純度の可燃性ウランとプルトニウムを一定量入手することであった。そのために米国政府は、金に糸目をつけず相当の設備投資をしている。「1年に1個のパナマ運河を建設するに等しい大事業が、ほぼ3カ年間も、テネシー州オーク・リッジとワシントン州のハンフォードでつづけられた。オーク・リッジではウラニューム・235が製造され、ハンフォードでは新しい爆発性金属プルトニュームが製造された」のである（Blakeslee 1948, p. 99）。

戦後、核発電用として米国が同盟国に売り込んだ核燃料は、そのマンハッタン計画で急遽開発された、その意味では未熟な技術と急造設備を用いて生産されたものだった。つまりそれは、もともとナチ・ドイツより一日も早く原爆を手にすることを最大の目的として、経済性だとか安全性だとかを一切合切犠牲にして突貫工事で作りだした濃縮ウランを、戦後になってそのまま原子炉に転用しただけのものであった。大戦中に投資した資金を回収するねらいも当然あったのだろう。原子炉自体も、大戦中にプルトニウムを得る目的で考案されたものである。そして米国における核エネルギーの次なる利用は、55年に造られた軍用潜水艦の動力であった。実際には艦内に設置された原子炉で発電しその電気でモーターを回すもので、ガソリン・エンジンと異なり長時間にわたって燃料補給を必要とせず、しかも酸素を消費しないゆえ、長期間の潜水航行が可能になる。そのことは、核弾頭を装備した原子力潜水艦を使って、敵からの探知の困難な移動核ミサイル発射基地を太平洋と大西洋に配置することを可能にしたのであり、米海軍の核戦略に革命をもたらしたと言われる。

米国が戦後日本に売りつけた軽水炉は、もともとはこのように軍用潜水艦の動力として設計されたものを民生用に転用したものであり、そのため民生用の技術としては、やはり十分に熟した完成品にはほど遠いものであった。加圧水型軽水炉は米国海軍とウェスティングハウス社の共同開発によるもので、元来は軍事用ゆえ安全性は二の次とされた。沸騰水型軽水炉はゼネラル・エレクトリック社によるその改良であるが、「改良」と言ってもコストを下げるために構造を簡略化したもので、安全性を高めたというわけではない。実際、米国から初期に購入された原子炉では、トラブルが多発していた。日本の核発電の本格化は、70年の日本原子力発電（原電）の敦賀原発（沸騰水型）と関電の美浜原発（加圧水型）、そして71年の東電福島第一原発（沸騰水型）の、いずれも軽水炉である各1号機が営業運転に入ったことではじまる。ところが「〔この〕3原発はそろって事故が続き、70年代の原発の設備利用率はきわめて低かった」（原子力資料情報室編 p. 20）。ようするに「現在の原子力発電所は、その生まれも育ちも原爆技術の落とし子であり、その故に欠陥続出なのである」（水戸 p. 208）。

その未熟さと欠陥の最たる点は、事故の危険性を別にすれば、きわめて有害な「死の灰」が核のゴミとして発電後にかならず残されることにある。現在の標準的出力である100万kWの原発を1年間稼働すれば、使用済み核燃料が約30トン残され、そのうちに含まれる死の灰は約1トンで、これは広島原爆が撒き散らした死の灰（1kg弱[9]）の約千倍、1日あたり広島原爆の約3個分にあたる。原爆の威力つまり危険性は、爆発時の爆風と熱線と飛び散った死の灰の放射線によるものであるが、原発では、爆風と熱線に相当するエネルギーの放出は考えられないが、死の灰の危険性は原爆の場合をはるかに上まわっているのである。核分裂の発見が「人類の生存を脅かすことになった」と73年に指摘したシューマッハーが「一般の人たちが原子爆弾のほうに注意を奪われるのはうなずけるが……、いわゆる原子力の平和利用が人類に及ぼす危険のほうが、はるかに大きいかもしれない」と語ったのは（Schumacher, p. 178）、十分に理由のあることなのである。

原爆は兵器、すなわち破壊と殺傷を唯一の目的とする非人道的なツールであり、「死の灰」は兵器の殺傷能力の一部と考えられるので、それが爆発後に残されること自体が問題とされることはなかった。

しかし民需のためのものである原子炉では、そのことは由々しい問題になる。兵器としての原爆製造に成功したからといって、民生用の発電技術としての核技術が完成したわけではない。したがって、「平和のための」と銘打って原子炉を民生用の商品として売り出すためには、本来であれば、事故にたいする安全性が十分に保証されると同時に、この「核のゴミ」の安全で確実な処分方法が確立されていなければならなかった。しかし戦後世界で普及した原子炉は、先に言ったようにその点が未解決のまま拙速に売り出されたのである。

その使用済み核燃料の原発稼働後の処理——バックエンド——は、基本的に2通り考えられている。ひとつはそれをそのまま「核のゴミ」として扱うことである。これを「直接処分」という。いまひとつは、使用済み核燃料から燃え残りのウランと原子炉内で生まれたプルトニウムを化学処理によって抽出して再利用するやり方がある。このウランとプルトニウムを抽出する過程を「再処理」という。

再処理の場合、炉から取り出された使用済み核燃料は燃料プールで数年間冷却され、その後に再処理工場に送られる。そして再処理により抽出されたウランつまり可燃性ウランの割合が減少した減損ウランは、あらためて濃縮されて軽水炉での発電に再使用され、同様に抽出されたプルトニウムは、ウラン（非燃性ウラン）との酸化混合物——MOX燃料——とされ、高速増殖炉で発電に使用されることになっている。この再処理とウラン濃縮そして高速増殖炉での発電の過程を「核燃料サイクル」という[10]。

ここに言う高速増殖炉とは、再処理で作られたMOX燃料をもちいてプルトニウムに核分裂を起こさせ、そのエネルギーを取り出すものである。その核分裂のさいに放出される中性子が非燃性ウランに吸収されるとプルトニウムが生まれ、そのため燃料のプルトニウムが「増殖される（breed）」と考えられたので「増殖炉（breeder）」と言われている（「高速」と言われるのは、減速しない中性子を用いるからで、反応が高速なわけではない）。この「増殖」という点の真偽について詳しくは、後で述べる。

ともあれこの核燃料サイクルでは、軽水炉での使用済み核燃料から化学処理によりプルトニウムと残ったウランを取り除いた後に、高レベルの放射性廃棄物が液体状態で残され、それがこの場合の最終的な核のゴミ（液体化された「死の灰」）となる。薬品での処理のさいに放射性物質に接した物質も放射性に変わる――放射能を帯びる――ので、「再処理を行うことは、放射性廃棄物の種類を増やし、量を増やし、それらの処理、輸送、一時貯蔵、最終処分と、あと始末をいっそう面倒にする」（和田他 p. 15）。

先に米国は「欠陥商品」としての原発を世界に売り出したと言ったが、米国ではこの核のゴミの問題を当時どのように捉えていたのだろうか。米国の研究者によって50年に書かれた『原子力発電の経済的影響』という本がある。そこにはリリエンソールのつぎの説明が引かれている。

核分裂がおきると、エネルギーが発生する……。しかし、あとに残るものがある。それは核分裂による生成物である。これは多くの同位元素の混合物で、強い放射能を持っている。核分裂の舞台である原子炉において、これらの〝熱い〟（放射性）元素は原子炉の運転によくない作用をおよぼすのである。これらの新しく生成された元素のうち、あるものはよく中性子を吸収するので、核分裂の連鎖反応の邪魔をすることになる。そこで、この分裂生成物――原子灰――を取り除いて、残りの原子燃料をもう一度使えるように回収しなければならない。これが化学分離の仕事であるが、それには非常に複雑で困難な化学上・化学工学上・冶金技術上の問題がひかえている。(Schurr & Marschak 監修 p. 15)

「原子灰 (nuclear ashes)」はもちろん日本で「死の灰」と言われているもののことである。この書に書かれているのは再処理とその困難についてだが、しかし再処理後に残される「死の灰」については、単に連鎖反応を妨げるので取り除かなければならないという以上は、何も書かれていない。

日本で当時刊行されていた雑誌『自然』54年3月号に、その前年に米国の学術雑誌に掲載された論文「原子動力と化学工学」の翻訳が掲載されている。[11] そこには核エネルギーが石油・石炭と経済的に競合しうるために工学が果たさねばならない二つの課題として、しかるべき原子炉の建設とならんで、「原子燃料を濃縮、精製する処理方法、原子炉から排出される消費燃料 spent fuel を浄化、再生する過程として、安価で効率の高いものをみつけること」が挙げられている。この前半は核燃料の製法、後半に書かれていることはようするに再処理であり、論文では「消費燃料 (spent fuel)」すなわち使用済み核燃料に含まれる有用物質 (ウランとプルトニウム) とその抽出法が詳しく論じられているが、その抽出後に残される危険な廃棄物つまり「死の灰」については、やはりここでも何も触れられていない。

これらの例より、当時、米国の研究者にとっても核のゴミの処分、つまり後始末という問題が関心の対象外であったことがわかる。

日本はどうかというと、54～55年にマスコミでは「原子力の平和利用」キャンペーンがつづけられていたのだが、その当時、放射性廃棄物の問題が取り上げられることはなく、死の灰の問題についても、事故で原子炉から漏れることの危険性が指摘されたことはあっても、原子炉の運転後に残されるという問題は注目されていなかった（山本昭宏 pp. 170, 179）。

米国科学アカデミーが、高レベルの放射性廃棄物を地下３００m以深の岩盤に埋めるという「地層処分」を提唱したのは57年だったが、米国がその問題の深刻さに直面したのは、戦争中からプルトニウムを作っていたハンフォード再処理工場での、高レベル放射性廃液がタンクから44万リットルも漏洩した73年の事故によってであったと言われる。処分法の問題はいまでももちろん米国をも悩ませている[12]。

現在では日本でも高レベルの核のゴミについては地層処分が考えられているが、それがどれほど有効かは不確かであり、もちろんその将来的な安全性・危険性も不明であり、そもそも最終的にどこに運び込みどこに保管するかは、いまなお未解決な問題として残されている。日本列島と異なり、大きくて安定な北米大陸内部に、西部劇の舞台によく使われるような人口密度がきわめて低く地下水脈の乏しい広大な砂漠地帯を有する米国でさえ、最終処分場すなわち核のゴミを何万年にもわたって安全に保管できる地点を見出せないでいる。まして、地殻変動が激しく構造的には不安定で、数多くの活断層が縦横に走り頻繁に地震が襲い、多くの活発な火山帯が存在し、さらには雨量が多くどこを掘っても水が湧き出す豊富な地下水脈を有する日本列島に、適切な地点があるのだろうか（藤田和夫 1985, 生越 1986 参照）。

『朝日新聞』によると、日本で最初に核発電に成功する前年の62年の原子力委員会の報告書には「国土が狭あいで地震のあるわが国では、最も可能性のある最終処分方式としては深海投棄であろう。地下水、人口の分布状況などからみて、放射性廃棄物の土中埋没による処分は禁止すべきである」と書かれていたのだが、75年に廃棄物の海洋投棄を禁じる「ロンドン条約」が発効し、地層処分しか選択肢がなくなったとある（『罠』3-18）。だとすれば、論理的には陸上も海中もともに禁じられるという結論になるはずで、その意味では「日本は原発を使ってはいけなかった」のであり、それゆえ現在の日本にとってこの問題は、最重要で最難関の問題と言うことができる。

本書は、福島の事故以来各方面から語られてきた原発事故の危険性の問題にはあえて深入りせず、脱原発すなわち核エネルギーの放棄にむけて、この「核燃料サイクル」と「核のゴミ」をめぐる問題に焦点をあててゆく。というのも、その問題に日本の核政策に内在する本質的な矛盾が込められていると考えられるからである。

いずれにせよ核のゴミは、核燃料サイクルの場合では、直接処分の場合にくらべてその量も扱いの困難さも格段に増加しているのであり、その問題は核燃料サイクル路線を選んだことにより、解消されるどころか、現実にはより深刻になっている。ところが他方では、全量再処理・核燃料サイクルの路線をとるかぎり、「核のゴミ」の問題に逃れようもなく直面するのは、サイクルが完成してから、すくなくとも再処理工場が稼働しはじめてからであり、その時点までは、その処分の問題を先送りすることが「可能になる」。94年の核戦争防止国際医師会議の報告書も「電力業界や政治機構が、再処理＋ＭＯＸ〔燃料〕利用システム〔すなわち核燃料サイクル〕に関心を抱いたもう一つの側面は、核廃棄物問題をもっと先の将来に持ち越せる点である」とはっきり指摘している（Küppers & Sailer 1994, p. 27）。

実は日本政府と産業界は、70年代後半から核燃料サイクルの経済性を内々に査定していたのであり、すでに80年代後半には再処理費用は直接処分より不利との結論を得ていた。[13] にもかかわらず民間企業としての電力会社が経済的には引き合わない核燃料サイクルの路線に同意したのは、そうしなければ核のゴミの処分という問題にただちに直面するからであろう。そのためであろうか、全量再処理を選んだ日本では、この核のゴミの最終的処分という問題は、その重要性に見合うだけの真剣さではこれまで検討されてこなかった。

たとえば経済学者・有澤廣巳は、70年代に日本原子力産業会議[14]（原産会議）の会長の任にあったのだが、その76年の年次大会の会長所信でつぎのように語っている。

〔原発の〕廃棄物の処理処分については、わが国では官民の役割の明確化と合わせ、低レベルのものを手はじめに安全に処分できるという実績を積み重ねることが肝要であります。このような方針の明確化によって、わが国の原子力開発はトイレットのないマンションの如しとの非難は理由なきものとなるでありましょう。同時にこれは核燃料サイクルをクローズド・システムとして完結するところに大きな意義があります。（有澤 p. 256）

単なる一経済学者の傍観者的感想ではない。有澤は、経団連原子力部会ともいうべきこの原産会議の会長だが、それだけではなく制度上は日本核政策の最高決定機関である原子力委員会が50年代に発足したとき以来の委員であり、時に委員長代理の役をも担い、さらに75年に設置された首相直属の諮問機関である原子力行政懇談会の座長をも務めたことで知られている。言うならば財界・官界・政界における核政策の中枢にいた人物である。有澤が88年に死去したときの新聞に載った、日本エネルギー経済研究所理事長による追悼文には[15]「日本原子力産業会議の会長に就任されてから、毎年正月の賀詞交換会で話された新春所感は、その年の原子力政策の〈教書〉ともいうべきものであった。われわれは、この有澤スピーチを聴いて、その年の政策の大きな流れの方向を把握し、仕事に臨む姿勢を教えられた」とある（『朝日』1988-3-9夕刊）。そのような指導的な立場にあり、影響力も大きい有澤のこのあまりにも楽天的な発言は、その問題が日本でいかに軽く扱われていたのかを雄弁に物語っている。

「核のゴミ」について有澤廣巳の見解を見たが、技術上の問題には暗いと思われる経済学者の発言だけをとり上げるのは偏っていると見えるかもしれないので、東京大学工学部応用化学科出身で、東京工業大学と日本大学理工学部の教授を歴任したれっきとした工学研究者であって、しかも原子力と原発に関して何冊もの著書や訳書を出してきた崎川範行の78年の書のつぎの記述を引いておこう。

> 核分裂生成物の１００％完全な処理方法は、現在のところまだ見つかっていないようです。ただ量的にいって、現段階における原子力発電計画程度では案ずるに及ばないと関係者はいっております。もっとも、原子力発電からの核分裂生成物がいくら蓄積したとしても、核兵器を使う戦争をしたり、その爆発実験をした場合の汚染からすれば、これは比較にならないほどのわずかな量でしょう。（崎川 p. 215f.）

事実についてあきれるほど無知であるとともに、問題の深刻さにおよそ無自覚であると言わざるをえない。先に言ったように、１００万kwの原発は、たったの1日で広島原爆約3個分の「死の灰」を生み出しているのである。工学の研究者であれば、自分で計算すれば簡単にわかることだ。実際に福島原発の事故では、半減期の長い放射性のセシウム１３７に限れば、１～３号機の炉心に蓄積されていた71京ベクレル[16]のうち、わずか２％強が大気中に放出されたと、旧原子力安全・保安院によって推定されている（京は1万兆＝10の16乗、『通信』No. 560 2021-2, No. 561 2021-3）。原子炉内に残されていた死の灰のごく一部が大気中に飛散したにすぎないのだが、それでも事故で放出された放射性セシウムの量は広島原爆１６８・５個分に相当すると試算されている（『東京』2011-8-25、『朝日』2011-8-27）。海外の研究者の独自調査では、その3倍の可能性も指摘されている（Biddle, p. 143）。福島の事故では格納容器が爆発したのではないから、大気中に飛散したのは原子炉中の死の灰のごく一部と考えられる。稼働した原子炉内には恐るべき量の死の灰が残されているのである。

原子力委員会が「放射性廃棄物の対策について」という基本方針をまとめたのは76年であったが、その内容は２０００年ごろまでに見通しを得ることを目標に調査研究を進めるという悠長なもので（吉岡 2011b p. 194）、さしあたっては何もしないのとおなじであった。実際、東海村で原発が最初に稼働したのが66年で「それいらい、２０００年に〈特定放射性廃棄物の最終処分に関する法律〉……が制定されるまで、核のごみ問題がまじめに議論されることはありませんでした」と言われている（今田他 p. 6）。

その間、原発はいくつも造られ、使われつづけ、日本は核のゴミを生みつづけてきたのである。

○・三　高速増殖炉について

日本は20世紀中期に核発電に乗りだしたときから、「国家事業（ナショナルプロジェクト）」として、それも戦後最大の「国家事業」として、使用済み核燃料の再処理とともに高速増殖炉の開発による核燃料サイクルの完成を目指してきた。つまり核発電の後処理（バックエンド）の一方式として核燃料サイクル路線を選択したというよりは、むしろ**核燃料サイクルの確立そのものを第一目的にして核発電に取り組んだ**のである。

戦後の復興期に政治家や経済人が原子力に着目し原子力——核発電——を受け容れたひとつの大きな誘因は、満洲事変からアジア太平洋戦争へと戦前の日本を押しやったのと同様の、日本が「資源小国」であるという強迫観念（オブセッション）であった。

元科学技術庁の事務次官で日本の原子力開発に黎明期から携わっていた伊原義徳は、「全ての始まりは、我々、太平洋戦争を経験した世代が、資源問題からいかに解放されるかを真剣に考え始めたことからでした。……そこで最も注目されたのが、原子力だったんです」と証言している（上川 2018a, p. 46f.）。官僚だけではない。55年に米国の原子力関係の施設の視察にまわった東電の社長・高井亮太郎は、帰国時に原子力発電について「いまの段階では経済的に採算がとれる見通しがつかない。資源の少ない日本はいずれ原子力に頼らざるを得ないので大いに研究しなければならないが……」との感想を漏らしていた（竹林 p. 64, 傍点山本）。同時期、日本国内ではウラン鉱床の発見に力が入れられていたのだが、それというのも「原発の燃料となるウランを自前で賄うのは資源小国としての悲願でもあった」からだと言われている（『毎日』2022-8-20, 傍点山本）。そして朝日新聞科学部の大熊由紀子は77年に「資源に乏しい日本は、核燃料にも頼らざるを得ない」と語り、原発の使用を全面肯定している（『朝日』1977-5-27, 傍点山本）。焦点はつねに「資源問題」であった。

そしてその点では、使用にともなって燃料が「増殖」されると言い伝えられていた高速増殖炉は、なお一層魅惑的に思われたのであった。73年の発足以来日本の原子力行政の中枢に君臨してきた通産省資源エネルギー庁が75年に出版した『日本の原子力産業』には「核燃料の利用効率を飛躍的に向上できる高速増殖炉を自主開発する意義の重大さに鑑み、今後ナショナルプロジェクトとして人力・資金を十分に投入し、その開発を強力に進めて行かねばならない」と表明されている（p. 99）。三菱重工業の社史『海に陸にそして宇宙へ』には、高速増殖炉について「炉内で消費した燃料以上に新しい燃料（プルトニウム239）をつくり出すしくみの原子炉で、〝夢の原子炉〟と呼ばれている」（1990, p. 623）とある。同様に東京電力発行の『原子力発電の現状』にも「この炉はプルトニウムを燃料とし、発電しながら消費した以上の燃料を生成する画期的な原子炉で、原子力開発の先進国がこれまで競い合って開発を進めてきました」とある（2004, p. 250, 傍点山本）。官庁も原発メーカーもユーザーの電力会社も、高速増殖炉については燃料の増殖という認識で一致していたのである。日本が早くから核燃料サイクルを「国家事業」とした背景である。[17] なにしろ、東京大学の原子力工学科を卒業して、のちに東京電力の原子力本部長と副社長を務めた、その意味で技術面でも経営面でも原子力発電のプロと目される人物が、高速増殖炉が完成したならば「今後１０００年以上にわたって、人類がエネルギー問題から解放されるのも夢でなくなります」と無責任に吹いているのである（榎本 p. 168, 傍点山本）。「今後１０００年以上」とあればほとんど駄法螺であり、原発の「安全神話」とならぶサイクルの「増殖神話」である。

官僚や財界や電力会社だけではない。アカデミズムの側でも、日本学術会議原子力特別委員会委員長の三宅泰雄が77年に「高速増殖炉が完成すればプルトニウムは無限に近い核燃料資源になる」と、およそ科学者らしからぬ誇大で雑な言葉で語り、神話を裏書きしていた（三宅 p. 223, 傍点山本）。

原子炉の開発は、実験炉→原型炉→実証炉→実用炉の4段階で進められるのだが、日本における高速増殖炉開発の「国家事業」は、茨城県大洗町の実験炉「常陽」の運転から福井県敦賀市の原型炉「もんじゅ」建設の段階へと具体化してゆくことになる。その「常陽」が臨界に達した77年4月24日の翌日の『朝日新聞』朝刊の一面トップに「常陽に〝原子の火〟ともる／エネルギー自立化へ一歩」とあり、その日の「社説」には「この型の炉では核燃料を燃やしながら、同時に消費した以上のプルトニウムがウラン２３８から作られる。ウランの完全利用の道が開かれるのであり、増殖炉技術が完成してはじめて原子力利用の全体系が完璧なものになる」と表明されている（傍点山本）。しかし発電設備の備わっていない「常陽」についで、高速増殖炉の技術的可能性を調べるための小出力ながら発電設備を備えた原型炉「もんじゅ」が建設されたのだが、その原型炉すらついに完成に至らなかった。85年に着工した「もんじゅ」は、94年に一度は臨界に達し核分裂連鎖反応を開始したが、２０５日後、40％で運転中にナトリウム漏出火災事故が発生、以来、改修に要した14年後に再稼働したが45日後、10年8月に再度大きな事故を起こして停止し、ついに16年に廃炉が決定された。正味わずかに250日の稼働であった。

高速増殖炉については、構造上の問題として「軽水炉にはありえない連鎖反応暴走事故を起こす可能性があること」が当初から指摘されていた。すなわち「燃料中には100%のプルトニウム239の燃料棒が挿入されており、炉心熔融がおこれば、これが塊となって、核爆発をおこす可能性があります」と言われていた（水戸 p. 49）。それればかりか、冷却に用いられる金属ナトリウムは化学的にはまったく不安定で、水と反応して爆発し、空気に触れれば発火する。ナトリウムのその危険性は「もんじゅ」の95年の事故でものの見事に実証されることになった。05年に核燃料サイクル開発機構[18]が出版した『核燃料サイクル開発機構史』には、「もんじゅ」の「所期の目的」について「発電プラントとしての信頼性の実証及びナトリウム取り扱い技術の確立」とあるが（p. 22）、その二つの目的は二つながら達成できなかったのであり、このことは、高速増殖炉の開発自体の事実上の破綻を意味している。

しかしじつは「もんじゅ」の開発が頓挫する以前に「高速増殖炉」の機能について「増殖」という点では額面どおりには受け取れないことが判明していた。先述の国際医師会議の報告書には「〈核燃料サイクル〉として知られるシステムも、実際には原子力の原材料から核廃棄物にいたる道沿いで、ほんのわずかな量が1回だけ再利用されるシステムのことである」とある（Küppers & Sailer, p. 25.）。それも実際には技術的にきわめて困難で、実現性はきわめて乏しかった。エネルギー工学の専門研究者・青木一三の書には「ロシアにしてもフランスにしても、一応〔高速増殖炉の〕基礎研究は継続しているが、原型炉で増殖比が〈1〉以上になったという報はない」とあり、「ようするに、増殖は〈おとぎ話〉なのだ」と結ばれている（青木 2012, p. 126）。

核燃料サイクルの要（かなめ）ともいうべき高速増殖炉の開発は、実際には英米独仏の各国が先行していたのだが、主要に技術的困難のため、さらには経済的な理由もあり、そして後でくわしく見るように、何よりもプルトニウム生産によって核兵器の拡散につながる危険があるため、ドイツは91年に、英米は94年に、そしてフランスも97年に撤退している。この時点で「夢の原子炉」は夢に終わり「無尽蔵の核エネルギーの夢は雲散霧消した」のであった（吉岡 2011b p. 4）。

しかし日本は、世界のその現実に目をつむるばかりか、「もんじゅ」の破綻にもかかわらず、いまなおこのタイプの原子炉の開発に固執している。もっとも14年以降は「増殖」が当初の期待どおりには望めそうにないということや、「危険なプルトニウムを増加させる」というイメージが対外的にはよろしくないという判断もあったようで、「増殖」という言葉を表に出さず、単に「高速炉」とか「新型転換炉」という名称に変えている。

〇・四　核燃料サイクルの現状

他方、核燃料サイクルの高速増殖炉とならぶいまひとつの要は再処理であり、これは放射性物質である使用済み核燃料を剪断（せんだん）し化学処理を施す、より一層困難で危険な作業である。というのも、それまで

「原発の安全性」の根拠として、前に触れたように、原発では核燃料がペレット、被覆管、圧力容器、格納容器、そして建屋によって五重に防御されているから死の灰が外に漏れ出ることはないと語られていたのだが、再処理では、原子炉の外に取り出されたその使用済み核燃料が被覆管も剝ぎ取られペレットも溶かされ、死の灰が完全にむき出しにされた状態で処理されるからである。

茨城県東海村に造られた試験用再処理施設（パイロットプラント）と、青森県六ヶ所村で建設が進められている再処理工場がその舞台だが、東海村の施設は77年に運転開始も、その後トラブルつづきで、97年に火災と爆発事故を起こして運転中止となり、そのまま廃止とされた。他方、本番用の六ヶ所村再処理工場は、93年に着工し、当初は97年完成予定であったが、以来、完成が延期に延期を重ね、着工から29年目の22年9月7日実に26回目の完成延期を決定し、もはや完成予定時期の指定すらできなくなっている。

そのことと「もんじゅ」の廃炉をあわせて考えると、核燃料サイクルそのものの破綻は明らかであろう。再処理工場の26回目の完成延期を伝える22年9月8日の『東京新聞』には見出しに「核燃サイクル破綻明白」と記され、同様に23年1月7日の『毎日新聞』には「誰がどう見ても〈破綻状態〉にある日本の核燃料サイクル」とある。そして67年から99年まで主に高速炉の研究開発に関わり、「もんじゅ」の許可申請および電気事業者の実証炉設計研究に長年携わってきた技術者・滝谷紘一は、21年に「日本は高速炉開発に固執しているが、50年以上かけても実用化できず、国費と人材の浪費だ」と語り、さらに23年のレポートでは、「国策として進められてきた核燃料サイクルは破綻を呈しており、その中核となる高速炉の開発はもはや無用である」と断言している（『通信』No. 568, 2021-10, No. 583, 2023-1）。また原子力政策が専門の長崎大教授・鈴木達治郎も「事実上破綻している核燃料サイクル政策」と語っている（『毎日』2021-12-26）。核燃料サイクルは、技術サイドからも政策サイドからも見放されているのであり、すでに決着はついているのである。

ということは、日本の核政策そのものの全面的破綻を意味している。その後には、福島原発事故の巨大な残骸と、廃炉とされた「もんじゅ」、および放射線で強度に汚染された東海村と六ヶ所村の再処理工場、そして六ヶ所村と各地の原発に置かれた膨大な量の使用済み核燃料が残されている。日本国内で貯蔵・保管されている使用済み核燃料は、六ヶ所村には12年の段階で２９００トン（『朝日』2012-9-15）、各地の原発には23年の段階で合計およそ2万トンにのぼる（『東京』2023-2-22）。そのほかに、英仏の再処理工場に依託して得られたものも含め、すでに抽出されたきわめて危険で核兵器に転用可能なプルトニウムが約48トン存在する。ＩＡＥＡ（国際原子力機関）の基準ではプルトニウム８kgでプルトニウム爆弾を1個作ることができるので、じつにプルトニウム爆弾6千個分にあたる。核兵器非保有国ではもちろんダントツである。国際的には、日本は、これ以上プルトニウムを取り出すどころか、保有量を減らしてゆかなければならない立場なのである。

しかしいまもって日本政府は原発回帰に前のめりであるばかりか、核燃料サイクルの旗も降ろしていない。経産省の原子力政策の基本となる05年決定の「原子力政策大綱」では、老朽原発の建て替え（リプレース）とともに、第二再処理工場と新しい高速炉の開発が語られていた。客観的に見れば、福島の原発事故を経た現在では状況は一変している。経済面だけでも、変化は著しい。23年4月の『原子力資料情報室通信』

には書かれている。

様々な発電エネルギー技術の建設および運転に関わる発電コストは、……過去10年（2012〜2021年）で、例えば太陽光は約10分の1、風力は約3分の1になっています。蓄電池の価格も、約3分の1になりました。／一方、過去10年で原発のコストは2倍程度に上昇しています。

（『通信』No. 586, 2023-4）

各種の自然エネルギー利用の発展に比べ、原発使用はすでに先行きの展望が見えなくなっているのである。にもかかわらず現在、岸田内閣は05年の路線への回帰を表明している。

福島の原発事故の後、12年6月に民主党政権下で原発の運転期間を「原則40年、最長60年」とする改正原子炉等規制法が、当時の野党である自民党や公明党も賛成して成立している。核分裂は強い中性子線を生むため原発部品の傷み（脆化）が激しく、使用とともに事故リスクは高まり長くは使えない。もともと民主党が提起したのは40年廃炉であった。実際には40年でも甘いのだが、電力業界からの強い圧力でさらに20年の延長を「例外中の例外」ということで付け加えたのだ。しかしその後、23年末の時点では稼働中の12基のうち半数の6基にたいして40年超運転が認められている。もはや「例外」なんてものではなくなっている。

しかし福島の事故がいまなお現在形で語られねばならない22年6月、岸田政権は、その甘い規制さえ

岸田政権 脱炭素社会へ基本方針

原発推進に大転換

岸田政権が昨年末にまとめた脱炭素社会の実現に向けた基本方針は、原発の60年超運転や建て替えなどの原発推進策が柱となり、2011年の東京電力福島第一原発事故後の原子力政策を転換させた。活用策ばかりが目立ち、放射性廃棄物の後始末は具体策がなく、現行のエネルギー基本計画との整合性にも疑問の声が上がる。内容を整理した。

（小野沢健太）

原子力政策の転換内容

	従来の政策（エネルギー基本計画）	基本方針
基本的な考え方	脱炭素社会に向け、あらゆる選択肢を追求	エネルギー危機に耐えうる需給構造に転換
原発の位置づけ	可能な限り原発依存度を低減する	脱炭素効果の高い電源として最大限活用
運転延長	長期運転を進めていく上での諸課題について、官民それぞれの役割に応じ検討する	原則40年、最長60年の規定を維持した上で、審査や司法判断での停止期間分の追加延長を認める
建設	記載なし	廃炉が決まった原発を対象に次世代型原発で建て替え

（基本方針は）「あらゆる選択肢を追求」とするエネ基の範囲内
12月23日の記者会見で 
西村康稔経済産業相

原発依存度低減が消える

原子力政策の方向性

政府が二〇二一年に策定したエネルギー政策の中長期的な指針「エネルギー基本計画（エネ基）」は、原子力について「可能な限り依存度を低減する」と明記。今回の基本方針は「脱炭素電源として最大限活用する」とし、依存度低減の言葉は記されなかった。

エネ基には原発の建て替えも記されていないが、脱炭素社会の実現に向けて「あらゆる選択肢を追求する」と記載。西村康稔経産相は方針決定翌日の昨年十二月二十三日の記者会見で「基本方針は、エネ基の『あらゆる選択肢』の範囲内だ」と説明し、現行計画と矛盾しないと主張した。

この見解には、原発活用を議論した経産省の有識者会議でも異論が出た。基本政策分科会で橘川武郎・国際大副学長は「『あらゆる選択肢』と入れておけば、何でもありになっちゃうわけで、エネ基は妖怪のヌエのような存在だ」と批判。原発の生き残りのため、見通しのないまま選択肢を確保しておこうとする政府の姿勢が、今回の政策転換に象徴されている。

図 2　岸田政権による原発回帰
『東京新聞』2023 年 1 月 23 日

も無視する形で原発を「最大限活用する」と明記した「骨太の方針」なるものを閣議決定した。そして同年7月、経産省は次世代型原発を30年代に運転開始する技術工程表の骨子案を提示し、8月には岸田首相は7月に設置された「グリーン・トランスフォーメーション（GX）実行会議」で、次世代革新炉の開発・建設および既成炉の運転期間のさらなる延長の検討を指示している。ついで11月に経産省が次世代型原発への建て替えと運転期間延長案を提示した（図2）。かくして政府は翌23年2月に原発新増設と老朽原発の60年超運転を閣議決定し、ほとんど議論らしい議論もないままに、5月31日、原発60年超運転を可能にする束ね法「GX脱炭素電源法」[19]を参院本会議で成立させた。そればかりか、この改正により26年6月からは60年超運転が可能になるのだが、それを審査し判断するのは原発政策を推進してきた経産省だというのだ。

思いもかけず22年2月25日に勃発したウクライナ戦争でもたらされた「エネルギー危機」なるものを奇貨として打ち出されたこの一連の提示は、福島事故の衝撃とその後の重い経験から何ひとつ学ぼうとせず、事故の反省によって得られた貴重な教訓をまったく顧みず、根強い反原発・脱原発の世論に耳を傾けず、この11年間に積み重ねられてきた変革のための多くの努力やすべての措置をいっさいご破算にし、事故以前の原発推進体制に復帰しようとするものである。もちろんウクライナ戦争にともなう時限的措置だとも断っていない。とても認められるものではない。

経産省を中軸とし電力会社・原発メーカー・御用学者を擁する「原子力ムラ」の内部で福島事故の直後からこれまでひそかに練り上げられてきた、しかし安倍政権も菅（すが）政権も明言することのできなかった原発復権を、このさい一挙に実現しようとしているかのようである。待ってましたと言わんばかりだ。

事故後の12年12月に誕生した第二次安倍政権は14年には原発を「ベースロード電源」と位置づけ、原発回帰を表明した。そのためには既存原発の老朽化を考えれば、いずれ建て替えが必要になるはずだが、しかし安倍首相は、反原発の世論を前にしてそこまでは表明できなかった。それどころか「原発依存」を欺瞞的にせよ「可能な限り低減させる」と表明せざるをえなかったのである。

その一線を岸田政権は越え、原発の「建て替え」と「最大限活用」を宣言した。それは岸田政権が、ウクライナ危機に乗じて、憲法を無視して敵基地攻撃能力保持・防衛費倍増に一挙に邁進しているのと、軌を一にしている。カナダのジャーナリストであるナオミ・クラインは、ショックに見舞われた社会が「本来しっかり守ったはずの権利を手放してしまうことが往々にしてある」と指摘し、「衝撃的出来事を巧妙に利用する政策」を「ショックドクトリン」と名づけている。すなわち「真の危機が到来すると人間は心の余裕を失い、あらゆる分別ある反対意見は消えてなくなり、ありとあらゆるハイリスクな行為が一時的に受け入れられると思えてしまう」のであり、その心理に付け込む政策ということである(Klein 2007, pp. 22, 6; 2014, p. 374)。ウクライナ戦争という「衝撃(ショック)」にからめて打ち出された岸田政権の原発と軍備に関する飛躍した方策と、それにたいするマスメディアのあまりにも鈍感な反応は、まさにこの状況を示している。

のみならず岸田政権は、米国での小型高速炉開発に協力するという形で、核燃料サイクルの延命をも策している(『朝日』2022-1-13)。岸田政権による原発回帰も、しかるべき時期にサイクルが完成し機能するはずであるということを暗黙の前提として語られている。

実際には、すでに20世紀末の段階で、再処理工場の建設はほとんど実現不可能なまでに難航していたのであり、誰もがその完成を信じていなかった。再処理にあまりにも経費がかかりすぎることも判明していた。電気事業連合会[20]（電事連）は、六ヶ所村の再処理工場が06年から40年間稼働して使用済み核燃料を3・1万トン再処理して、その後30年間かけて廃止されるとの仮定で、03年にバックエンドの費用を実に18兆8千億円と見積もっていた（図3）。

そんな次第で、一時期、核燃料サイクルからの撤退が、原発推進サイドの内部からも語られていたのであった（『朝日』2011-7-21）。

その動きのひとつ、六ヶ所村再処理工場の試験運転開始直前の04年に、経産省の若手官僚グループが再処理事業からの撤退を訴えて立ちあがったことがあった。経産省内部での造反である[21]。再処理施設はひとたび稼働すれば放射能で汚染され後始末が格段に困難になるため、撤退するなら稼働前という判断であった。この問題の本質を浮き彫りにしているきわめて興味深い一場面が『毎日新聞』13年2月5日の「虚構の環③」に素描されているので、少し長いが再録しておこう。官僚グループの若手が意を決して、自民党商工族で大臣経験もある重鎮に直訴したときのシーンである。

〔彼らは〕A4判5枚の資料を渡し説明した。〈再処理工場は安全性に疑念がある。行政も電力も本音では『動かしたくない』と思っている。原子力発電自体は維持しつつ再処理は凍結すべきだ。サイクル

核燃料再処理に19兆円

原発コスト揺らぐ優位性

積算に不透明さ残る

電気事業連合会（会長＝藤洋作・関西電力社長）は十一日、原子力発電の使用済み燃料の再処理を含む核燃料サイクルの総事業費が約十九兆円に膨らむとの試算を示した。電力料金への転嫁など費用負担をめぐる議論のたたき台となるが、根拠は不透明で専門家からは「見積もりが甘い」との指摘も出ている。

電事連が総合資源エネルギー調査会（経済産業相の諮問機関）の電気事業分科会に報告した。使用済み燃料の再処理も含めた原発のコストが公になったのは初めて。

試算にもとづけば、原発の発電コストは最大で一キロワット時当たり六・四円。石炭火力（六・五円）や天然ガス火力（六・四円）と同水準で、原発のコスト面の優位性が揺らぐ結果となった。

政府関係者は「当初は想定していなかった中間貯蔵施設の建設・管理費など核燃料サイクルの骨格以外の費用が積み重なり、総事業費が膨らんだ」と指摘する。

（後略）

核燃料サイクルの流れと費用
ウラン鉱山
製錬工場
転換工場
濃縮工場
廃止費用(0.24)
原子力発電所
燃料加工(1.19)
使用済み核燃料の輸送・中間貯蔵(1.96)
プルトニウム・ウラン
再利用(ウラン)
再処理工場
操業、処分(11.06)
地下に埋める
廃棄物の輸送・貯蔵・地層処分(4.44)
(注)数字の単位は兆円。電事連まとめ

図3　核燃料の再処理に要するコスト
『日本経済新聞』2003年11月12日

政策について、……徹底的に議論して見直してほしい〉重鎮は黙ったまま聞き、説明が終わるとこう言った。〈君らの主張は分かる。でもね。サイクルは神話なんだ。神話がなくなると、核のごみの問題が噴き出し、原発そのものが動かなくなる。六ヶ所〔の再処理施設〕は確かになかなか動かないだろう。でもずっと試験中でいいんだ。『あそこが壊れた、そこが壊れた、今直しています』でいい。これはモラトリアムなんだ〉重鎮は核燃サイクルという看板を失ったとたんに使用済み核燃料の置き場所、つまり最終処分場の問題が浮上し、反原発運動に火がつくことを恐れた。重鎮は協力を拒否した。

核燃料サイクルの虚構性とその存続についての本音をこれほどあけすけに表明した発言は、ほかに見当たらない。この件に関して、元経産省官僚は「核燃料サイクルに反対しようとした若手官僚もいた。しかし、ことごとく厚い壁に跳ね返され、多くは経産省を去った」と、福島事故の直後に語っている（古賀 2011, p. 34）。かくして「国家事業」は生きながらえ、核のゴミの問題は先送りされつづけてきた。

しかし「重鎮」氏が語っていないことがある。それは「神話」としてのサイクル建設にたいして、途方もない資金が投入されつづけていることである。すでに「虚構」と化したサイクルをめぐって思惑が交差し、族議員も中央官庁も電力業界も原発メーカーも御用学者も地方の経済界やボス政治家も、あたかもプロジェクトがいまだ生きているかのようにふるまうことで、その「虚構」にもたれかかり、「虚構」を食い物にしている。新聞によれば、66年以来12年までの45年間に核燃料サイクルの事業にすくなくとも10兆円が投入されている(『東京』2012-1-5)。原資は消費者から徴収した電気料金である。

太田昌克の書『日米〈核〉同盟』からひいておこう。

厳しい現実に直面することを恐れ、そこから逃避を図ろうとする虚構性と、当たり前のコスト感覚が働かない浮世離れした神話性。原子力安全神話を作り上げてきた原子力ムラの病理が、核燃サイクルをめぐる議論の経過にも散見できる。(太田 2014, p. 194)

「原子力ムラ」は、「安全神話」をふりまき原子力発電を遮二無二進めることによって福島の事故という破局をもたらしたが、「増殖神話」に依拠する核燃料サイクルの開発において、いま一度、日本に破局をもたらしかねない状態に陥っているのである。

問題は、何故にそのような虚構が生み出され、如何にその虚構が維持され、そしてそのことが何をもたらしているか、にある。そのことは、日本の核政策そのものの問題点を明らかにすることであろう。

〇・五　核ナショナリズム

核燃料サイクルに固執している日本のきわだった硬直的な姿勢の背後にあるのは何だろう。ひとつには、技術ナショナリズムとも言うべきものがある。

戦前、日本の原子物理学を指導し、軍に協力して日本の原爆開発に携わったのが理化学研究所の仁科芳雄であったことはよく知られている。その仁科は、１９３７年に直径26インチのサイクロトロン[22]の製作に成功して直後、ただちに60インチの大型サイクロトロンの建設に向かっている。それは当時の日本の技術水準からすれば無謀と言われたが、仁科が技術的に妥当な40インチ程度のものではなく一挙に60インチに挑戦したのは、かならずしも研究上の必要性や必然性からではなく、サイクロトロンの考案者・米国のローレンスと張り合い、できるならばローレンスに先んじて世界一のものを作ることを目指したからだ、と言われている（中尾 p. 188f. および『工業』1938-7.「世界に於ける日本の科学の地位」参照）。実際にはローレンスに先行することはできなかったものの、仁科が60インチ・サイクロトロンの建設に成功したときの雑誌『科学知識』（１９３９年5月号）のグラビアには、その大サイクロトロンの写真に「これは米国加州（カリフォルニア）大学のローレンス教授の処で建設中のものと同じ大（き）さで、世界最大のサイクロトロンの一である」とのキャプションが添えられている。

作家・吉村昭の歴史小説はフィクションと言うよりはむしろノンフィクションと言うべきものとして知られているが、戦時下でのゼロ戦開発を描いた吉村の『零式戦闘機』に、戦闘機の開発に携わった当時のエンジニアについて「かれらを支えてきてくれたのは、外国の航空技術者に遅れをとりたくないという技術者としての矜持（きょうじ）だけであった」と語られている（吉村 p. 51）。

それら戦前のサイクロトロンや戦闘機開発に見られる科学者や技術者のメンタリティーは、科学者や技術者個人のレベルでは単なる功名心なのかもしれないが、そこには同時に、技術の優位性や先端性でもって大国化を目指す技術ナショナリズムとも言うべき指向性が顕著に見られるのであり、国家的なレベルでは端的に国威の発揚なのである。その傾向は、現在のスパコン（スーパーコンピューター）の開発競争に明白に認められるように、戦後にも引き継がれている。

世界的に鉄道が斜陽産業と語られていた60年代に東海道新幹線を生んで世界を驚かせたこと、71年制定のマスキー法（大気汚染防止法）の排ガス規制の基準を早くにクリアし、さらには石油危機以降に燃費を大幅に節約するエンジンを開発して米国の自動車産業に打ち勝ったこと等の成功体験に、技術者も通産省や経産省も、そしてメーカーも、いまなお囚われている。現在のJR東海の超伝導を用いたリニア中央新幹線計画もそうだが、世界の技術先進国が軒並みに敗退した高速増殖炉の開発に唯一日本が成功したとなれば、それは「技術立国日本」の自尊心をくすぐり、名声を高めることなのだ。もちろんそういう発想は日本だけのものではない。戦後のフランスが国をあげて開発した、しかし結局はともに破綻することになった高速増殖炉スーパーフェニックスや英国との共同開発の超音速旅客機コンコルドは、「国民に向けたものではなく、国の栄光のために開発した技術」なのであった（森谷 p. 136）。

後でくわしく見るように、戦後日本の核開発は、原子力委員会が提示する「原子力の研究、開発及び利用に関する長期基本計画（長計）」にのっとって進められていた。その2000年の長計策定会議の報告書には「〈もんじゅ〉は……近い将来には世界で唯一の本格的ナトリウム冷却炉になる可能性があることから、我が国及び世界における将来のＦＢＲ〔Fast Breeder Reactor 高速増殖炉〕サイクル技術の研究開発の中核的役割を担うことが期待されています」とある（西尾 p. 94より）。科学者や技術者にとっては「世界で唯一の」とか「世界で一番の」ということは研究・開発にむけての大きなモチベーションだが、それは同時に国威の発揚でもあるのだ。原武史の言うように「原発もリニアも、底流にあるのはナショナリズムであることに注意を払わなければな」らないのである（原武史 p. 198）。

ナショナリズムが国民国家の形成・自立・発展に最大の価値を置くイデオロギーだとすれば、それはとりわけ明治維新にはじまる新生日本の建設過程、あるいは昭和戦後の復興過程を一途牽引することになる。とくにそれは、軍備を放棄した状態で重化学工業の復興を目指した戦後過程においては、端的に技術ナショナリズムとして現われることになった。しかし核兵器保有が大国の条件であるかのように見られていた戦後の時代に日本の権力中枢にいた政治家たちを高速増殖炉開発に駆り立てていたのは、単なる技術ナショナリズムにとどまらない。そこには明らかに「核ナショナリズム」ともいうべき特異な大国主義ナショナリズムが認められる。

戦後の日本で核開発の道をこじ開けたのは、当時の改進党の国会議員であった中曽根康弘たちによる54年の原子力予算案上程であった。その中曽根は、翌年の雑誌への寄稿文で「世界の一流国ではいまや実験原子炉の段階はすぎて主力が発電原子炉に移っている。日本はまだこれからその実験原子炉に着手しようというのだから心細い話といわねばならぬが、しかし日本が一流国の水準に追いつけない国ではないということもいえると思う」と語っている（中曽根 1955, p. 30）。そしてずっと後には「アイゼンハワー米大統領が原子力の平和利用に政策転換すると知り、〈日本も負けてはならない。次は原子力時代になる〉と思った」「エネルギーと科学技術がないと、日本は農業しかない四等国家になる。そう人にも言い、自分でも危機感をもっていた」「少数の同志と相談し、昭和29（1954）年度予算案に原子力予算を入れようと研究をはじめた」と回想している（『朝日』2011-4-26）。

西田毅編集の『近代日本のアポリア』の西田による序文に「敗戦直後のナショナリズム不在の時代」という表現があるが（p. 9）、国家主義者・中曽根のこの時代での願いはナショナリズムの復権にあった。敗戦にさいして日本のアジア侵略を反省するのではなく、「敗戦は日本の屈辱」であると捉え、「日本を立て直そう」と志して政界に身を投じたという中曽根にとって、戦争末期の経済危機と米軍による日本の都市の空爆により事実上「開発途上国」状態に陥り、7年間の占領期を経てのち、独立を取り戻した日本は、敗戦によって見失われていたナショナリズム、すなわち時代錯誤の大国主義ナショナリズムを復権させなければならないのであり、「一等国・一流国」を自任していた戦前の大日本帝国の状態に、何をさておいても駆け戻らなければならないのであった。

そしてそのさい、その「序列」はもっぱら先端科学技術の保有で判断されていた。しかもその先端科学技術は、単に重化学工業の技術だけではない。米国は、第二次世界大戦の最終局面での日本への2発の原爆投下で、世界に圧倒的な軍事的優位性を印象づけたのであり、そのことで米国が国際政治のヘゲモニーを握ることになった大戦後にあっては、その先端科学技術とは端的に核の技術であると見なされていた。つまり大国の条件と序列が、戦前世界では国家の保有する大型戦艦のトン数で語られていたように、戦後世界では保有する「核技術」のレベルにあると、中曽根は早くから信じ込んでいたのである。大戦中に生み出された最大・最高の軍事技術としての核技術に、中曽根は日本のナショナリズムの回復を期したのであった。

中曽根たちによる原子力予算案上程の背後にはつぎの事情があった。中曽根が改進党の国会議員であったということは、サンフランシスコ講和条約と日米安全保障条約の調印により戦後の米国の世界戦略への従属的加担を受け容れた日本自由党・吉田茂の路線を、再軍備論者であった中曽根が承服していなかったことを意味している[(23)]。国会議員として54年にはじめて原子力予算を提唱した中曽根は、その前年、ハーバード大学で開催されたキッシンジャー主催のセミナーに参加している。当時米国が世界で展開していた、西側諸国における親米・反共リーダー育成のための催しであろう。その帰途、中曽根はコロンビア大学に留学中の山本英雄を訪ね原子力についての知識と情報を仕入れたことが知られている。その山本は中曽根について「彼はとりわけ原子力兵器、しかも小型の核兵器開発に興味を持っていました。中曽根氏は再軍備論者でしたから、将来、日本も核兵器が必要になると考えていたのかも知れません」と語っている（藤田祐幸 2011, p. 67, 同 2013, p. 78）。その後のこととして、ジャーナリスト大西康之の書には「日本への原発導入を先導した中曽根は、その政治信念として〈日米安保条約が破棄された場合に備え、日本は核武装すべきだ〉と言い続けた政治家である」と書かれている（大西 p. 197）。中曽根は、将来的には核武装も考えていたのであろう。そんなわけで、軍事力を保持することのできない戦後の日本において、核武装に準ずるものとしての核技術の保有は、当面のところ発電技術でしかないにしても、中曽根にとっては「疑似軍事力」の保有を意味していたのであった。

中曽根は55（昭30）年にジュネーブで開かれた世界最初の原子力平和利用国際会議に出席しているが、その会議で受けた印象をつぎのように語っている。

> 世界の各国は原子力という青い火の聖火をかかげ、人類の平和と繁栄というはるかなゴールめざして、バク進しはじめたのである。／参加72ヵ国、スタートダッシュの形勢は、2位を相当ひき離して先頭はアメリカ、2位がイギリス、それとすれすれにソヴィエトすこし遅れてフランスとカナダというところ。日本は残念ながらどこにいるかもわからない。というのもスタートそのものでマゴついたのだから仕方がない。（中曽根 1955, p. 29）

中曽根が当時世界情勢をどのように見ていたのかが、よくわかる。核技術の保有如何、ないし保有している核技術の優劣でもって国家を序列化している。

「原子力分野でリーダーシップを失うことは、世界における米国の地位に重大な蹉跌（さてつ）をもたらす」という米国原子力委員会の53年の表明があからさまに語っているように（鈴木真奈美 2014, p. 194）、世界の権力者たちにとって、20世紀後半は、かつての「鉄は国家なり」に代わる「核は国家なり」の時代なのであった。すなわち核兵器保有こそが超大国すなわち超一流国の条件であり、核兵器を持たないにせよ核技術を有する国が一流国、核技術を持たないが重化学工業が中心の工業国家が二流国、軽工業中心の国家が三流国、そして農業中心国家が四流国家であり、その序列において日本は、超一流とは言わないまでも、一流の国家でなければならない、というのが中曽根の「大国主義ナショナリズム」であり「核ナショナリズム」なのであった。その発想は、中曽根に限ったことではない。後でくわしく触れるが、70年に米ソ英仏中の5カ国を核兵器保有国と認めその他の国の核武装を禁ずる核兵器不拡散条約（NPT）の締結が問題になったときに、外務省の高官のあいだで「NPTに加入する結果、永久に国際的な二流国として格付けされるのは絶対に耐え難い」というような見解が語られていたと伝えられる（「NHKスペシャル」取材班 p. 30）。つまるところ「核兵器を含めて、原子力エネルギーほど愛国心をくすぐりやすいものはない」のである（伊原 p. 46）。

この「疑似軍事力としての核技術の習得・保有による一流国化」という「核ナショナリズム」は、しかしその後、50年代末に当時の内閣総理大臣・岸信介により「潜在的核武装」という明確な政治的意味を与えられることになる。すなわち、核兵器そのものは保有していないにせよ、民生用の核開発を進めてゆくことにより産業のレベルで核技術を習得・保有し、かつ核分裂物質を生産・備蓄し、必要になればいつでも核兵器を生産しうる状態に国をもっていくことで、国家のステータスを向上させ、国際社会における発言力を強めるというものである。「国際社会」と言ってもその当時の日本の支配層にとってはようするに対米関係であり、岸の回想録には、鳩山一郎内閣の外務大臣・重光葵の訪米に同行したときのエピソードとして、独立時に締結された日米安全保障条約をより対等なものにするという改定案を米国国務長官ダレスに持ち出したさいに「日本にそんな力があるのかね」と冷ややかにあしらわれたシーンが書かれている（岸 p. 297f. 原彬久 p. 122, 田尻 p. 173）。60年にひかえていた安保条約改定交渉にさいして、核大国としての米国にたいして少しでも対等な立場に近づけておきたいというのが、ダレスから馬鹿にされたトラウマをもつ岸の願望であり、そのためには、核兵器そのものは持てなくとも、核兵器生産能力を持つべきである、というのがナショナリスト岸の論理であり決意であった。

そして中曽根の核ナショナリズムおよびその政治的表現としての岸の潜在的核武装を物質的に担保していたのが、ほかでもない使用済み核燃料の再処理と高速増殖炉からなる核燃料サイクルであった。

というのも、いわゆる原子爆弾には、広島に投下されたウラン爆弾と長崎に投下されたプルトニウム爆弾の2種類あるが、ウラン爆弾のためにはウランの濃縮つまり同位体の分離というきわめて困難な技術が必要であるのにたいして、比較的簡単に作りうるのはプルトニウム爆弾であり、そのために必要なプルトニウムは、通常の原子炉内でウランを燃やすことによってのみ作りだすことができ、その核燃料を再処理することによって取り出すことができるからである。もともと米国においても「再処理工場は原子炉と同じく、もっぱら、ナガサキ原爆のプルトニウム製造のために誕生した」のであり、それは「戦争技術そのもの」であった（水戸 p. 191）。

しかしその使用済み核燃料から再処理によって抽出されただけのプルトニウムはそれほど純度が高くなく、それを高速増殖炉の燃料に使用することによってはじめて、高純度のいわゆる「兵器級プルトニウム」が得られるのである。[24] 言い換えれば「高速増殖炉は核兵器製造の最短距離にある原子炉」なわけで（小林 2012, p. 215）、その意味において、核燃料サイクルの完成は核兵器生産にもっとも近づくことであり、したがってまた「〈潜在的核能力〉を誇示するためには、原発と核燃料サイクルの維持が前提となる」のであった（『東京』2012-6-29）。「福井県の高速増殖炉〈もんじゅ〉に1兆円、青森県六ヶ所村の再処理工場に2兆円も投入したのは、核兵器開発につながるプルトニウムの濃縮技術を確保しておくためだったという気もします」という、京大原子炉実験所の助教・今中哲二のひかえめな推測は、決して当て外れではないであろう（今中 2012, p. 46）。すでに88年の段階で「こんな危険な原発や増殖炉の開発に血道をあげるウラには、核武装への道が用意されているからと疑わざるをえません」と語られていたのである（土井 p. 124）。日本学術会議原子力特別委員会委員長・三宅泰雄が再処理とウラン濃縮そして高速増殖炉についてあけすけに断言しているように「これらの技術を獲得した国は、もはや潜在的核保有国とはいえない。実質的核保有国である」（三宅 p. 222）。

このように再処理を含む核燃料サイクルの技術は、核兵器製造に直結する「機微（センシティヴ）」核技術であり、じつは核拡散防止の立場からは国際的に禁じられている。つまり核燃料を提供している米国が協定で禁じている。しかし、日本だけは、中曽根が首相のときにレーガン米国大統領にすり寄ることによって、「再処理の権利」なるものを認めさせたのである。それは中曽根「核ナショナリズム」の最終到達地点であり、その結果として日本は、核兵器不拡散条約加盟国のなかで、核兵器保有国（米英ソ仏中）以外で再処理を認められている（正確には米国がお墨付きを与えている）唯一の国となった。言うならば日本はすでに「準核兵器保有国」なのであり、日本の支配層はそのことを「一度手放したら二度と取り戻すことのできない権利」と見なし、その「権利」の維持に全力を注いでいる。

核燃料サイクルへの固執はまた、単に核兵器製造に直結する技術の習得だけが目的なのではない。ウラン濃縮技術およびプルトニウム生産技術の確保は、核燃料の自給自足による原子力分野における国家的自立を保障するもので、そのことは「軍事分野での自立に準ずる国際政治的意味」をもつ。というのも「それは他国に干渉されることなしに自国の核武装を進め〔る〕」能力を確保することになるからである（吉岡 2011b, p. 187f.）。

そのことこそが、一部の政治家や中央官庁が核燃料サイクルの路線を選択し、いまなお頑固に固執している重要な根拠であり、日本の原子力政策をきわめて硬直的かつ閉鎖的なものとし、福島の事故の後も、それまでの政策の見直しと方向転換を困難にしている大きな要因なのである。

＊　＊　＊

戦後日本を原発推進へと誘ったのは、経済的・物質的には、資源小国からの脱出のためのエネルギー資源の自給自足という戦前以来の観念であり、政治的・思想的には、潜在的核武装論であった。前者は、中央省庁とくに通産省・経産省官僚、旧財閥系メーカー、そして地域巨大独占企業としての電力会社、さらには族議員たちにより担われ、後者は、保守党の政治家、一部の知識人、そして一部の官僚とくに外務官僚によって構想されていた。そのいずれもが日本をいま一度「一等国」に復活させなければならないという大国主義ナショナリズムに突き動かされたものであり、自力でのウランの濃縮とプルトニウムの生産にいたる核燃料サイクルの確立と核政策の自立化を最終目的とするものであり、その動きを総じて核ナショナリズムと特徴づけることができる。

そして核ナショナリズムが核開発の目的を核燃料サイクルに設定したことによって、核発電後に残される核のゴミの処分という重要問題は先送りされることになった。

（1）連鎖反応によるエネルギー放出を比喩的に「燃焼」すなわち「核分裂性原子核を燃やす」と表現することができる。それゆえ本書では、核分裂性のウラン235を「可燃性ウラン」、核分裂しないウラン238を「非燃性ウラン」という。広島原爆では約1kgのウラン235が約10万分の1秒で「燃焼」したのにたいして、原子炉ではおなじ1kgを約10時間かけて「燃やす」（水戸 p. 238）。

（2）核燃料は酸化ウランを焼き固めた直径約1cm、高さ約1cmの円柱状のペレットを長さ約4mのジルコニウム合金でできた鞘（被覆管）に詰めたもので、燃料棒となっている。

（3）プルトニウムはウランより重く「超ウラン元素」と呼ばれ、その原子番号は94、そのうち質量数239の同位体が「可燃性プルトニウム」で、ウラン238が中性子を吸収してのち2回β崩壊して生まれる。以下では単にプルトニウムと言うときには、可燃性プルトニウムを指すものとする。

（4）正確に言うと、地球が生まれた時には地球上に存在したかもしれないが、その後、崩壊をくりかえして、つまり各種放射線を放出しつづけて、現在地球上に存在する安定な、つまり非放射性の原子核に変わったものである。ウラン238は、その半減期が約45億年と極端に長いので、いまだ地球上に残存している。ウラン235も半減期が7億年と長いが、それでもウラン238に比べれば約1桁短いので、多くが崩壊し、地球上に残存している割合が0・7

%で、小さい。

（５）プルトニウム２３９も、何回も崩壊をくりかえし、そのたびに危険な放射線を放出し、最後は安定な鉛２０７に落ち着く。しかしプルトニウム２３９は、その半減期が２万４千年と長いけれどもウラン２３５の７億年に比べればはるかに短く、それゆえ崩壊頻度したがって危険な放射線を出す頻度は、ウランに２３５にたいして大体７億÷２万４千≒３万倍（同様にウラン２３８にたいして40万倍）であり、しかも危険なα線を放出することから、その危険性はウランにたいして約10万倍程度と考えられている。

（６）原子炉建屋は巨大な建物で、その1階は通常のビルの3階分に相当する。ちなみに、「津波」に対応する概念はもともと欧米にはなく、現在は英語圏でも「津波」は'tsunami'と言われている。なお、米国で事故を起こしたスリーマイル島は川の中州である。

（７）とくに1号機では津波以前に炉心（圧力容器）に直結する配管が地震動によって破損しそのため冷却機能が喪失した可能性が、何人もの技術者や研究者によって指摘されている（『通信』No. 448, 2011-10, No. 459, 2012-9, No. 477, 2014-3,『罠』6-36）。『東京』（2011-6-1, 2011-12-15, 2012-2-25）にも地震による配管の亀裂の可能性が指摘されている。他方で東電は実証的根拠もなしに事故原因は津波であり、「津波前に事故の発生はない」と言いつづけている。この点について『週刊朝日』（2011-9-30）は、福島第一原発の現場の作業員は、実際の現場での経験から、東電本社と違って事故原因が地震による可能性を語っていたと伝えている。東電本社が事故の地震原因説を認めようとしないのは、それを認めれば現在の耐震設計審査指針が問題となり、日本中のすべての原発の総点検が必要になるからで、地震原因説を認めないことによって、大地震でも原子炉は安全であると言外に主張しているのではないかと推測されている。

（８）原語は Atoms for Peace で、直訳すれば「平和のための原子」。Atoms に「原子力」つまり'atomic power'の意味はなく、不可解な標語である。しかし日本では、なぜか断りなしに「平和のための原子力」と訳されるのが通例になっているし、またそうでなければ意味不明ゆえ、本書でも通例にならう。なお、高木仁三郎の書には、アイゼンハワーが演説で実際に語ったのは'Peaceful Uses of Atom（原子の平和的利用）'だとある（高木 2011, p. 70f.）。

（９）広島原爆は10kgのほぼ純粋のウラン２３５より成り、そのうち１kgくらいが連鎖反応を起こして死の灰となり、残り９kgほどのウランは核分裂を起こさず、ばらばらに飛び散ったと考えられている（水戸 p. 239）。

(10)「処分（Disposal）とは、将来にわたり公衆の健康と安全とに重大な危害をもたらさないようにするため生物圏から適切に隔離することを目標にし、廃棄物を回収する意図はなく、人間の手から放棄し、監視を必要としない状態にすることを指す。／処理（Processing）とは、処分をしやすくするための、一段階前の状態で、蒸発、固化、焼却、圧縮などで放射性廃棄物に手を加えることをいう。／貯蔵（Storage）とは、必要なときに回収する目的をもち、再び取りだせる方法で貯えている状態を指し、継続的監視を必要としている」（ＮＨＫ取材班 p. 214f.）。

(11)『自然』1954-3, pp. 3-12. 論文の著者はＭＩＴの M. Benedict, 訳者は金関義則。

(12) 米国の事情については、古儀 p. 40f., 今田他 pp. 28-33, 中日新聞社会部編 2013, p. 222, Ravetz, p. 118 等参照。

(13) このことは、福島の事故のときに日本原子力委員会の委員長代理を務めていた鈴木達治郎が18年に証言している（『通信』No. 532, 2018-10, 鈴木達治郎 p. 109f.）。

(14) 日本原子力産業会議は、原子力に関心をもつ有力企業による54年結成の原子力発電資料調査会と経団連が55年に設置した原子力平和利用懇談会に電力経済研究所を加えた3組織が母体となって56年に創設された財団法人。通称「原産会議」。06年に日本原子力産業協会に改組。

(15) 日本エネルギー経済研究所は経産省資源エネルギー庁所管の一般財団法人。理事や理事長には経産省審議官などの経歴をもつ元高級官僚が就く。ようするに天下り先である（AERA 2011-8-8）。08年には経産省から原発補助金として16億2千万円近くが交付され、6人が天下りしている。その実態については、秋元 2014, p. 190f. 参照。

(16)「ベクレル」と「キュリー」は放射能の強さの単位。「1ベクレル」は1秒間に1回崩壊し、したがって1個の放射線を放出する放射能の強さ。「1キュリー」は「37×10の9乗ベクレル」に等しい。

(17) その初期の議論については、太田 2014, pp. 139-141 に詳しい。

(18) 核燃料サイクル開発機構は、67年に発足し高速増殖炉の開発にあたっていた動力炉・核燃料開発事業団（動燃）が98年に改組されたもの。05年からは、日本原子力研究所（原研）と統合され、日本原子力研究開発機構になる。

(19) 正確には「脱炭素社会の実現に向けた電気供給体制の確立を図るための電気事業法等の一部を改正する法律案」。その問題点について詳しくは「ＧＸ原発回帰政策　炉規法・電事法改正の問題点」（『通信』No. 587, 2023-5）参照。

(20) 電気事業連合会（電事連）は、52年11月に9電力会社で設立された団体で、定例的に社長会議を開催し、電力産業の重要政策に関連する事項の協議等を行なっている。「技術開発に関しては、社長会議の下に原子力開発対策会議を設置し、原子力に関連するすべての事項の協議を行っている」（植草編 p. 277）。

（21） その過程については、太田 2014, 第6章、上川 2018a, pp. 145–147、山岡 2015, pp. 265–270、および『罠』5–28, 8–43 に詳しい。

（22） 原子核・素粒子の実験研究のための円型粒子加速器。その直径が大きいほど高いエネルギーに加速される。製作には大規模な電磁石の精密な設計と高度な真空技術が要求されるが、それはともに大型化すれば飛躍的に難しくなる。

（23） 日本自由党は戦前の立憲政友会の流れを汲む保守政党で、45年に結成された。改進党は戦前の民政党の流れを汲む民主党を中心に52年に結成された保守政党で、当時、再軍備を唱えていた。

（24） プルトニウムも同位体をもち、核分裂する、つまり「燃える」のはプルトニウム２３９で、ここで言っている「純度」はその同位体の純度のことである。実際には、軽水炉燃料の再処理で作られる低純度のプルトニウムでも原発を造りうることが知られている（第二章注（50）参照）。

第一章　近代日本の科学技術と軍事

一・一　日本ナショナリズムの誕生

幕末の開国と明治維新をとおして日本は欧米諸国と接触を始めたのであるが、そのとき日本の支配層が直面した問題は「欧米の脅威と、進んだ欧米にたいする日本の後進性」であった（Cumings 1993a, p. 95）。それはつまるところ欧米社会との経済格差にして軍事格差であり、その根底にある技術格差であった。もちろんそれは、すでに産業革命をやりとげた欧米といまだそこに達していない日本の差である。

通常、西欧の産業革命は、技術革新にともなう産業上の変革――家内工業としての手工業生産から大規模な工場制機械工業への変革――として語られている。その技術革新の本質は、エネルギー革命であった。すなわち18世紀後半からの蒸気機関の開発と次の世紀の内燃機関の発明、そして19世紀前半の電気エネルギーの発見と世紀後半でのその使用の開始・拡大は、「動力」源としては人力・畜力・水力・風力しか知らなかったそれまでの人類が、まったく新しい「動力」源として熱と電気を見出したことである。ここに「動力」とは静止物体を動かし加速させる能力、重量物体を持ち上げる能力、固形物体を変形する能力などのことであり、それは物理学ではより広く「エネルギー」として統一的に理解される。とくに軽量小型の内燃機関（ガソリン・エンジン）は運輸・交通そしてなによりも軍事に革命をもたらし、また電気は、そのエネルギーを動力にも熱にも照明にも通信にも使用できる汎用性をもち、しかもインフラとして送配電線網さえ構築されれば運搬も配分もきわめて簡単で、その発見は決定的であった。

日本は、欧米におけるそのエネルギー革命の真最中に開国したのであり、したがって欧米の先進技術の獲得によるキャッチ・アップを目指した日本の近代化は、封建社会から民主社会への変革にともなう、と言うよりむしろそれに先行するエネルギー革命による技術革新としてあった。そしてそのことによって日本は、自然エネルギー以外の「エネルギー資源」という問題にはじめて直面したのだった。

西欧では古代以来中世をとおして技術と科学は別個のものとしてあった。しかも、蒸気機関の発展に見られるように、近代のはじまりのころには、技術が先行し科学が後追いしていたのである。職人によって経験主義的に形成され伝承されてきた技術と、アカデミズムの世界で哲学として語られ教授されてきた科学が、19世紀の後半、つまり日本の開国の時代になってはじめて合流・融合したのであり、そのことによって、科学によって裏付けられ科学によって説明される技術、さらには科学によって導き出された技術として「科学技術」が誕生した。日本は、開国に前後して、そのようなものとしての「科学技術」に直面したのであった。

その意味で明治の日本は、一方では欧米伝来の技術を過剰に合理的に受け取り、他方で主要に経験主義的な要素から成っている在来の技術を現実以上に劣ったものと見なしがちであった。それは、近代化・工業化にあたって、日本の風土に調和的な在来の技術を既存の職人を促して発展させるのではなく、欧米から出来合いの技術を導入し、新生帝国大学において技術を「工学」として教授し、さらには優秀者を選抜し欧米に留学させることによって、技術官僚・技術士官を養成したことに表されている。もともとは士農工商の身分社会にあって手仕事と手工業にたいする階級的偏見に染まっていた武士であった士族の子弟にたいして、外来の技術を教授し習得させるためには、それを「舶来」の技術として箔づけし、「お上」の技術として権威づけることで、国内の職人に伝承されてきた在来の技術と差別化しなければならなかったのである。

つまり明治の開国時に日本が直面した欧米との技術格差は、単なる機械構造（メカニズム）の複雑さや精巧さ、あるいは規模や作業能力の大きさの相違ではなく、用いている「動力」すなわちエネルギー源の相違であり、それと同時に、徒弟修業で経験主義的に習得・伝承される職人の技芸と、高等教育機関で学的に教授され理論的に理解しうるものとして受け取られていた輸入技術との差でもあった。

しかも欧米とのその技術格差は、直接的には経済力の格差であると同時に軍事力の格差として顕現していた。開国当時、欧米の軍隊と直接戦ったのは薩摩藩と長州藩であった。薩英戦争では薩摩藩はそこそこ善戦したものの英国海軍との軍事力の差を思い知らされ、下関戦争では長州藩は米英仏蘭の連合軍にまったく歯が立たなかったのである。その薩摩と長州が明治の権力を握ったのであり、したがって明治政府は「富国強兵」のスローガンに表されるように、経済の発展と軍事力の強化を一体のものとして新生日本の第一の目標に掲げた。それは、欧米技術の導入によって西欧社会に経済的にも軍事的にも追いつくことであり、明治の為政者や知識人においては、そのことこそが近代化・文明化と捉えられていたのだった。明治の物理学者で東京帝国大学理科大学（理学部）物理教室の創始者と称される田中舘愛橘は、明治に日本が西欧の科学を習得したことの成果が、日露戦争の勝利に表されていると語っている。学問の成果が戦果で語られていたのである。このことはまた、軍事はもちろんのこと、科学や技術もまた、大国主義的心情に強く染められていたことを意味している。「理学研究は、なお一国の価値を増加し、国威を海外に輝かす所以なることを忘れるべからず」と１８９９（明32）年に語ったのは、明治の化学者で東京帝国大学教授・桜井錠二であった（拙著 2018, pp. 114, 61）。

ところで明治初期における軍事力の強化は、欧米帝国主義から日本の独立を護るためであったとしばしば語られている。しかし実際には、すでに１８７４（明７）年には台湾に出兵し、その翌年には後の日韓併合に連なる江華島事件を引き起こし、１８７７（明10）年の西南戦争で国内を平定した後の明治政府にとって、軍事力はもっぱら対外進出のためのものとなり、こうして日本は、その後、日清・日露の両戦役を経て、台湾と朝鮮半島の植民地支配に乗り出していった。つまり日本の国内統一と外圧に抗しての日本の独立の達成は、ほとんど連続的にアジア諸国の侵略につながっていたのである。

その時代は、日本の産業革命にいたる時代でもあった。大体１８８０年代中期にはじまったとされる日本の産業革命がいつ完了したのかについては研究者のあいだで見解に幅があるようだが、もっとも遅い見方でも「日清・日露の二大戦争を経験したのち、１９０７年〔の〕恐慌前後」とある（石井 p. 271）。この時代に日本は、対外的には帝国主義列強の一角に食い込んだのだった。

この時代はまた、日本にナショナリズムが生まれた時代でもある。

たとえば半藤一利が保阪正康との対談で「日本人は日露戦争を経験した後、初めて〈国民〉になった」と語っている（半藤・保阪 p. 104）。その見方は多くの論者に共有されている。1873（明6）年の徴兵令制定、とくに1889年の大改正で国民皆兵になってからは、軍が「国民」育成の場を形成したのだが、実際には、うちつづく対外戦争、そして行政および教育――とりわけ初等教育――の中央集権化、さらにはマスメディアとしての新聞の誕生等をとおして、維新から40年足らずで民衆の帰属意識が徳川幕藩体制のもとでの藩から日本国家へと転換してゆき、日本人としてのアイデンティティーが確立されていったのである。日本ナショナリズムの誕生である。

それと同時に、日清・日露の両戦争の「勝利」と日本の工業化の進展は、アジアの大国・清（しん）を破り、アジアではじめて大国ロシアと互角に戦い、さらにはアジアで最初に近代国家に到達したという、日本国家の優越感情を育んでいたのであり、こうして、近代国民国家の共属意識として生まれた内向きのナショナリズムは、やがて排外主義に連なる外向きのナショナリズムに変貌していった。

そんな次第で「明治末年の日本において、様々な貌（かたち）をもちながらも一等国としての日本という意識が、多くの日本人の心を捉えることになったのである」（田中和男 p. 36）。1928（昭3）年に初版の出た高橋亀吉の『明治大正産業発達史』にも、日露戦争の勝利によって「日本の国際的位地は一躍して所謂〈一等国〉の班に列し」とある（p. 487）。国際関係においても、そのことは認められる。三谷太一郎の書には、当時の西欧中心の国際社会では「大使の交換はいわゆる一等国（The First Class Powers）相互間にのみ認められるのが国際慣習」であり、「日本が欧米諸国との間で大使の交換を認められるのは日露戦争後のことです。日露戦争の勝利によって日本は国際社会においてはじめて一等国として認知され、実質的意味の国際社会のメンバーとなった」とある（p. 150）。日本が相当の軍事力と植民地を所有する「列強」の一員に成り上がったということである。そして1917年に設立された理化学研究所の創設の趣意書には「世界列強の間に立ち一等国たる地位を保つ」ためと記されている（拙著 2018, p. 124）。経済的・軍事的に強国であり、科学技術を所有することこそが「一等国」の条件なのであった。戦後の中曽根康弘の言動に顕著に認められる「一等国」といった観念の誕生である。

一・二　資源小国という強迫観念

こうして日本は、1914（大3）年からほぼ4年半にわたって戦われた第一次世界大戦に遭遇する。この大戦で、日英同盟を口実に参戦した日本は、ほとんど犠牲を払うことなく中国におけるドイツの権益や赤道以北のドイツ領南洋諸島（ミクロネシア）の支配権（「国際連盟の委任統治」という名の事実上の植民地支配）をかすめ取ったのであり、そのことは民衆のレベルでも侵略主義的ナショナリズムの意識を煽るものであった。そしてまた、当時、世界の最先進国と見られていた英国の「同盟国」として戦い勝利したことや、「戦勝五大国」のひとつになったとか、あるいは大戦後1920（大9）年に創設された国際連盟に英仏伊につぐ常任理事国に選ばれた事実などは[25]、民衆のあいだにも相当に思い上がった大国意識を芽生えさせていた。1921年創刊の雑誌『科学知識』の、ワシントン会議で日米英仏伊の5カ国の海軍力を一定保有量に制限したワシントン海軍軍縮条約が成立した翌1923年新年号の「年頭の辞」には「今我邦は世界の五大強国の一に数へられ、国家経済も亦英米に次ぐの豊かなる状態に到達した」とある。

そしてまた、大戦中、物資不足に悩む交戦国への輸出や、さらに西欧の企業がアジアから後退したことによってアジア市場への輸出が大きく増大した結果、「大戦景気」とよばれる空前の好況を迎えた日本は、大戦前の債務国状態から大戦後に一転して債権国になっていた。いまではほとんど知られていないが、その時代に『工業之大日本』という大判の月刊雑誌が出されていた。1904（明37）年創刊で、たとえば1915（大4）年の各月の号を見ると、70頁を超える本文のほかに、それを量的に越える広告の頁があり、しかも広告についても毎月百点あまりの広告企業と広告内容を列記した和文と英文の「広告目次」があり、その意味では現在のカタログ雑誌の前身のようだが、しかしその内容は消費財ではなく、ほとんどすべて最新の、そしてその多くは大型動力機械や工作機械あるいは自家発電機の広告である。それを眺めていると、その時代に日本の企業がどれほど貪欲に工業化を進めていたのかが見て取れる。とくに動力としての電力使用の拡大が著しい。「第一次世界大戦期には、輸出の進展、輸入品の国産化、それから電力産業の発展の三つによって経済が大いに活気づいてくることになった」のであり（中村隆英 2015b, p. 248）、こうして「大正の第一次大戦期に日本は超高度成長を遂げた」のであった（山岡 2015, p. 197）。

しかし他方で、そのように欧米帝国主義列強と肩をならべて世界分割競争に割り込んだ日本は、とくに軍首脳は、第一次世界大戦の現状を知って、あらためて西欧諸国との落差に衝撃を受けることになる。その大戦は、当時日本で「欧州大戦」と呼ばれたように、基本的には独墺その他の同盟国と英仏露の連合国のあいだで戦われたヨーロッパ全域に及ぶ大戦であり、それも正規軍同士が前線で会戦し、銃後では日常の生活が営まれ、比較的短期間に決着がつくというそれまでのような戦争ではなく、義勇軍の募集ないし徴兵制により兵卒を前線に補充しつづけながら銃後では武器弾薬を生産しつづける、長期にわたる消耗戦――兵士と物資の消耗戦――であった。それは、国家の総力――工業生産力・農業生産力・研究開発能力・民衆動員力等――をフル回転させ、平時の民需産業を軍需産業に転換させ、労働力と資源を軍需産業に集中させるという形での国家による経済統制――資本主義の変容――をともなった、その意味で従来の戦争概念を覆した「総力戦」であった。

その大戦が日本の支配層にとって衝撃であったのは、ひとつには、日本の天皇制と同様の権威主義的立憲国家であるプロイセン・ドイツ、オーストリア、ロシアの軍隊がいずれも内部から崩壊してゆき、ホーエンツォレルン家、ハプスブルク家、そしてロマノフ王朝がすべて断絶していったことであった。トルコ・オスマン帝国も崩壊した。そればかりか、同時にロシア、そしてドイツにおいても一時期、軍隊内部の叛乱から社会主義政権が成立したことであった。プロイセン憲法を範とする大日本帝国憲法をもつ日本にとって、プロイセン軍の内部崩壊は他人(ひと)ごとではなかったのだ。反天皇制をかかげる反体制運動は徹底的に取り締り弾圧するという、1925(大14)年の治安維持法制定の背景である。

いまひとつには、大戦の反省として戦後に形成された国際連盟が、もともとは米国大統領の提唱にもかかわらず米国自体が未加盟であることに示されているように、実際には非力で、近い将来アジアをも巻き込んだ再度の世界分割戦が避けられないと見通されたことであった。つまり大戦後の平時は、きたるべき第二次世界大戦にむけてのそれほど長くはない準備期、つまり戦間期と考えられたのである。

しかし何よりも著しいことは、航空機、戦車、軍用自動車、潜水艦、毒ガスなどの最新鋭の兵器が全面的に使用されただけではなく、驚くべき大量の武器弾薬が投入されたことであった。そしてそれらのいずれの先端兵器の生産技術も、あるいはまた長期にわたって武器弾薬を生産しつづけるだけの工業能力も、日本にはないということを、陸軍首脳は強烈に意識させられたのである。前述の高橋亀吉の書に、当時の日本の工業について「我が産業は、資源の関係上鉄工業の如く大規模生産を最も有利とする事業に乏しく、繊維業雑貨業その他、比較的小規模生産に耐へ得る事業がその工業の大部分を占めている」とあるように（p. 539）、日本で工業が発達したと言っても、そのほとんどが軽工業でしかなかった。満洲事変勃発前年の1930年時点でも、日本の工業の中心は繊維工業であった。それゆえ、第一次世界大戦は日本陸軍の首脳部にとっては「第二の開国」とでもいうべき衝撃であったと言われる（黒沢 p. 5）。

日清戦争で台湾を植民地化し、日露戦争で朝鮮半島支配への道を拓き、ポーツマス条約で遼東半島南部の租借地と東清鉄道の長春以南（いわゆる南満洲鉄道）をロシアから割譲させ、「帝国意識」を増長させていた日本の支配層と軍にとって、日本が急速に工業化を成し遂げたとはいえ、遠くはない将来に予想される第二次世界大戦で欧米列強に伍して総力戦を戦うには、日本の科学技術も工業生産力も、あまりにも心許ない状態にあったのだ。その危機感から「国家総動員・総力戦体制による高度国防国家の建設」を目指し、やがてファシズム国家へと日本を導くことになる、日本陸軍の動きがはじまる。

そのさしあたっての動きは、ひとつには科学技術推進のための研究機関、すなわち海軍技術本部、海軍航空研究所、陸軍技術本部、陸軍科学研究所、海洋気象台、高層気象台などの創設として現われている。明治初期と同様、日本における科学技術の発展は、この時も軍事に密着し、軍事に牽引されていたのであり、そのことはまた、科学技術にたいしてナショナリズムの色彩を色濃く付することになった。

そして陸軍のいまひとつの動きは、将来的な総力戦体制の形成にむけて、重化学工業を早急に育成し、強力な軍需産業を形成することに向かっていた。しかしそこで日本は、現状ではいまだ重化学工業が未成熟であるというだけではなく、そもそものために必要な資源が国内ではきわめて乏しいという厳然たる事実、すなわち「資源小国」という壁にぶつかったのであり、そのことによって、資源の宝庫と見られていた中国大陸への野心をより一層かきたてられることになる。

すでに1917年の陸軍参謀本部の小磯国昭少佐の報告「帝国国防資源」には「帝国ノ原料ハ到底戦時ノ需要ヲ充タスニ足ラスシテ必然之カ補足ヲ支那ノ資源ニ仰カサルヘカラサル」、「帝国所要ノ工業原料ハ概（おほむ）ネ支那ニ存在シ」とある。[26] それ以前、日露戦争直後に首相・西園寺公望が議会で「彼（か）の満洲経営、韓国の保護は共に帝国の為に努力せざるべからざる所にして」と語り（纐纈 2011, pp. 48, 201）、大陸への身勝手な野心をあからさまに表明していた。そして第一次世界大戦以降、その政治的野心は、大陸の資源を獲得するという現実的目標と方向性を与えられることになったのだった。

この資源問題について、すでに陸軍内部で頭角をあらわし将来の陸軍を背負って立つと目されていた陸軍少佐・永田鉄山は１９２０年の講演「国防に関する欧州戦の教訓」で語っている。

> 我帝国の版図内における国防資源は国勢に比してははなはだ貧弱であって、帝国が国防上全能力を発揮するためには、なるべく帝国の所領に近いところにこの種の資源を確保しこれを擁護することが必要なのであって、したがって国防線の延長は固有の国土乃至(ないし)政治上の勢力範囲から割り出したものに比し長大であるということである。（川田編 p. 30）

そして１９２３（大12）年には、その翌年から長きにわたって陸軍大臣を務めることになる陸軍教育総監本部長・宇垣一成が「武力を以て他邦の領土内より帝国の生存又は戦争遂行に要する物資を徴収せざるべからざることがある」と日記に記していたのである（宇垣 p. 5）。

陸軍中枢を捉えていたこの「資源小国」という観念こそは、その後、昭和に入り満洲事変から日中戦争さらにはアジア太平洋戦争へと、すなわち鉄と石炭を求めての「満洲国」捏造から「日満支経済ブロック」形成、そして南方の石油その他を求めての「大東亜共栄圏」確立へと日本を駆り立てた強迫観念となり、日本を迷宮に追い込んでいったものである。軍人や政治家だけが煽っていたのではない。

> 石油資源の確保なくしては、近代国家即ち高度国防国家の建設は永(とこし)へに不可能であり、又此の石油資

源なくしては永久に苦しみ且つ闘争を続けなければならない。／それ故に我国としては此の国際関係の非常時に際し、南方石油資源を確保し、現在最も弱点たる石油圏を確立し、然る後其の目的たる東亜共栄圏確立の基礎を築くべきである。（「東亜共栄圏の石油資源」『科学知識』1941-11）

日米開戦と日本軍南進の直前、1941年の11月にこう語ったのは、政治家でもなく軍人でもなく、工学博士にして理学博士でもあった東京帝国大学工学部教授・上床國夫（うわとこ）である。

そして「資源小国」の観念に突き動かされたその過程はまた、戦後の核エネルギー開発の過程で再現されることになる。

一・三　国家総動員とファシズム

このように大正の後期から昭和初期にかけての軍の視線は、とりわけ地下資源の宝庫と見られていた「満洲」すなわち中国東北部と内蒙古地域に向けられていた。坂野潤治の『日本近代史』では、日本が1910年に朝鮮半島を植民地化したのも、その真の目的は「朝鮮半島から陸続きの南満州」にあったとされている（p. 287）。軍だけではない。先述の一般向けの雑誌『科学知識』は、1928（昭3）年の新年号に「拓殖科学」の特集を組み、すでに植民地化している朝鮮・台湾にならんで満洲をとりあげているが、その記事「満洲の化学工業」に「満洲では石炭・鉄が大きな鉱脈をなし、工業発達上最も必要な要素を備へて居る」と、物欲しげに書かれている。石炭だけは国内でも得られたが、しかし製鉄に必要なコークスの原料となる良質の粘結炭は満洲でしか得られなかったのである。

軍のその野望は、日本陸軍の満洲現地部隊（関東軍）による暴走としての１９３１（昭６）年の満洲事変の勃発、さらに「満洲国」の捏造として現実化されてゆく。事変勃発の半年前に関東軍参謀・板垣征四郎大佐は「満蒙の資源は頗る豊富にして、（満洲の地は）必要となる殆ど凡ての資源を保有し、帝国の自給自足上絶対必要なる地域なることが明瞭」[27]と、その野心をあからさまに表明していた。そしてマスコミは軍を支持し、新聞やラジオは「売らんかな」で戦争を煽り、関東軍のその暴走を日本の大衆は熱狂的に受け容れかつ激励したのであった。

「満洲国」とは、「満洲は日本の生命線」という国家エゴイズム丸出しのスローガンのもとに、主要には軍需生産のためにその地の地下資源の略奪と重化学工業の建設を目的として、関東軍がでっちあげた傀儡国家である。「満洲国」の「樹立」は満洲事変勃発の翌１９３２年であったが、『科学知識』のその年の新年号には「満洲における鉱物資源」「満洲とアルミニウム工業」「満洲の農業」「満洲の石炭」の四つの記事が載せられている。当時、日本が「満洲国」に何を求めていたのかがあからさまである。その年に設立された日本学術振興会（学振）がトップに挙げた研究テーマは「満蒙支の経済諸問題」であった（広重 1973, p. 125）。

関東軍は、もともとは直接的軍事支配を目論んでいたようだが、中国の抗日闘争が予想以上に激しかったために、支配形式を「五族協和」をスローガンとする「国家建設」の形にしたのだと言われている。

したがって「満洲国」では、官僚機構のトップは形式的には「満洲国人」[28]に指名されているが、それはほとんどお飾りで、実権はすべて次官の地位にある日本人官僚とその背後の軍に握られていた。そして「国」とはいえ憲法もなければ議会もなく、そもそも民意を反映する仕組みはなく、北方でのソ連からの軍事圧力と「国」内外で頻発する抗日武装闘争を別にすれば、日本人官僚と関東軍が誰からも掣肘（せいちゅう）を受けることなく人々を支配していたのであり、その意味で「満洲国」は生まれたときから軍と官僚による独裁「国家」であった。

いずれにせよ、3千万の人口を擁する社会を統治してゆくには軍の力だけでは到底及ばず、とりわけ重化学工業建設にむけた国家経営と経済政策実現のためには、財政や経済政策に通じた相当数のテクノクラート官僚が必要とされた。そのため日本の中央官庁から大蔵官僚・星野直樹や商工官僚・岸信介、同・椎名悦三郎をはじめとする有能なエリート官僚が何人も送り込まれた。彼らは、この満洲の地において、外部から干渉されることなく、そしてまた日本国内の官僚機構に支配的な省庁の壁や踏襲すべき前例には囚われることなく、思う存分「国家」建設に邁進したのである。それは軍事力を背景とする全体主義的国家において、官僚主導で技術合理性にのっとって計画的に経済開発ひいては国家建設を進めようとする試みであり、「この官僚たちは……大胆かつ革新的な計画を考案して満洲国をテクノファシズム国家に変容させた」のである（Mimura, p. 145）。

ここに「テクノファシズム」という言葉はジャニス・ミムラの書『帝国の計画とファシズム』に依拠している。ジャン・メイノーの書には「テクノクラシーとは、旧来の政治家のもった権力の剝奪とテクノクラートによる権力の代替が行なわれること、あるいはむしろテクノクラートが政治家に対してある種の決定的影響力を手に入れるに至ったものと考えてよい」とあり（Meynaud, p. 4）、その意味で、もともと「旧来の政治家」の存在しない満洲国では、関東軍の軍官僚と日本から送り込まれた行政官僚の支配する純粋の「テクノクラシー」が実現していたのである。ミムラの書は「急進的で権威主義的なテクノクラシー」にたいして「本書ではこの体制を〈テクノファシズム〉と称する」と定義している（Mimura, p. 16）。この場合の「テクノファシズム」はテクノクラート・ファシズムのことである。すなわち「軍事的・行政的官僚主導の〈上からの〉変革によって新体制となったテクノクラート・ファシズム」（大藪 p. 163）である。[29]

「満洲国」はこの意味でのテクノファシズム社会であった。そして、実質的には農業社会であるその地を急速に工業化するにあたっての格好のモデルとなったのは、ほかでもない、もともとは工業化の基盤が貧弱な「人口の8割を農民が占めるヨーロッパの後発資本主義社会〔であったロシア〕」（中嶋 p. 1）を短期間で強力な軍事力を備えた工業国家に作りあげたソヴィエト連邦の計画経済であった。いま顧みると、党官僚が全権を握り経済資源を国家に集中させたそれは、とりわけ強制移住等で土地を取り上げられ国家の政策に従わされたロシアの農民層には過酷な過程であったであろうし、そしてまた民衆の生活向上をかなりの程度置き去りにした工業化であり、さらには大規模な自然破壊をもともなっていたと推察される。しかし、軒並みに恐慌に呻吟している資本主義諸国をしりめに、ネップ（新経済政策）期以後の経済発展五カ年計画の積み重ねが、跛行的ではあれロシア社会の重化学工業化を進めソ連の軍事力を強化させたことは事実であり、日本国内でも当時はその点において評価されていた。戦時経済の企画・推進を目的として1937年に設置された内閣直属の官庁である企画院の書記官・福田喜東の手になる1939年のレポート「ソ連の統制経済は如何に進行しているか」には書かれている。

〈国の工業化による生産財生産〉を狙つた第一次五ケ年計画（1928年－1932年）より、第二次五ケ年計画（1933年－1937年）を経て、現在進行中の第三次五年計画（1938年乃至1942年）に至るまで、ソヴィエットの経済は、各方面に於て誠に飛躍的発展を遂げたのは、疑の余地のないところである。（『実業之日本』1939-8, p. 52）

そして企画院嘱託・直井武夫のやはり1939年の「戦時体制下のソ連第三次五ケ年計画」には「ソ連の五ケ年計画は第一次が国民経済建設計画と呼ばれ、第二次は国民経済発展計画と云はれている。……第三次五ケ年計画に於いて初めて国防が計画の主要目標となっ」たとあり、かくしてソ連が「欧米列強に接近する地位」に達したことを認めている（『工業』1939-5)。企画院官僚がソ連の計画経済をどれほど高く評価していたかが読み取れるであろう。計画経済・統制経済はテクノクラート官僚が力をもつ体制なのである。そして軍もまた、ソ連の五カ年計画を「軍備拡充五ケ年計画」と捉え、その「成功」を認め、警戒を強めていたのである（黒沢 pp. 354-357)。

社会主義国家であるソヴィエト社会では五カ年計画に取り組む企業は国有化されていたが、それにたいして、満洲国ではじめられた準社会主義的「満洲産業開発計画」での企業はあくまで資本家の所有であり、その意味で社会主義ではない。ただし、その経営は国家の政策に従うものとされていた。「民有国営」である。1933（昭8）年に発表された満洲国経済建設計画における「経済統制の2原則」は、第一に「国防的若しくは公共、公益的性質を有する重要事業は、国営、公営又は特殊会社をして経営せしむるを原則とす」とあり、第二に「右以外の産業及び資源等各般の経済事項は、民間の自由経営に委するも、特に国民の福利を重んじ、その生計を維持する為には、生産、消費の方面に渡り、必要なる調整を行ふ」とある（『中公』1933-4,「満洲国の経済十ヶ年計画」p. 65）。

かくのごとくに「日本本国に先立って、満州では満州事変後に関東軍特務部の指導のもとで統制経済の実験が行われ、一産業一社の特殊会社が設立されて産業開発に当たった」（原朗 p. 72）のであった。そしてそれを直接指導したのは、日本の商工省や大蔵省等から派遣され、当時「革新官僚」とよばれていたエリート官僚たちであった。[30]ちなみに満洲国での経済活動の組織原理は「指導者原理」、すなわちどの組織も、下からの意見を汲み上げるとか、構成員の合議で物事を決定するのではなく、すべて指導者の方針に上意下達（トップ・ダウン）で従わねばならないというものであり、それはもちろん、その後の日本国内での統制経済の担い手としての統制会においても語られることになる（企画院研究会 1941, p. 73f.）。その「指導者原理」はドイツ・ナチズムの組織原理からの借り物にほかならない。[31]かくして「満州は日本ファシズムの社会的実験室の役割を果たした。1930年代初頭、関東軍のリーダーは独自の軍ファシズム構想を描いていた。1933年からの満州開発の第二段階においては、後継の日本の官僚たちが段階的にみずからの官僚的テクノファシズムへの構想を進展させた」のだった（Mimura, p. 100）。

こうして官僚指導の「計画経済」にもとづいて「満洲国」の経済発展に一定の実績を遺したテクノクラート官僚の多くは、日中戦争の泥沼化のなかで日本自体が「満洲国」並みの統制経済を必要とするにいたった1930年代末から40年代初頭にかけて続々と帰国し、商工省や企画院に配属され、日中戦争そしてアジア太平洋戦争の過程で、軍と協力して戦時統制経済の立案・指導にあたることになる。

他方で、第一次世界大戦以降、国内の総力戦体制確立・高度国防国家建設を追求していた陸軍の内部では、軍装備の機械化・近代化そしてそのための日本の重化学工業化を第一義に目指す統制派と、天皇親政と精神主義を過度に強調する皇道派の対立がつづいていたのだが、1936（昭11）年の二・二六事件で皇道派が失脚し、統制派が主導権を握ることになる。日本ファシズム運動の歴史という観点から見ると、日本のファシズムは、北一輝ら民間のファシズム思想に影響を受けた下級将校により担われ、陸軍皇道派の有力軍人を担いで天皇親政を目指す非合法急進ファシズム運動と、国家総動員・総力戦体制の確立を目指した陸軍統制派エリート軍人による合法ファシズム運動の二層の潮流から成っていたのであるが、下級将校主導の二・二六武装クーデター計画の頓挫は、陸軍内部における統制派合法路線の政治的勝利と急進ファシズム運動の終焉をもたらしたのであった。

そして、この陸軍統制派のエリート軍人つまり軍官僚が革新官僚と手を結ぶことによって、悪名高いナチ・ドイツの授権法[32]に相当すると言われた「国家総動員法」が1938（昭13）年に第73帝国議会で成立し、軍が第一次世界大戦以降一貫して追求してきた国家総動員体制がほぼ確立されることになる。

同法は、戦争遂行にむけてほとんどあらゆることを内閣が「勅令」すなわち「天皇の命令」として議会を通さず執行することを可能とした、事実上の白紙委任法であった。すでに政党政治は崩壊していたが、かくして議会もまた無力化し、それにひきかえ高度国防国家の樹立を目指す陸軍統制派を背景にした官僚の力が、政治と経済を動かすまでに強化され、日本国内で陸軍統制派の軍官僚と企画院を中心にした行政官僚によるテクノクラシーが成立したのである。他方で、狂信的右翼サイドからの天皇機関説攻撃と国体明徴運動を経て、リベラリズムは力をなくしていた。官僚たちにとっては天皇機関説も国体明徴も、それ自体はもともとそれほど重要な問題ではなかったであろうが、決定的なことは、天皇を盾にとればどんな理不尽なことも通用する情勢になっていたという事実であり、「勅令」には事実上誰も抗えなくなっていたのである。その意味で、国家総動員法の制定をもって、日本国内におけるテクノファシズムが成立したと言える（大藪 pp. 128, 163）。

そのテクノファシズム下での経済政策が、戦時統制経済であった。実際、この国家総動員法にもとづく重要産業団体令によって、業種ごとに巨大カルテルとしての統制会を作る権限が商工省に与えられ、戦時統制経済は完成されることになった。統制会が各カルテル内で、原料と資本の配分、価格等を決定する権限などを行使したのである。それこそが、満洲国での実験を踏まえ、革新官僚が軍と手を組んで日本国内で「経済新体制」の旗印のもとに実践した、国家改造計画であった。

もちろん経済過程に国家が介入することは、自由主義商品経済の原理には反することであり、資本家サイドからの批判や抵抗がなかったわけではない。後節に見るように、統制経済がもっとも徹底して展開されたのは電力業界においてであったが、そこでは電力国家管理にたいする私企業〔電力会社〕の抵抗も大きかったことが知られている。しかし結局は、多くの企業は軍と官僚の方針を受け容れていった。戦時下では軍に逆らえなかったということもあるし、ある割合で利潤が保証されていたので損をすることはないという企業側の計算もあったであろう。しかしそれだけでもない。

そもそも資本主義と市場経済は同一ではない。資本主義は、資本を投下して商品を生産し、それを市場で販売することによって投入した以上を回収し、こうして資本を増殖させることをその本質とする。ようするに資本主義の胆は資本の増殖なのである。ということは資本の増殖が見込まれるかぎり、市場は自由経済のものでなくともよいわけで、それはほかでもない、戦時経済において国ないし軍が製品のすべてを確実に買い上げる軍需生産の場合に実現される。軍需生産にたずさわる企業は、市場での販売努力を必要としないばかりか、原材料や資金の調達、あるいは税制や労働力等の多くの面においても優先・優遇されていた。そんなわけで財閥系企業は、企業の自主性が多少制約されることがあっても、軍需産業として統制経済をむしろ積極的に受け容れていった〔原朗 p. 96〕。実際には、それぞれの統制会の理事の多くは財閥系企業の社長や重役たちであり、こうして大企業は業種ごとの統制会のヘゲモニーを手に入れていったのである。

戦時下の日本経済について、経済学者の書に書かれている。

航空機・艦船・爆薬・通信兵器・光学兵器等の兵器は、大部分戦争末期の44〔昭19〕年頃まで懸命の増産が続けられた。三菱重工業や中島飛行機を始めとする兵器製造会社は、それぞれ多数の工場・子会社・協力工場を有する企業グループとして巨大化した。……
需要の拡大に直面した軍需産業では……可能な限りの生産量の拡大が図られた。……コストを度外視した生産規模の拡大は、結果的に、きわめて跛行的ながら重工業の設備ストックを飛躍的に増加させ、戦後への遺産として残すことにもなった。（宮崎・伊藤 pp. 173, 192）

かくして三菱重工業をはじめとする財閥系軍需産業は、戦時下でぼろ儲けし、資本を大きく増殖させ、企業を飛躍的に拡大させていった。社史によると、44（昭19）年1月に軍需会社法により軍需会社に指定されてから45年8月の敗戦の直前までの20カ月足らずのあいだに、三菱重工業は静岡、広島（2カ所）、茨城、京都、松本、鈴鹿、大府、大門、大垣、福井、挙母（ころも）に工場を次々と新設している（三菱重工業株式会社社史編さん委員会編『資料編』p. 148）。このように三菱重工業は日本の戦争を支えた一大兵器廠として、1935（昭10）年より敗戦までの10年間に資本金を20倍近くに膨張させ、終戦時において傘下工場31、従業員は徴用工を含めて約40万人を数えるマンモス企業に成長した。そしてその豊かな企業資産は、ほぼ無傷で戦後に残されることになる（城田 pp. 26–28）。

それにひきかえ非軍需産業にとっては、戦時下の「贅沢は敵だ」「欲しがりません、勝つまでは」のスローガンで市場は極端に縮小され、原料割り当て等もきびしく制限され、結果的に「民需産業では、需要の削減と企業整備によって本業の縮小を余儀なくされ」、とりわけ「戦前、世界最高水準の競争力を誇った繊維工業は、戦時下の8年間に、事実上解体されたのであった」（宮崎・伊藤 pp. 193, 175）。戦時統制経済の実情である。

一・四　革新官僚と戦時統制経済

戦時下で政党政治の崩壊にともない官僚の力が強まったが、そうして登場したのが、先述の「革新官僚」とよばれていた新進のエリート官僚たちであった。彼らは企画院を中心に経済官庁に勢力を広げ、軍と一体となって国家総動員法を成立させ、同法を梃子に戦時統制経済を推進し、戦争体制に邁進していった。「満洲国」の後をうけた、日本本土におけるテクノファシズムの展開である。

1917（大6）年のロシアにおける社会主義革命は世界に衝撃を与え、日本でも、翌1918年に東大新人会が生まれ、1920年にはじめて労働者の祭典メーデーが挙行され、さらに1922年には日本共産党が結成されている。1920年代にはマルクス主義関係の文献も翻訳されはじめていた。マルクスの『資本論』の高畠素之による抄訳は1919年に、全訳はその5年後に出版されているが、増刷が間にあわないほど売れたと言われる。くりかえされる恐慌によって疲弊してゆく資本主義社会にたいして、その矛盾をはじめて学問的に解明してみせたのがマルクス主義という壮大な理論的体系だったのであり、それは知的な青年層を魅了した。とりわけ無政府的な資本主義市場経済が必然的に恐慌を引き起こすという精緻な論証は、社会主義社会や共産主義社会の可能性を信じるか否かは別にして、この時代に大学生活を送った青年層には多かれ少なかれ訴えるものがあったのである。

実際この時代、たしかに社会主義革命を信じて何がしかの実践活動に身を投じたものは、治安維持法と特別高等警察（特高）により徹底的に弾圧され、命を落とした者も少なくはなかった。しかし、かならずしも実践活動をともなわないマルクス主義の学習は、じつはトレンドだったのであり、唯物史観はインテリにとって教養の一部でさえあった。「革新官僚」を主題とする古川隆久の論文には「革新官僚とは1920年代に東大法学部を卒業し、主に経済官庁に入った官僚の中から出現した。彼らはその世代的特色としてマルクス主義的教養を身に付けており」とある（古川 p. 10）。労農派の社会主義者・山川均も、革新官僚について「彼らが社会主義、とくに科学的社会主義から影響を受けたといふことは疑ひがない」と当時語っていた（山川 p. 6）。彼ら革新官僚に共通しているのは、社会現象の基礎にあるのは経済であり、恐慌が頻発し経済的危機がくりかえされる現時点では資本主義自由経済が行き詰まりに達している、資本主義社会が下降期に差し掛かっている、という社会認識であった。

革新官僚のエースと言われ、後に見るように電力国家管理の理論的基礎を創りあげた奥村喜和男は、国粋主義思想の持ち主であるが、1938年に語っている。

自由主義的資本家経済組織の生命力たる三つの原理、私有と営利と自由とは、その初期に於ける進歩性、積極性、建設性にも拘はらず、物移り星変り社会経済の変質した今日に於ては、漸（やうや）くその役割を一変したのである。私有はその不可侵性の故に我儘となった。営利はその採算主義の故に貪欲となった。

> 自由はその自主性の故に乱脈となった。社会を進歩せしめつつあった是等の三原理は、今や反対に、国家の躍進を妨げる桎梏となって終った。（奥村 1938, p. 44f.）

東大法学部を優秀な成績で１９２０（大９）年に卒業して農商務省（１９２５年に商工省と農林省に分離）に入省した岸信介は、学生時代かられっきとした国粋主義的思想の持ち主であったが、彼もまた学生時代にいくつかのマルクス主義文献を読んでいたのであり（原彬久 pp. 352, 357）、市場原理にもとづく無政府的な資本主義的生産に代わるものとして、国家指導の統制経済を信奉し、実践したのであった。もともと日本の統制経済は、恐慌からの脱出策として１９３１（昭６）年に公布された重要産業統制法からはじまった。産業経営への国家権力の介入の端緒である。日本にも波及した世界恐慌の猛威のもとで、すでに市場機能は麻痺していたのである。そのとき統制経済を指導したのが、商工省の岸信介であった。岸について、当時の雑誌に書かれている。

> 彼は昔、商工省の一課長だった時代から、今日産業経済の常識となっている〈統制〉論の急先鋒だった。／彼が嘗て、商工省の工務局長だった時代に重要産業統制法といふものを立案して囂囂たる輿論の斉射を浴びたとき、彼は巍然として——今日この頃、自由主義経済の亡き骸を背負ひ廻っている輩がいるとは、甚だ以て怪しからん話だ。重要産業統制法を引っ込めて自由競争を許すべしなどと称へている連中は不当の独占巨利に酔ひ痴れた資本主義痴呆症患者だ。今若し自由競争をやらせて省みなかったと

したら、中小企業はどうなると思ふのだ――と喝破していた。（『工業』1939-1, p. 106）

かくのごとく、ほぼいずれも国家主義的思想の持ち主で「革新官僚」とよばれたエリート官僚たちは、資本主義社会にたいする「疑似革命」として統制経済の建設に邁進した。その統制経済は、初期の恐慌対策という暫定的性格のものから、やがて戦時体制・総動員体制としての統制経済へと変質していくことになる。そして「日中戦争への突入とともに、経済統制、とくに戦時経済統制は飛躍的に拡大強化された」のであった（安藤良雄 1987, p. 449, 傍点ママ）。戦時統制経済は、「所有と経営の分離」を明言していたように、企業の所有は資本家にあるとするが、その経営は経営のプロに委ねるというものだった。もっとも日本の財閥においては、オーナーたちは、雇用した有能で忠誠心の高い「番頭」に所有する複合企業の経営を委ねていたのであり（Gordon 2013a, p. 206, van Wolferen 1989b, p. 299）、その意味で所有と経営の分離が新しかったわけではない。重要なことは、その経営が利潤追求を第一義とせず、国家の政策にしたがう、すなわち戦争遂行のための生産を第一義とするものとされたことにある。

そしてそれは、１９４０年代に入って第二次近衛内閣のもとでの、やがて大政翼賛会の形成にいたる新体制運動、なかでも経済新体制へと「発展」してゆく。『技術評論』１９４１年1月号の「経済時評」にあるように「企業の公共性を確立し、指導者原理を中核とする生産共同体を樹立し以て総合的計画経済を完遂せんとする所謂新経済体制案」である。現在の経済学者が語っているように、この間、つまり１９４０年から41年にかけて「国内経済統制は一そう強化され、〈総動員〉は経済の全部面をおおうにいたった。この間の動向はとくにナチスのイミテーションとしての〈指導者原理〉による経済の〈再編成〉が強行されていったということで特徴づけられよう」（安藤良雄 1968, p. 190）。経済新体制としての統制経済は、その指導にあたった官僚たちには、資本主義の自由経済でもなく、社会主義での国有企業による計画経済でもない、第三の道として考えられていた。「擬似革命」である。しかし、再生産には資することのない軍需生産であるかぎり、いずれ経済の収縮は避けられず、戦線の後退、支配地域の縮小、資源の枯渇とともに破綻を運命づけられていた。

その統制経済のもっとも進んだ形、つまり革新官僚による「疑似革命」がもっとも徹底して展開されたのが、国家総動員法と同時に帝国議会で制定された電力管理法にもとづく電力国家管理であった。革新官僚は総力戦体制の中枢としての電力国家管理を担うまでに力をつけていたのである。

実際には「官僚の力」は、とくに戦前の日本では、もともと強かったという事情もある。

江戸時代は士農工商の身分制社会であったが、260年も戦争がない状態がつづいていたのであり、農民の働きに寄食していた支配階級の武士は、実質的には幕府や藩の官僚であった。維新後には身分制度が廃止され四民平等が語られたけれども、しかし官僚は、とくに上級官僚の場合、ほとんど士族によって占められていたのであり、商工業を下位に見る士族の階級的偏見は払拭されていなかった。それに加えて戦前昭和の時代には、上級官僚の大部分は、公務員（サーバント）つまり国民の召使いであるどころか、東京帝国大学法学部を優秀な成績で卒業し文官高等試験をパスした超エリートであり、しかも形式的には天皇によって直接任命され天皇に直接仕える「天皇の官吏」であった。そして、そのことを盾に官僚は議会や民間からの批判を受け付けようとはしなかったのである。ミムラの書には書かれている。

> テクノクラシーは、現代世界の特徴であるが、日本においてはふたつの排他主義的な視点に強化されて、命脈を保った。ひとつは〈官尊民卑〉であり、官僚や公的な問題が国民や個人生活に優先される視点である。もうひとつは国粋主義的な義務づけである〈富国強兵〉の視点であり、成功のための基準を、自由や民主主義といった普遍的な人間性の原則ではなく、経済力と軍事力の観点から定義する。
>
> (Mimura, p. 2)

かくして官尊民卑・官僚無謬の風潮は、明治から大正・昭和へと日本社会の近代化が進んでも、強まりこそすれ改まることはなかった。このことが、日本における民間企業にたいする官僚の強さを説明する。そしてその戦前日本の官尊民卑のエートスと力関係は、戦後社会にも引き継がれてゆくことになる。いや戦後の社会では、軍はなく、財閥はＧＨＱ（連合国軍最高司令官総司令部）によって解体させられ、結果として官僚は相対的により強い力をもつにいたったのである。次節では、以上の議論をふまえて、電力産業にたいする国家統制つまり国家によるエネルギーの一元的管理の歴史を具体的に辿ってみよう。

一・五　戦時下での電力国家管理

日本における電力事業は、1883（明16）年——エジソンがカーボン電球を実用化した4年後——の東京電燈の設立とその4年後の給電開始にはじまり、その後、神戸電燈、京都電燈、名古屋電燈、大阪電燈と創業がつづき、日本社会の電化は都市を中心として民間電灯会社によって進められ、資本主義の市場原理によって発展していった。電灯会社の設立は日清戦争（1894〜5年）を機に加速される。当初、電力使用は照明（電灯）が主であり、危険防止のための保安的性格が強い電気営業取締規則（1891年）、および電気事業取締規則（1896年）が警視庁によって制定されていた以外は、発電所の建設はもとより電気料金の設定も含めて、営業は自由であった。1911（明44）年には電気事業法が制定されたが、営業も料金も届け出制で、国家による規制は事実上存在しなかった。そしてまた、電力使用の主流が電灯であるかぎり、電力が産業の根幹をなしているとは言えなかった。

変化は大正時代にはじまる。ジャーナリスト吉田啓の手になる1938年の『電力管理案の側面史』に「欧州大戦中電気事業に対する大資本が投下され大規模な開発が行われ」とあるように（p. 5f.）、この時代に山間部での大規模水力発電と高電圧による都会への遠距離送電のシステムが形成される。その技術改革を可能にしたものは、電力企業の大資本化とそれにともなう電力事業の集中・集積化であった。そうして形成されたものは、大資本電力会社が財政難の過疎地にハイリスクな原発を建設し、その電力を人口の集中する豊かな都市で消費するという、20世紀後半の都市中心配電構造の原型と考えられる。

この点について、科学技術社会学の研究者・松本三和夫は、発電所とそこからの送電による電力供給システムが形成されることによってはじめて「科学技術複合体というものが成立し、……それは環境の変化に応じて、特定の国家目的のための手段として転用可能なものとなる。たとえば戦争目的に対して再編成される」と語っている（加藤・松山編 p. 171）。満洲事変に際して電力の国家管理がはじまる前提が、大正時代に形成されていたのである。

そして１９１７～１８（大６～７）年、第一次世界大戦中の好景気のなかで、電力の動力（電動機（モーター））への使用が照明（電灯）への使用を上まわることになる。おなじころに、工場での動力源として電力が蒸気を上まわった。そのことは電力が日本における産業の基幹を占めるに至ったことを意味している。「欧洲大戦は更に我が国の電力界に革命的な変化を齎らした」のだった（吉田 p. 5）。それはまた「電灯会社」が「電力会社」に脱皮していく過程でもあった。

こうして日本の電気事業は、１９１０年代から20年代にかけて火力から水力への電力革命をともないながら、飛躍的に発展した。日本の産業革命の完成は、同時に動力源としての電力の確立をもたらしたエネルギー革命でもあったことを示している。昭和は電力の全面使用の時代としてはじまったと言える。

通常の日本電力史では大資本に焦点をあてて、もっぱら自由競争のなかから、東京、名古屋、大阪、福岡を舞台としていくつかの大手電力会社が形成され浮上してくる過程が中心的に描かれている。すなわち、さまざまな規模の数多くの電力事業が競り合っている状態からいくつかの有力企業が中小の電力事業を買収・合併して強大化してゆくことによって、１９２０年代に東京電燈、東邦電力、大同電力、宇治川電気、日本電力の5大電力会社が浮上してゆく。そしてそれらのあいだで、大正末から昭和にかけて、「電力戦」とまで言われた激烈な市場獲得、大口消費者争奪の泥仕合が展開されていくことになる。上述の吉田の書には「然し〔第一次世界大戦の〕戦時及び戦後の好況時代に着手した発送電設備の多くは戦後の反動不況時代に至って完成したため、黄金時代も槿花一朝の夢で、一転して電力の過剰時代になった、利潤も年々低下したので全国的に電力需要家の争奪戦が展開し有力会社は競って競争会社の買収合併を敢行した。5大電力会社の制覇は当時完成したものである」（吉田 p. 6）とある。

それにたいして最近出版された西野寿章の『日本地域電化史論』には、大電力企業の形成については「1920年代に入ってからの電力業は、株式あるいは社債の発行によって資本市場から巨額な資金を調達し、外部資金依存型の金融方式こそが電力業の最も大きな特徴をなしていたとされ、電力産業は近代資本主義の形成に大きく寄与した」（p. 204f.）と説明されているが、それと同時に、「住民が電気を灯した歴史に学ぶ」と副題にあるように、通常の歴史では見落とされている市町村あるいは地域の共同体の作る協同組合としての電気利用組合等による電力利用を丁寧に調べ上げており、この点で興味深い。同書からいくつか引いておこう。

> 自由競争下において電灯会社は、市場規模の小ささや配電コストの高さを理由として、家屋が分散している農山村地域には積極的に配電をしなかった。（p. 176）

このような戦前の電灯会社の性格によって、大正期に発送電技術が進歩しても、山村や山間集落の多くは、無配電地域として残存した。そのような地域では、住民自らが事業費を出資してでも電気の導入が望まれた。その結果……山村地域を中心として、急速に電気利用組合が設立され、無配電集落の電化、住民の福祉向上に大きく貢献したといえる。(p. 153)

民営主導による戦前の電気事業の発達過程において、山村地域を中心に町営、村営の電気事業が存在した。1932(昭和7)年における電気事業者数は850を数え、その内訳は、私営735(株式会社710、合資・合名9、その他16)、公営115(県営5、市営14、町村組合営11、町営22、村営63)となっていた。(p. 27)

大正から昭和にかけての電力業は、大規模発電能力をもち、都市中心の配電網を有する大資本の電力会社だけではなく、その他に、数多くの中小の企業や地方自治体、さらには農山村部での村営や協同組合等による電力の自給自足・地産地消体制、等のさまざまなレベルの事業体によって担われていたのであった。現代の日本における電力事業の今後を考えるにあたって、興味深い示唆的な事実である。

他方で、満洲事変のはじまった1931(昭6)年、戦争にともなう増産体制の確立が必要となった時点で、それまでほぼ野放しにされ、第一次世界大戦後の不況のもとで無統制に置かれていた電力事業にたいする国家管理の重要性に、国は開眼し着目することになる。その年制定され翌年施行された改正電気事業法は、企業形態としては民有を基礎とするが、過当競争を妨ぐために供給地域の独占を認め、それとひきかえに電気事業を許可制にし、電気料金その他の電力供給条件を認可制に改め、また資本の濫費防止を目的に、とくに河川における水力発電の重複投資の解消をはかるために、国の指導を受け容れさせる等の形で国（逓信大臣）の権限を強化するものであった。それは「統制経済の法律としての先駆をなすもの」と言われる（吉田 p. 18)。

なお、この改正電気事業法でもって、今日にいたるまで電力会社に踏襲されている、いくら経費がかかってもそれに応じて利益が保証される総括原価方式が誕生することになる。

電力業界はというと「電力過剰に悩んだ業者は深刻な供給区域争奪戦を展開し、血みどろの闘争を続けた結果、疲労困憊の極、一にも二にも金融資本家の助力を仰ぎその頤使に甘んぜなければならぬ悲況に沈淪した」のであり、[33] 1932年、上記の5大電力は休戦協定を結び、金融資本の指導で電力連盟を結成して市場協定を締結し、電力戦に終止符を打つことになる。経済学史の書物には書かれている。

昭和7年（1932年）には、三井、三菱など財閥系5大銀行が音頭をとって、電力連盟が結成された。これは当時最大のカルテルで、電力業界の激しい競争を抑えて経営を改善することを目的とし、設備投資などについてもチェックする機能をもった非常に強力な統制機関であった。（中村隆英 2017, p. 23f.)

改正電気事業法の制定と電力連盟の結成は「財閥系銀行の電力業への介入を制度化」したものであり

（梅本 p. v）、電力の地域独占体制形成への第一歩であるとともに、電力国家管理へと向かうエポックを画することになる。

日中戦争勃発直前の1936（昭11）年には、電気事業は「事業数に於ては〔日本全国の事業数の〕僅かに3％に過ぎないが資本金額に於ては23％を占め、株式会社営各種企業中第1位に位する」（吉田 p. 28）状態であった。電力管理法が成立した1938年の状態では「当時電力会社は日本の総資本の25％を占めており、最大の電力会社である〈東京電燈〉は日本一の資本規模を有していた」とある（坂本 p. 192）。電力はすでに日本産業の根幹に位置していたのである。需要の中心は電気化学工業（化学工業および金属工業）で、その使用電力は工業全体の半分に達していた。電力は主要に軍需産業の基盤を形成するためのものであった。

広田弘毅内閣が成立したのは1936年の二・二六事件後だが、その年、頼母木桂吉逓信大臣は電力国家統制の重要性を議会で表明し、内閣調査局の奥村喜和男[34]による発送電事業の国営化案が公表された。庶政一新を掲げた広田内閣の「目玉商品」であった。電力問題にかかわる奥村の基本的な立場は「今や電力問題は単なる経済問題ではない。本質的には国家の浮沈に関はる国防問題であり、同時に現象的には重大なる政治問題である。……営利を第一義とし、公益を第二義とするやうな経営形態は電力事業に限らず、これから以後、国家の重要産業には不適当である」と表明される（奥村 1940, p. 2）。とくに電力については、資源の乏しいわが国の天恵たる水力資源を個々の企業がそれぞれの思惑にしたがっててんでに開発する行き方は無駄をともない、国家が一元的に開発し利用すべきである、と主張されている。

しかし国有化ではない。資本の所有と企業の経営管理を分離し、所有は資本家の手に残し経営管理を国家が担う、すなわち特殊持株会社を形成し、そこに電力会社より各社の発送電設備を現物出資させ、発送電計画・水利権の使用・電力料金の決定などの経営の中枢事項は政府が掌る、というのが民有国営の奥村私案である。その基本的な目的は、電力業界の過当競争と重複投資の解消であった。

この年、逓信省電気局長であった革新官僚・大和田悌二は「民有国営方針」について語っている。

> 国営は電力の如き万象の基礎たるものの理想的の形態であり、且つ其の源が水力である我国では、水力が私有しても加増せざる天然国富であること、公共性、自然独占性等に鑑みて、一層国営の当然性が肯定されるのである。而して国有をとらないのは、単に国家財政の都合丈ではなく、凡そ今日大企業界の実際に於ては、資本の所有と使用とが、一所に帰属しないのが寧ろ普通である所に着目してその例に倣ふことが、民間資本を利用する所以でもあると信じたからである。（大和田 p. 85）

そしてその年の12月に「電力国策要綱（頼母木案）」が閣議決定される。しかしこれは奥村私案とともに電力業界のみならず経済界全般の猛反対にあい、廃案となる。経済界全体の反発は、国有化ではないにせよ、これを認めると、自主的な経営権限が剝奪されるのだが、それが電力だけではなく、他分野にも広がるのではないかとの危惧からであった。

翌１９３７（昭12）年、第一次近衛文麿内閣の永井柳太郎逓信大臣による「電力国策要綱（永井案）」

があらためて閣議決定され、第73帝国議会に提出された電力管理法および日本発送電株式会社法は、前回と同様に電力業者からの激しい反対を呼び起したけれども、日中戦争勃発の翌1938（昭13）年、61日という未曾有の長期審議を経て最終的に制定された。国家総動員法が制定されたのとおなじ議会である。この法は電力会社の所有設備を強制出資させ、全設備を国が借り上げ、発電・送電を国家管理とし、運営を特殊会社としての日本発送電株式会社（日発）に行なわせるものであった。こうして1939（昭14）年4月、日発が誕生し、担当官庁として電気庁も新設され、電力国家管理がはじまる。すなわち「民有国営」の日発と9地域に分割された配電会社による戦時下の電力国家管理（第一次国管）であった。電力自由競争時代の終焉である。1939年の『週報』の電気庁による記事「電力国家管理の前進」には「日本発送電株式会社は、その大部分の資本を既存電気事業の出資6億3千余万円の設備によって構成された」とある（『週報』No. 130, 1939-4-12）。この時点で電気事業者から日発に出資された設備は、出力5千kw超の新規水力発電設備、出力1万kw超の火力発電設備、主要送電・変電設備であり、他方で既存の水力発電設備は出資の対象外であった。

電力国家管理にたいする企業の反発は主要に国による私有財産権の侵害にたいするものであったが、戦時体制にはいり軍に逆らえなくなっていたこともあり、電力業界は最終的には「民有国営」の永井案を受け容れていった。『科学主義工業』の1937（昭12）年12月号の記事「電力統制問題」には「永井逓相の〔電力〕統制は昨年のに比し……国防的理由を前面に押出していること、統制形態としては必しも国営を強調せず、多分に緩和されている事が充分に窺はれる」とある。軍事的意義がより強調されるようになっていたのである。1937年、企画庁（企画院の前身）の出弟二郎[35]は「発電及送電は全国的に一丸とし、一組織の下に統制しなければならぬ。且つ其経営の第一義は、国家の非常の用に供することとし、営利が第一義であってはならない。現在の日本では電気が民営である限り、如何にするも、国防目的とは、凡そ相去ること遠い結果を見るであらう」と語っていた（出 p. 91）。

かくして、先述の吉田の書にあるように「満洲事変以後は年々国防予算は増加し軍需工業の活況を呈して電力の不足を告げつつある矢先突如として支那事変が勃発、戦時下の議会で電力国家管理案が実現されるに至った」（p. 7f.）。電力国家管理は何よりも戦争——拡大する日中戦争——遂行のためのものであり、戦争に反対できないかぎり、国家管理に反対はできなかったのである。

電気庁は戦争が深まった1940年に『週報』の記事「電力統制の躍進」で「電力国家管理の理念は、公益優先の原理の実践であり、その目標は、国防国家体制の完成を目ざすものであって、国をあげての大運動として展開されている」（『週報』No. 215, 1940–11）と表明している。「公益」と言っても軍需生産最優先が実態である。永井逓信相と「永井案の実質的推進者」（堀 p. 156）であった大和田電気局長のあいだで最初に定められた電力政策指標の第一に「国家総動員計画並に準戦時体制の産業五ヶ年計画の目的に対応するに適当なる内容を具備せしむる事」（吉田 p. 208f.）とあるように、電力国家管理はまた、国家総動員法と一体となって、国内の経済統制を完成させるためのものでもあり、国家総動員の根幹に位置づけられていたのであった。経済学者・高橋衛（まもる）の論文には「ナチス統制が立法の下敷のひとつになっていたことは否定できない。……〈日発法〉が、民有国営方式をとり、政府の任命する総裁をおいたことは、まったくナチス統制と同一の方式をとったことになる」とある（高橋衛 p. 194）。電力国家管理はナチス経済に倣ったものであった。かくして「近衛政権下、……政府は電力国管を露払いに国家総動員体制へと一気に突き進む」のであり、「電力の国営化が成るかどうかは、日本の軍国化のバロメーターでもあった」（山岡 2015, pp. 180, 173）。

しかし、天候不順（異常渇水）と石炭不足も相まって第一次国管はうまく機能せず、電力不足をもたらし、1939（昭14）年10月には、消費規制を目的とする電力調整令が国家総動員法により公布されている。そして1941年4月、出力5千kw超の水力発電設備および発送電施設の日発にたいする強制出資命令を含む電力管理法施行令の改正が行なわれ（第二次国管）、同年10月、国家総動員法による配電統制令が公布される。第二次国管が敢行されたのは、第一次国管の失敗は日発が既設水力設備や配電設備を手中に収めなかったことによる、という総括にもとづくものである。

第二次国管によって民間電力会社は、一部の例外をのぞき、解散に追い込まれた。町村営電気事業は、すべてが配電会社に出資する形で消滅した。電力国家法がファシズム立法として悪名高い国家総動員法と一体となって運用されることにより、電力国家管理は完成したのである。それは『社会学辞典』（弘文堂）の「ファシズム」項目で山口定（やすし）が「ファシズム体制（一党独裁の陰での執行権力の無制約な貫徹が基本的特徴）の定着とともに……テクノクラートの優位と技術的近代化の貫徹が見られるようになる」と指摘した事態にほかならない。日米開戦の直前であった。

しかしそれと同時に、電力管理法は「電気産業資本の〈真の支配者〉たる財閥金融資本の利益を貫徹しつつ成立した」のであったことを見落としてはならない（堀 p. 152）。日本興業銀行の頭取であった安田財閥の結城豊太郎が林内閣の蔵相を務め「軍財抱合」を語ったのが1937（昭12）年、財界の大御所と言われた三井財閥の池田成彬が蔵相・商工相兼任として第一次近衛内閣に入閣したのが翌1938年、財界は軍と革新官僚による統制経済ひいてはファシズム支配に協力をはじめたのである。逆に言えば陸軍統制派と革新官僚によるテクノファシズムは、財閥を取り込むことによって、電力国家管理においてその十全な完成形を見たと言える。そうして形成されたのが、中央集権的電力管理体制であった。すなわち、全国の河川を国家が管理し、何処にダムと発電所を造るのがもっとも効率が良いか、そうして作られた電力を何に重点的に使用するのがもっとも有効であるかが、中央で統一的に決定されるのである。そのさいの中心目標はもちろん軍需生産であり、ダム建設のための住民の移住やとり残される民需産業の問題は、副次的な問題と見なされることになる。

坂本雅子の論文「電力国家管理と官僚統制」には書かれている。

> 国家による配電過程への介入は……大軍需工場――その多くの場合はこの時までに軍需を中心とした重化学工業へと転換していた財閥の系列の工場であったが――の無制限の需要に応えるものであったといえる。……国家は〈電灯を消さぬと日本が負けになる〉と国民を恫喝しながら、財閥の生産拡大のため、この電力の面でもあらゆる手段で〔軍需産業を〕保護したのである。……電力問題に関するかぎり、官僚統制は財閥の産業構造再編の課題、及び電力業界制圧の方策を完全に体現していたといえる。

（p. 201f.）

実際、1939年に公布された「電力調整令」は「軍用その他国防上緊要にして欠かせぬもの」への優先的供給のためのものであった（堀 p. 158）。その後も戦争が激しくなるにつれ電力の消費規制がさらに強められ、『週報』では逓信省がくりかえし節電をプロパガンダしていた。1943（昭18）年の『週報』には「私どもが少しでも節電すれば、それだけ飛行機が、軍艦が沢山造られ、大東亜戦争を勝ち抜くための大きな力となるのでありますから、〈節電することが即ち大東亜戦争を戦ひ抜くこと〉であることを心に銘記して、この度の消費規正の強化に協力されるやう切望する次第であります」とストレートに語られている（『週報』No. 329, 1943-2）。電力使用においても、財閥系軍需産業が何よりも優先されていたのである。

電力国家管理こそは、戦時下で官僚の力がもっとも強く発揮された分野であった。そのことは何よりも、戦時における電力の重要性による。戦争中、米国のTVA（テネシー川流域開発公社）の長官を務め、戦後、米国原子力委員会の委員長の任にあったリリエンソールが「電力というものは近代戦における活力の源泉である」（Lilienthal 1953, p. 24）と言ったとおりである。

電力企業からの反発を抑え電力国営を可能にする論理として「所有と経営の分離」すなわち「民有国営」路線を提起し、そのことによる戦時下の電力国家管理、ひいては革新官僚の「疑似革命」を理論的に指導したのが、ともに「ナチズムへの心情的共感がつよ」い（高橋衛 p. 195）と言われた奥村喜和男や大和田悌二だった。奥村は、あるべき体制としての自身の思うところを語っている。

行詰りを約束された資本家自由経済の変革刷新、高度国防の再強化は、如何なる原理と体制に依って、之を実現すべきであらうか。我々は此処で明確に、我々の指導原理と、理想的社会体制を表示せねばならぬ。曰く、個人主義に代はるに全体主義である。資本家自由経済に代はるに全体主義計画経済である。一言以て之を云へば、新国民主義の社会体制、広義国防の実現である。

（奥村 1938, p. 113, この後の引用は p. 102）

しかし同時に奥村は「戦争が経済組織の将来に重大なる影響を与へることは、何人も之を否認することは出来ぬ。而してその制度の改善となるが如き変革は、戦争後も、依然として、持続されるであらうし、また、之を持続せねばならぬ」とも語っている。彼らの展望した日本社会の改造は、単なる電力制度の改革でもなければ、また戦時のための時限措置でもなく、戦時経済の遂行を通しての資本主義社会全体の永続的変革を意図したものであった。これは奥村の1938年の書『日本政治の革新』からの引用だが、その末尾に、奥村の政治思想とその改革の政治的展望が語られている。

この一君万民の日本、真の全体主義国家としての日本を、その本然の姿に立ち帰らしめ、国民の精神力を動員し、社会の顕在・潜在の全生産力を動員して、益々強く、愈々高き躍進日本を建設せねばならぬ。優越を欲し、利己を欲し、搾取を欲し、支配を欲する悪魔的習癖は、之を我が日本より駆逐せねばならぬ。日本自らが真に醇化されて、統一と協力、計画性と科学性が総てを支配する時にこそ、天地正大の気は、粋然として我が神州に鍾まり、日本は真に極東の、東亜の、否アジアの盟主となるであらう。（奥村 1938, p. 253）

反資本主義的統制経済にもとづく天皇制全体主義国家の建設という、「一君万民」をスローガンとし個人や個別企業の利害を国家に従属させる超国家主義的な国家思想・国体思想と、「計画性と科学性」を第一義とし生産性や効率に価値を置く有能な官僚としての技術合理的・計算合理的な社会思想の特異な統合によるテクノファシズムの展望である。反資本主義的であるが同時に全体主義的で、その意味で国家社会主義的な国家改造計画をイデオロギッシュに語るまでに、戦時下で軍を背景にもつ官僚の力は拡大していた。しかしそれは、現実には、財閥大資本に中心的役割を与えることによって、中央集権的国家資本主義としてあった。

昭和戦前期には、都市の大企業から農山村の村営さらには協同組合方式の小規模ないし零細経営にいたるまでの幅広い事業体により担われ、それぞれの規模でそれぞれの判断で運営されていた電気事業が、最終的にはここまで国家権力に統合され中央集権化されるにいたっていた。

先述の西野寿章はエッセー「戦前の山村にあった電力改革のモデル」で語っている。

戦前の電気事業は、自由放任の下に発達したことから、電灯会社の配電区域に組み入れられなかった地域では、財源さえ確保できれば地域で電化を図ることが可能であり、かつ小規模でも経営も成り立ち、住民と行政が一体となって社会資本が整備され、エネルギーコミュニティが形成されていた。住民は電気事業経営に高い関心を向けていた。近年、〈新たな公共〉の必要性が指摘されているが、戦前の山村社会にすでに存在し、官民一体の分散型再生可能エネルギーシステムが構築されていた。これは、地域ガバナンスの一つの型と捉えることもできる。しかし、1938年の電力管理法、1941年の配電統制令によって消滅させられた。（西野 2020b, p. 9）

戦前の革新官僚はたしかに電力事業を「変革」したのである。

敗戦後の占領下でGHQは、日発に体現されていた電力国家管理は戦争遂行のためのものであったと判断して、日本政府が温存をはかろうとした日発の解体を指導し、50（昭25）年にポツダム政令「電気事業再編成令」の公布でもって戦時下に形成された電力国家管理は崩壊し、翌51年に日発は解体される。その結果としてできたのが、沖縄をのぞく9つの配電会社の地域ごとに日発を分割する戦後の9電力による地域独占体制であった。52年には、9電力会社による電気事業連合会（電事連）が設立される。こうして、官僚機構による中央集権的電力管理体制は、敗戦で一度は解体されたことになる。

しかし戦後、核開発――原子力発電――の推進において、電力国家管理はあらためて「国策民営」として復活することになる。すなわち、戦時下の電力「民有国営」路線は、戦前の商工省の生まれ代わりとしての戦後の通産省＝経産省の核政策における「国策民営」の原型と見ることができるのである。そして次章に見るように、戦前に商工省が財閥系軍需産業を保護したのと同様に、戦後も通産省＝経産省が財閥系原発メーカーを保護・育成することになる。

高木仁三郎が語っているように、「中央集権型の巨大技術」としての原子力は「それ自体がエネルギー市場やエネルギー供給管理のうえで、大きな支配力、従って権力を保障する」のであり、「ほとんどの政府がまず原子力にとびついた……のは、この中央集権性ないし支配力にあった」（高木 1999, p. 217, 中山 1981, p. 166 参照）。戦後の日本国家（中央官庁）もまた、原発推進・核開発において、エネルギーの中央集権性を取り戻すことに執心してきた。日本にかぎったことではない。長谷川公一の書には、現在「原発推進的な政策を採っている代表的な国」すなわち日・仏・韓・中について「これらの国に共通するのは、政治的には中央集権的で、経済的にも社会的にも文化的にも一極集中的な性格が強いことである」と指摘されている（長谷川 p. 178）。

＊　＊　＊

つまるところ、原発にたいする闘いは中央集権にたいする闘いでもある。すなわち「脱原発、自然エネルギーの世界への道筋は、地方から中央に電力を吸い上げる中央集権主義からの脱却であ」るということになる（鎌田 2012, p. 27）。内橋克人の83年のレポートにすでに書かれている。

> 電力供給は……小規模の発電所を全国各地に適正な距離をおいてバラまけばバラまくほど、経済性は上がる。／いわば〈電力自給圏（アウタルキー）〉を全国に築くことで、われわれは巨大電力会社のつくり上げた料金高水準体系の桎梏から解放されるはずなのだ。〈電気事業法〉を改正し、それら小規模な水力発電所からも一般消費者が電気を買うことができる可能性を開いておく——われわれの世代が子孫と地域社会に対して残し得る遺産にふさわしい。（内橋 1998, p. 215）

その根本にあるのは「エネルギー選択こそは重要な市民的権利でなければならない」という思想であろう（内橋 1998, p. 156）。そしてそれは「エネルギーを使う地域社会が協同組合または〈共有資産（コモンズ）〉として民主的に運営する、新しい形の公益事業」（Klein 2014, p. 179）として実現されるであろう。

新聞によると、事故のあった11年の7月に福島県の復興ビジョン検討委員会が、原発に頼らない社会づくりにむけて、再生可能エネルギーの拡大と「地域単位で電気がやりくりできる〈地産地消モデルの構築〉を提唱する」とあり、その背景として、県内の東京電力と東北電力の発電所での09年度の総発電量１２１５億kW時にたいして、県内での消費量が１５０億kW時という極端に「いびつ」な構造が挙げられている（『朝日』2011-7-2）。中央集権的電力管理体制の解体とは、分散的エネルギー供給システムの形成であり、西野寿章の言うエネルギー・コミュニティの復権であるが、それは同時に中央の都市での電力大量消費と地方の過疎地での大量発電という差別的二重構造の解体でもあるのだ。

(25) 米国は国際連盟に加盟していない。

(26) 小磯国昭「帝国国防資源」、全文は纐纈厚『総力戦体制研究』末尾にあり。引用は同書の pp. 221, 220 より。

(27) 「軍事上より見た満洲に就て」『現代史資料 7 満洲事変』みすず書房 p. 142 より。

(28) 厳密に言うと「満洲国」には国籍法はなく、したがって「満洲国人」なるものは原理的には存在しない。ここで言っているのは関東軍の支配を受け容れた現地住民を指す。大部分は中国人である。

(29) 現在では「テクノ・ファシズム」は、主要には20世紀後半のテクノロジー支配にアクセントを置いた意味で使用されている。すなわち「テクノ・ファシズムとは、……フランスのエコロジスト運動の中から言い出された概念である。すなわち、生産と交通と生活がテクノロジーによって支配され、国家・社会の情報とその伝達、民衆の生活がテクノクラートによって管理され、このテクノクラートの決定権の下で、民衆の自由と自立性が、したがって真の民主主義が破壊される、そうした支配構造のことである」(山川暁夫 p. 10)。これはテクノロジー・ファシズムと言うべきものであろう。それにたいして本書では「テクノファシズム」をミムラや大藪の言う「テクノクラート・ファシズム」の意味で、満洲国と戦中の日本の軍と官僚による独裁的支配にたいして使用する。

(30) この時代の「革新」は、明治以来の薩長支配体制にたいする、基本的には右からの改革を志向する集団の理念であり「１９３０年代半ば過ぎから時代の合言葉となった」と言われている(大藪 p. 38)。

(31) 「ドイツ・ナチスの統制経済は……いはゆる全体主義理論で導かれるものなのであるが……特にドイツ経済で強調される基本方針は、いはゆるフューラー・プリンチプ(指導者原理)と称せられるものである。これは単に経済上の統制のみでなく、政治的統制にも適用される」(小島精一『ナチス統制経済読本』1940, p. 83)。

(32) ナチ・ドイツの授権法は、正式には「民族および帝国の困難を除去するための法律」。議会や大統領の承認なしに政府が立法権を行使できるようにした法律で、「全権委任法」とも言われる。

(33) 吉田 p. 19.「頤使(いし)」は人を顎(あご)で使うこと。「沈淪(ちんりん)」は深く沈むこと、ひどくおちぶれること。

(34) 奥村喜和男。東大法学部を卒業し、逓信省に入省し、１９３５(昭10)年、内閣調査局の調査官に抜擢され、テクノファシズムのイデオローグにして、かつ「革新官僚」のエースとして電力国家管理を推進し、企画院（調査局が企画院に改められ、昭和11年に資源局に統合されて生まれたもの）で国家総動員法を起草。１９４１（昭16）年、東条内閣のもとで内閣情報局次長を務め、言論統制を指導する。

（35）　出弟二郎（いでだいじろう）。もともとは東邦電力の調査部のメンバーで、電力企業の自主的統制論者であったが、その後、東邦電力を退社し電力国家管理論に見解を変え、企画院嘱託、後に日本発送電株式会社の秘書課長を務める。

第二章　戦後日本の原子力開発

二・一　核技術とナショナリズム

日本は45（昭20）年にアジア太平洋戦争で敗北したことで、占領軍——実質は米軍——の間接統治下におかれ、帝国軍隊は解体させられた。しかし軍に協力して戦争経済を指導しファシズム支配を支えていた官僚機構は、特別高等警察（特高）をもつ内務省が解体されただけで、戦後に残された。「戦犯はおろか公職追放に該当する官僚の数は、軍人はもちろん、政界や財界に比べても驚くほど少なかった」（水谷 p. 302）のである。真偽のほどは不明だが、日本の官僚機構は優秀な人材が多く、占領政策を遂行するにあたってこれを利用する方がうまくゆくと判断したGHQが意図的に温存したとも言われている。

戦時下で皇国神話を喧伝し軍国教育を推進した文部省もほぼ無傷で残された。公職を追放された部分も50年には追放解除が始まり、50年代初頭には、旧内務官僚とともにあらかた復帰している。

とくに戦時統制経済を指導し、もともと強力であっただけではなく、総力戦の数年間にわたって国民と企業を総動員する過程でさらに力をつけ、戦争末期に企画院と統合され軍需省と名を変えていた商工省は、通商産業省〔通産省〕に生まれ変わり戦後に引き継がれた。その職に踏みとどまった官僚たちや、あるいは戦後になって政治の世界に転身した元官僚たちが、戦時統制経済の延長として戦後の復興と高度成長を指導し牽引してゆくことになる。「戦時下は長期におよび多大な犠牲を伴う戦争を遂行するための、敗戦後は国家を再建するための、膨大な人的・物的資源の動員がテクノクラートたちにかつてない好機を与えた」のであった（Mimura, p. 1f.）。56年出版の『通産官僚』には書かれている。

あの太平洋戦争では、父祖代々の家業をもぎとり、飛行機工場へ老いも若きもかりたてた総本山はこの軍需省ではなかったか。いまでは通商産業省などというおとなしい名前にかわっているが、あのころ軍需省を牛耳っていた岸信介がこともあろうに次期総理の有力な候補になっている昨今だ。〔秋美 p. 14〕

その日本の戦後復興過程を描いたキャロル・グラックの「現在のなかの過去」には「〔敗戦の年〕１９４５年に想定された断絶はじっさい、戦前・戦中のファシズムと戦後民主主義とのあいだではなく、近代化の第一段階〔明治維新〕と近代を正しく獲得する二度目のチャンス〔戦後改革〕とのあいだの連続性を提起した」とある（Gluck 1993a, p. 173）。その理解にならえば、欧米の先進科学技術の獲得によるエネルギー革命としての明治の近代化につづき、二度目のキャッチ・アップとしての戦後復興・戦後改革でも、戦時下で開発されていた米国の先進科学技術の習得による核技術と核エネルギーの獲得が重きをなしていたという構造を見てとることができる。

アジア太平洋戦争の末期、制空権を確保した米軍による1945（昭20）年に入っての東京・大阪・名古屋・神戸・横浜の5大都市をはじめとする日本の大部分の主要都市にたいする絨毯爆撃、5月の沖縄戦の悲劇、8月の広島・長崎への原爆投下という戦況、そしてとりわけソ連参戦が必至と見られたこともあって、日本の支配層はようやく敗戦を受け容れることになった。ポツダム宣言の受諾である。もともと中国侵略からはじまった戦争であり、アジア太平洋戦争に拡大する以前にすでに日本軍は毛沢東の共産党軍および蔣介石の国民党軍の反撃により中国大陸で進退窮まっていたのであり、その意味では、日本軍敗北の真因は、そもそも道義的に許されない侵略行為にたいする中国をはじめとする被侵略国民衆の怒りにあったと見るべきであろう。

しかし無条件降伏したときの首相であった鈴木貫太郎が戦後になって「今次の戦争は科学によって敗れた」と語ったことが知られている。実際にも当時、日本国内では、科学者や知識人を含め多くの人たちは、敗戦はもっぱら米国による国内諸都市の空爆と二度の原爆投下によるものと捉え、それを「科学戦の敗北」と受け取っていた。敗戦3日後の8月18日に文部大臣に就任した前田多門は、大臣就任に際して「われらは敵の科学に敗れた。この事実は広島に投下された一個の原爆によって証明される」と語っていたのである。その場合の「科学」とは正確には「科学技術」のことであり、広島と長崎に落とされた2発の核爆弾（原子爆弾）や日本上空を我が物顔に飛行していたB29爆撃機で体現されていた。通常の化学爆弾とは桁違いの破壊力・殺傷力を有する核爆弾、および超高度を悠然と飛行する大型爆撃機は、ともに大戦中に開発されたものであり、当時の米国科学技術の優越性の象徴であり、戦争末期から戦後にかけての日本人には圧倒的な印象を与え、まぶしい光を放っていたのである。雑誌『科学朝日』48年1月号の「平和と原子力」の特集には、アイソトープの応用等とならび、「アメリカの原子核研究」の記事があり、そこには「いまや……平和時代への〔核〕エネルギー利用の研究が進められ大工業化が可能になった」とある。アイゼンハワーの「平和のための原子力」演説の6年近く前である。他方、広島在住のジャーナリスト金井利博は「日本本土空襲のため青空高く侵入したB29の銀影を、しばし戦争を忘れて〈美しい〉と感じた日本人は、少なくない」と語っている（金井 p. 243）。あるいは戦後の少年向けの科学雑誌『科学読売』の51年11月号の模型飛行機の記事は、小見出しに「美しい形態をもつあこがれのB29」とあり、「第2次世界大戦の花形であり、そして私ども日本人にとって最もなじみの深い飛行機といえば、何といってもボーイングB29でしょう」とはじまっている。

とくに原爆について、敗戦後しばらくのあいだ、その原理に通じている物理学者のあいだでその非人道性を糾弾する声がほとんど聞かれないのは、1945年10月9日以降GHQの検閲があったためかもしれないが、そのためばかりではないと思われる。

日本でも戦争中の原爆開発には物理学者が中心的に関与していたのであり、当時彼らにあったのは、戦争協力にたいする反省や軍事研究従事への自責の念ではない。彼らを捉えていたのは、自分たちが果たせなかったこと、米国の研究者に先を越されたことへの無念の想いとともに、原爆開発の技術的困難を熟知していた彼らには、米国の科学者や技術者がそれほどの短期間で原爆を作り上げたことへの称賛と驚嘆、そしてまたそれを可能にした米国の経済力と技術力への羨望の念があったと思われる。

戦時下での日本陸軍の原爆製造計画は、当時東京帝国大学の助教授であった物理学者・嵯峨根遼吉が1940（昭15）年に陸軍航空技術研究所の鈴木辰三郎中佐にアドヴァイスを与え、それを受けて鈴木の上官・安田武雄中将が原爆実現可能性について肯定的な報告をしたことに始まる（保阪 2012, Ch. 3）。その意味で日本の原爆開発の契機を作った嵯峨根は、敗戦の翌46年11月に創刊された科学雑誌『科学圏』の創刊号にアメリカの原子核物理学をレポートしているが、その冒頭に書かれている。

> 科学戦といはれた今次の世界第二戦争に〔米国の〕科学者の演じた役割は洵に偉大である。B29をかくも多く作り上げた生産力、……最後の止めをさした原子爆弾、或は日本の暗号を全部判読したといふ暗号判読機マヂック、或は亦レーダーの名で知れ渡っている電波探知器等々と有名な而も有効な新兵器が如何に多いことか、そしてその主なものが科学者而も特に基礎的科学の研究者によって完成されたことが如何に多いことか。アメリカの基礎科学、物理学の演じた役割は実に偉大である。（嵯峨根 p. 63）

戦時下で日本の原爆開発を指導していた物理学者・仁科芳雄もまた、原爆投下直後の広島を現地調査しその惨状を目の当たりにしたはずなのに、それから半年後、『世界』の46年3月号に寄稿したレポート「原子爆弾」を「太平洋戦争終戦の契機を創った原子爆弾は純物理学の偉大な所産」と起こしている（仁科 1951, p. 14, 傍点山本）。いずれも核爆弾の実現に結実した米国科学者の戦時研究にたいする手放しの礼賛であり、これらの表現は、核爆弾を生み出すことになった核技術の開発が、当時の日本のエリート物理学者たちにいかに肯定的に——言うならば「うらやましく」——受け取られ、どれだけ高く評価されていたのかを鮮明に表している。科学者もふくめ軍事思想に囚われていた当時の人々にとって、原爆が桁外れの殺傷力を有しているからといって、そのことは軍事技術としての圧倒的有効性・有用性を表すものでありこそすれ、非難されるべきものではなく、人道的立場からその使用は許されるものではないとは思い及ばなかったようである。

前章で、科学によって裏付けられ科学によって導き出された技術として「科学技術」は19世紀後半に誕生したことに触れた。従来、武器や兵器は軍人や技術者によって半ば経験主義的に考案され改良されてきたが、核爆弾だけは百パーセント物理学の理論から生まれたものであり、その意味では、もっとも純粋な意味での「科学技術」であり、それゆえにある意味では物理学者にとって「誇らしいもの」なのであった。そのかぎりで「原子力の平和利用」に疑念の出るわけはない。

技術が職人によって経験主義的に形成されていた時代には、ここから先は人間の手には負えない、人間が手を出してはいけない限界のようなものが、職人には経験主義的に捉えられていたと思われるが、科学が技術に先行し科学技術が形成されるに及んで、その限界が見失われたのではないだろうか。理論物理学が完全に先行した核技術では、そのことはとりわけ著しい。

後に詳しく見るように戦後、中曽根たち政治家が、物理学者のあいだでの議論とまったく無関係に、国会で原子力予算を上程したことは、当時の物理学者にとって「青天の霹靂」とか「寝耳に水」であったと伝えられている。日本で早くに原子力研究を提唱していた物理学者・伏見康治は、当時「学術会議が動かないと、(原子力について)世の中は動かないと思い込んでいた」と回想している(日本原子力研究所、原研史編纂委員会編 p. 2より)。物理学者にしてみれば、「原子力」は物理学が生んだものであり、したがって原子力予算を上程し原子力政策を立てるにあたっては、当然、物理学者に一言断りがあってしかるべきであろう、事前に相談があるであろうと思い込んでいたのであり、物理学者のまったくあずかり知らないところで政治家が勝手に事を進めるなどというのは、信じ難いことなのであった。核をめぐる当時の物理学者の思い上がりと世間知らずを如実に表すエピソードである。

その後の学術界からの抵抗は、原子力基本法に「自主・民主・公開」の原子力三原則を書き込ませることになったが、しかし大半の物理学者は、いわゆる原子力の「平和利用」つまり「民生用利用」そのものについては、事実上無抵抗で、むしろ諸手を挙げて認めたのである。物理学者にとって核エネルギーの利用は、非軍事であるかぎり、問題にするまでもないこと、それどころか積極的に推進すべきことなのであった。三重県熊野灘での中部電力の原発建設にたいする反対闘争は60年代中期にはじまり、長期にわたって闘われたが、この闘いに携わった古和浦(こわうら)漁業協同組合の理事・中林勝男の回想にあるように「〝原子力三原則〟は原子力基本法に生かされたが、学界はこの時点で、原子力平和利用の是非、原子力を人類が、わが国が選択すべきかどうかの是非を、飛び越えてしまった」のである(中林 p. 40)。

戦時下の日本の原爆開発を追跡した保阪正康の書には「原子物理学者たちは机上で理解している理論が、その通りの現実をもたらすか否かに強い関心を持っていた」とあるように(保阪 p. 208)、科学者や技術者にとっては、核分裂の連鎖反応で膨大なエネルギーが解放されることが理論的に予言されたならば、それを実証することは文句なしに素晴らしいことなのである。それゆえ米国でも、政治的にはナチ・ドイツに先行するという目的があったにせよ、原爆開発それ自体は、高木仁三郎の言うように、当初の政治的目的を離れ、「参加した人々にとっては、科学の歴史の一コマを描くことになったすばらしい経験であり、楽しい作業であった。……個々の科学者を動かしていたのは、個々のプロジェクトの成功への希求であり、科学者的な探求心であった。……だから、ナチス・ドイツが敗れた後も……ほとんどの科学者は、当然のこととして原爆開発を続けていた」（高木 1983, p. 81, 傍点原文）。

そして、同様に戦時下で原爆開発に取り組みながらも果たせなかった日本の物理学者から見れば、米国での物理学者の成果は文句なしに「偉大」であり、称賛に値するものであった。

実際には、原爆による被曝の悲惨さが民衆のあいだで当時知られていなかったわけではない。戦争中にＳＦ戦争小説をいくつも発表していた作家の海野十三は、敗戦直後の8月29日の日記に書いている。

> 広島の原子爆弾の惨害は、日と共に拡大、深刻となる模様である。その日は別に何でもなかった人が、何でもないままに東京に戻って来た。するとだんだん具合がわるくなり、食事がのどにとおらなくなることから始まって変になり、医師にかかった。医師がしらべてみると白血球が10分の1位に減り、赤血球は3分の2に減じていた。そのうちに毛髪がぬけ始め、背中にあったちょっとした傷が急に悪化し、そして19日目に死んでしまった。解剖してみると、造血臓器がたいへん荒されており、骨髄、脾臓、腎臓などがいけなかった。これは放射物質による害そのものであり、原子爆弾は単に爆風と火傷のみなら

ず、放射物質による害も加えるものであることが証明された。／これは東大都築外科の都築（※正男）博士が、丸山定夫一座の女優、仲さんを手当てしての結果である。（橋本編 p. 139）

これはじつは『朝日新聞』のその日の記事にもとづくものであるが、しかし研究者・物理学者をふくめ日本の民衆の多くが「核の恐怖」、すなわち原爆症が被曝後何日も後、何年も後にも発症するという事実を直視させられ、日本人の間に強い反核感情が広がったのは、54（昭29）年に日本の漁船・第五福竜丸が西太平洋ビキニ環礁での米国の水爆実験で被曝した事実とその被曝の実相が明らかになり、杉並の主婦が原水爆反対の署名運動に起ち上がり[36]、その運動が全国に広がってからであった。当時、中国新聞の記者であった金井利博によると、原爆が人災であることを広島の民衆が実感し、広島・長崎の原爆被災者の問題が現在なお進行中の被害であることが再認識された契機は、第五福竜丸の水爆被災であったとされる（金井 p. 147）。第一回原水爆禁止世界大会が広島で開かれたのは、翌55年8月である。

核兵器やB29が米国の技術的優位の象徴だと言ったけれども、もちろんそれらは同時に軍事的優位の象徴でもあった。したがって、戦後、約7年間の占領時代が終わりをむかえ、サンフランシスコ講和条約によって日本が沖縄と奄美諸島そして小笠原諸島を残して独立した直後、52（昭27）年に吉田内閣が科学技術庁の創設を語ったとき、その科学技術は、当然のことのように軍事的意味を含めて理解されていた。一方では東京・大阪をはじめ主要都市の多くが焼け野原からの復興途上で、食うや食わずの日常生活には科学技術に結びつくものはほとんど見当たらず、他方では戦時下の記憶もいまだ生々しく鮮明であったこの時期、民衆の気分においても科学技術は、ひとつには戦争中に喧伝された日本軍のゼロ戦や戦艦大和を連想させるものであり、いまひとつには米軍の原子爆弾やB29に象徴されるものであり、いずれにせよ軍事に強く結びついていた。

じつは戦争中の日本は理工系ブーム・科学技術ブームだったのであり、そのころ『朝日新聞』にはほぼ連日「科学面」が掲載されていたそうである（尾関 p. 44）。戦時下で一般向けの科学雑誌がいくつも発行されていたのだが、それらの記事では科学技術はつねに軍事との関連で語られていた。1942（昭17）年の『科学朝日』の新年号は「アメリカの国防科学の現状」の特集であった。その年の1月に、いまではほとんど忘れられている雑誌『日本の科学』が創刊されているが、その「年頭の辞」つまり「創刊の辞」には「凡そ国家永遠の繁栄と平和とを冀ふならば、先ず戦争に勝たねばならぬ。勝つ為には精鋭なる科学を有たねばならぬ」とある。科学はまずもって軍事のためのものであった。

その傾向は戦後にもつづいていた。実際、52年4月20日の『読売新聞』には科学技術庁の新設という吉田内閣の方針が「再軍備兵器生産への備え／科学技術庁を新設／首相／具体案の作成指令」との見出しで報じられている。現実にその年、自由党が作った科学技術庁設置要綱案では、付属機関として設置される「中央科学技術特別研究所」の研究課題として、自由党の衆議院議員・前田正男が「原子兵器を含む科学兵器の研究、原子動力の研究、航空機の研究」を挙げていた（原子力資料情報室編 p. 9 より）。科学技術研究といえば、当時の日本にはなかった核技術とジェット機技術こそが中心的研究課題であり、核技術は兵器と動力の双方で考えられていたことがわかる。中曽根康弘も、占領下にあって対日講和条約の予備交渉に来日していた米国国務省の顧問ダレスに、日本の独立後に核の研究と航空機の製造を禁止または制限しないよう強く要望していた（中曽根 2000, p. 231）。そしてすぐ後に見るように、その3年後に中曽根と前田は衆議院の科学技術振興対策特別委員会で「原子力基本法」を提案することになる。中曽根にとって、主権回復は核技術の研究解禁に象徴されていたのであった。

日本における核エネルギー開発の実質的はじまりは、54年度の予算案にたいする修正案としての中曽根ら改進党、自由党、日本自由党の3名の超党派国会議員による、原子炉の調査と研究の助成金、当時としては巨額の2億3500万円、ウラン調査費1500万円の原子力予算の抜き打ち的上程と実質的審議を欠いた可決である。[37] その意味では事実上の白紙委任であった。そして55年8月にジュネーブで開かれた原子力平和利用の第一回国際会議に出席した中曽根ら超党派の国会議員団は、帰国時に共同声明を発表し、それが日本の原子力開発体制確立に向けての出発点となった。そして10月に衆参両院にまたがる原子力合同委員会が中曽根を委員長として誕生し、これが日本の原子力政策の骨格と原子力法案の大筋を決定することになる。日本の核開発は一貫して中曽根のリードで進められた。

この時期の日本の体制側エリートにとっての国家目標は「国内の復興と国際的な地位の回復」であった（Gluck 1993a, p. 161）。それは、国内的には戦前の豊かさへの、対外的には国際社会における戦前並みの地位への回帰と考えられていた。そして中曽根たちには、その双方の意味で、とりわけ後者の意味で、「核」こそがその目標を達成するための最適の手段と考えられたのである。そのさい核技術の習得について、当面現実的に求められていたのは、エネルギー（電力）需要のためというよりは、むしろ軍事への回路をも背後に秘めている政治的シンボルとしてであった。つまり中曽根にとって核技術と原子力の保有は、第一義的には政治の問題であり「日本の独立と復興」の証(あかし)だったのである。実際、中曽根は55年に議員有志で今度は原子力基本法を提出しているのだが、そのとき衆議院で「日本の国際的地位を回復するという意味におきましても、原子力基本政策を確立するということは、歴史的意義を有すると思うのであります」と、その提案理由を語っていた(常石 2015, p. 41 より)。

そこには、軍事力に直結している先端科学技術の所有こそが「一等国・一流国」の証であるという、必死になって欧米諸国に追いつこうとした明治のナショナリズムと同様のメンタリティーが、戦後の復興期にも脈打っていたことがわかる。その目標は、明治にあっては軍の近代化・兵器の国産化であったが、戦後の時代にはとくに核技術の習得だったのである。端的に核ナショナリズムである。

世界史的に見ても、20世紀の後半、アジアやアフリカの植民地がつぎつぎ独立してゆき、植民地の所有がもはや大国の証ではなくなっていた時代には、先端的科学技術の保有こそが第一義的に政治的な、そして同時に軍事的な意味を帯びていた。すなわち「現代の大国であり強国であることの資格と能力は、単に広大な領土でも人口でもなく、また経済力だけでもない。それは極めて大きな比重をもって、人工衛星、宇宙ロケット、原水爆、ミサイル、ジェット戦闘機、原子力潜水艦などを製作し、運用する科学・技術の水準に依存している」のであった(河原 p. 46)。

世界最初の人工衛星スプートニク1号を57年にソ連が打ち上げたのにたいして、遅れをとった米国では、アイゼンハワー大統領が58年に大統領直属の米航空宇宙局NASAを立ち上げることになる。というのも技術の優劣は政治の序列と軍事の優劣に直結していたからである。米国は、おくればせながら軍用弾道ミサイル技術を転用して米国最初の人工衛星エクスプローラー1号の打ち上げに成功したものの、その後の有人衛星の開発でもソ連に大きく水をあけられていたのであり、そのことこそが、月への有人飛行はいかなる犠牲を払っても米国が先行しなければならないとケネディ大統領が号令をかけアポロ計画を打ち出した背景なのである。人工衛星開発の遅れは、ソ連にたいする米国の政治的な劣勢だけではなく、大陸間弾道ミサイルの技術における軍事的な劣勢でもあったのだ。

核においては、当然ながら政治・軍事とのつながりはより直接的でありより顕著である。というのも、核技術は本来的に核兵器製造の技術だからだ。中曽根たちによる原子力予算の提案理由として改進党の小山倉之助は、隠すことなくつぎのように語っている。

> ＭＳＡ[38]の援助に対して、米国の旧式な兵器を貸与されることを避けるがためにも、新兵器や、現在製造の過程にある原子兵器をも理解し、またはこれを使用する能力を持つことが先決問題であると思うのであります。（藤田祐幸 2011, p. 23f, 同2013, p. 80f. より。傍点山本）

「科学技術の水準」が「国家の国際的地位」を表すという明治の開化思想は、先端科学技術は先端軍事技術として物質化されなければならないという思想に一本道でつながっていた。そしてとくに戦後世界では、軍事力の最高位に核兵器が置かれたのにともない、科学技術の最上位に核技術が置かれることになったのであり、大国主義ナショナリズムの20世紀後半的形態としての核ナショナリズムが生まれていた。そして核ナショナリズムの立場からは、軍事につながっているからと言って、核を否定することはなかった。

それどころか、核技術が核発電の技術であると同時に核兵器製造技術であるということは、この時代の日本の産業界にとっては、むしろ当然のことと見なされていたと思われる。先に、官僚と官僚機構が戦後も生き残ったと語ったが、生き残ったのは官僚だけではない。戦前の財閥系軍需産業も——人材や施設とともに——実際には生き残っていたのである。米国の研究者による歴史書には書かれている。

> 戦後の〔日本の〕経済成長を主導したのは、鉄鋼、造船、自動車、電機・電子などの製造部門の企業だった。これらの重工業のほとんどは——それに、これらの産業内の個別企業の多くは——、かつて、1930年代に軍事化された経済の躍進を率いたのとおなじ顔ぶれだった。(Gordon 2013b, p. 533)

それゆえ戦後の日本の核開発を追跡するにあたっても、戦前との連続性を踏まえておくことが重要である。官と財の世界では、人材や組織ばかりか、価値観や考え方も戦前とつながっていたのである。

戦時下の日産化学工業の社長にして化学工業統制会の会長の任にあって、戦後48年より10年間にわたって経団連会長を務め「財界総理」と呼ばれていた石川一郎[39]は、54年にアメリカの原子力事情調査のために、当時アメリカにおける核エネルギー研究の拠点のひとつであったカリフォルニア州バークレーのローレンス研究所を訪れている。米国が、「平和のための原子力」宣伝の裏側で、南太平洋における水素爆弾の巨大核爆発の公開実験をくりかえすことで「核の威力」を世界に誇示しつづけていた時代であり、同時に米国国内では実戦使用に向けての原爆実験、つまり原爆をどのような場所でどのように爆発させるのがもっとも効果的なのかを調べる実験がネヴァダ州でくりかえされていた時代であり、核は何をおいても核爆弾を連想させる時代であった。そして日本では、50年から53年までの朝鮮戦争での「特需」と言われた米軍の軍需で日本経済とりわけ軍需産業が息を吹き返した時点であった。現在の防衛省の前身である防衛庁の設置と自衛隊の創設は54年である。

米国の水爆実験で巨大化して甦った古代怪獣が、口から強烈な放射線を吐き出して日本列島を襲うという、米国核政策の脅威とその脅威に晒され苦悩する日本を象徴的に描いた映画『ゴジラ』が製作されたのもこの年である。

石川の訪米と原子力調査に同行したのは、戦争中に三菱重工業社長として軍需生産に励み、かつ東条英機内閣の兵器生産の顧問を務めた郷古潔であった。郷古は戦後、戦犯に指名されたが46年に釈放され、朝鮮戦争がはじまり52年に武器製造禁止措置が緩和されたのち経団連・防衛生産委員会の委員長を務め、53年発足の日本兵器工業会会長におさまり、戦後の軍需産業の復興に尽力したことで知られる。戦中・戦後をつうじて彼の関心の中心は一貫して軍需生産にあった。財界は早くから原子力に強い関心をもっていたが、その関心も、この時点では、純然たるエネルギー（電力）政策からだけではなく、軍事的観点、つまり軍需生産からの関心も強く含まれていたと推測される。

経済評論家の書には「1955年（昭和30年）はわが国技術体系のなかに〈軍事技術〉が確かな地歩を占める重要なスタートの年に当っている」とある（内橋 1999a, p. 65）。防衛庁が「防衛六カ年計画案」を策定し、それに応じて旧財閥系企業が軍需生産に本格的に乗り出した年である。MSAにもとづいて「日米科学技術協定」が調印されたのは、翌56年で、まさにその時代、54年から56年にかけて、かつて「鬼畜米英」を叫んで日本を対米戦争に引きずり込んだ日本の国家主義的な政治家や軍人たちが率先して対米恭順の姿勢を示していったのであるが、それと同様に、対米戦争で大儲けした旧財閥系の企業グループが、米国企業と提携しつつ日本の原子力産業界を形成したのである。一歩先んじたのは、三菱電機、三菱造船、三菱金属、三菱商事などからなる旧三菱財閥で、55年6月、三菱系各社で構成される三菱技術懇談会が原子力問題を取り上げている。

電力企業では、おなじ55年の11月に東電は他社にさきがけて社長室に原子力発電課を新設し、基礎的な調査と研究を開始した（竹林 p. 17）。と言ってもスタッフは5人で、まだ様子見の段階であった。

そして56年、三菱グループ（23社）、三井グループ（37社）、住友グループ（14社）、東京原子力グループ（日立系16社）、第一グループ（富士電機、古河電気工業、川崎重工業など旧古河・川崎財閥系25社）等、電力会社を含め基幹産業のほぼすべてを網羅する約250社が結集し、日本原子力産業会議（後の日本原子力産業協会）が発足する。占領軍によってひとたびは解体された戦前の財閥各社が、原子力に群がることによって完全に甦ったのである。会長は東電会長で電事連会長の菅禮之助、副会長は経団連副会長の植村甲午郎[40]。同会議は1年後には700社余を数えるにいたっている。700社のうちには原子力などおよそ関係なさそうな会社も含まれているから、「バスに乗り遅れるな」という雰囲気もあったのだろうが、７００社が結集したという事実は、当時の経済界の原子力への関心の高さを示している。

以後、原子力への取り組みには三菱がもっとも積極的であった。三菱重工業の社史『海に陸にそして宇宙へ』によると、55年10月には「関係23社による三菱原子動力委員会が発足し」、58年4月に「我が国初の原子力専業会社として三菱原子力工業株式会社が、三菱グループの原子力関係25社の共同出資によって設立された」とある。そして61年に同社が米国ウェスティングハウス社と加圧水型軽水炉の技術提携をして、原発製造に乗り出して行く。その他にも、原子力船、ウラン鉱精錬・ウラン濃縮等の研究を関連各社で始めている。社史には「世界一流の原子力メーカーとしての地位の確立を目指して」とある（三菱社史編纂委員会 pp. 97, 608, 610）。

この産業界とくに財閥各社の動きについて、科学技術史の研究者・吉岡斉の書には「彼らは原子力産業の採算性が現状においてとぼしく、将来においても不透明であるにもかかわらず、原子力分野にいっせいに進出した」とある（吉岡 2011b, p. 86）。ノンフィクション作家・山岡淳一郎の書には、さらに踏み込んで「産業界は、原子力を中心に財閥を復活させた。……まだ海のものとも山のものとも判断がつかない原子力に財閥が総力をあげたのはなぜだろう。原子力が軍事と結ばれ、巨大産業に発展すると見越したからではないだろうか」と書かれている（山岡 2011, p. 95f.）。この時点で大企業が原子力と軍事の関係をそこまで明確に意識していたかどうかはわからないが、原子力が小さくはない産業部門に発展するであろう、新たなビジネスチャンスが生まれるであろうという予測と期待、そればかりか、それが軍需産業に結びつくかもしれない、あるいは戦前に軍需産業が果たしたのと同様の役割を戦後の日本で担うのではないかという予感は、日本の財界にたしかにあったのだろう。核の「平和利用」と言うよりは正確には核の「商業利用」であり、その商業は軍需産業に地続きゆえ、核の「軍事利用」と隣り合わせである。

現に、東日本、中日本、西日本の三重工に解体されていた戦前の大軍需企業・三菱重工業が復活したのは、ほかでもない原子力発電への取り組みの過程であった。重工業の社史には書かれている。

〔日本の原子力発電の取組みがはじまった〕このころは三菱三重工時代で、3社がいずれも原子力開発利用の研究に着手しており、……従来の火力発電プラントの生産技術をもとに原子力関係の機器の開発、設計、製作に取り組んでいた。／こうして、電力会社による商業用原子力発電所の導入計画が進められていた時期〔64年〕に三重工合併が行われ、関西電力美浜〔原発〕1号機を手始めとして、本格的な原子力発電プラントへの取組みを開始したのである。(p. 608)

アイゼンハワーの国連演説が53年12月、真っ先に反応したのは中曽根たち政治家による原子力予算の上程で54年3月、つぎに反応したのが財閥企業でその最初は55年6月の三菱系、もっとも遅かったのは電力会社で55年11月以降、この時間差は核〔原子力〕に何を見たのかの違いであろう。つまり核技術にたいして、もっとも早く反応した政治家は最先端軍事技術を見たのであり、つぎに反応した財閥系企業は軍需産業の復興を期待し、それにたいして核を電力のみに結びつけ軍事にも軍需にも関連づけなかった電力企業は、もっとも反応が遅れたのだと思われる。

二・二　日本核開発の体制と目標

その後、日本における核エネルギー開発は、55（昭30）年11月の「日米原子力協定」[41]調印、同年12月の「原子力基本法」「原子力委員会設置法」「総理府設置法一部改正案」のいわゆる原子力三法の成立を踏まえ、現実の歩みをはじめる。

高度成長のはじまる前年であり、左右に分かれていた社会党が統一され日本社会党となり、保守合同で自由民主党が結成され、いわゆる五十五年体制が生まれた年である。総理府に原子力委員会と科学技術庁が設置されて日本の原子力行政機構が確立され、そして日本原子力研究所（原研）と原子燃料公社（原燃、のちの動燃）が設立されたのは56年であった。神武景気の年であり、日本人1人あたりの国民総生産が戦前を上まわり、『経済白書』が「もはや戦後ではない」と表明した年でもある。その意味は、中村政則によれば「ドッジ・ライン、朝鮮特需など敗戦直後の〈外生的〉要因に依存した成長はもはや限界にきており、今後の成長は、技術革新・近代化などにささえられて、初めて可能になることを強調したのである」と解釈されている（中村政則 p. 279）。つまり占領軍に依拠した戦後復興の時代は終わり、さらなる飛躍の時代にはいるとの予想であった。事実、56年ごろから「技術革新（イノベーション）」という言葉が流行語になっていたと言われる（中山 1995, p. 84）。文部省が「科学技術者養成拡充計画」を発表し、大学の理工系学生定員の増員を打ち出したのが57年、その年、東大が原子力工学科の新設を決定した。

民衆の生活のレベルでは、テレビ放送が53年にはじまり、テレビ、電気洗濯機、電気冷蔵庫が「三種の神器」として熱望されていた時代、そしてまた、テレビで見る米国ホーム・ドラマの影響で家庭電化の水準が戦後復興のバロメータと見られていた時代だった。電力は、復興を約束したばかりか、端的にアメリカ的生活様式という「豊かさ」の夢を与えたのであり、原発はその導入のはじまりから「未来の便利な生活」というバラ色のイメージに乗っかっていたのである。それはかつての「殖産興業・富国強兵」に代わるものとして「経済成長・国際競争」をスローガンとする戦後版総力戦体制すなわち「所得倍増計画」にいたる時代のはじまりであった。

56年はまた、ソ連との国交が回復され、日本が国連に加盟した年、さらには日本の登山隊がマナスル登頂、つまりヒマラヤ山脈８０００m級の未踏峰の登頂にはじめて成功した年でもあれば、国際地球観測年の一環としての南極観測に日本が取り組みをはじめた年でもあり、いろいろな意味で日本が国際社会に復帰した年であった。大衆的にも日本がふたたび一人前の国家に復活する日が近づいたとの予感を与え、国内のナショナリズムがそれなりに昂揚していた時期であった。

つまり日本の核開発は、表面的には、戦後の日本が国内的にも国際的にも新しい一歩を踏み出した時点にはじまったのである。日本にとって欧米先進諸国の背中が見え、いま一度追走の可能性が開かれたのであり、そのひとつの大きなシンボルが核技術の習得であった。

「原子力委員会」は、制度上では「内閣総理大臣でもその決定を尊重しなければならない」と原子力基本法に規定されている日本の原子力政策における最高の権威にして核政策の司令塔であり、原子力推進の将来計画を「原子力の研究、開発及び利用に関する長期基本計画」（以下「長計」）として提示する役割と権限が与えられていた。しかし現実には、原子力委員会にそれだけの実力はなかった。そもそも日本には、戦争中の理化学研究所と京都大学での原爆開発のきわめて不十分な経験以外には、核技術の蓄積は実質的には存在せず、米国のメーカーの研究結果を大慌てでなぞっていたにすぎない。初代委員長の正力松太郎は戦前の内務官僚、初代委員の石川一郎は財界人、有澤廣巳は経済学者で、いずれも核発電については理論的にも技術的にもまったくの素人、湯川秀樹と藤岡由夫は素粒子論と原子物理学を専門とする理論物理学者ではあるが、核反応炉や核発電の技術的問題についてはやはり疎く、実際的な問題について十分な知識や判断能力をもっていたわけではない。それならそれで、文化的ないし倫理的な立場から核エネルギーの使用を考察するかというと、そういう方向性はもともとなかった。それゆえ原子力を自身の政治的野心のために利用しようとした初代の正力松太郎委員長のときをのぞいては、原子力委員会は、よく言えば「関係諸官庁や関係業界の利害調整の場」（上川 2018a, p. 27）、現実にはその「審議は形骸化し、その下部に位置づけられる各会議の結論を追認するだけ」で、「最終的な承認と権威づけ、そしていざというときの責任転嫁の機関」（秋元 p. 212f.）でしかなかった。

このことは、日本の核政策で実質的に力をもっていたのは中央官庁であることを意味している。かくして戦後日本の核開発・原子力発電は「国策先行」としてはじまったのである（鈴木達治郎 p. 27）。そして「国策」としての原子力開発は、現実には事実上の計画経済として、一方における総理府の外局としての科学技術庁、他方における通産省（のちの経産省）指導下での民間電力会社、の2本立てによって推進されていく。先に触れたように科学技術庁は所轄の二つの特殊法人――日本原子力研究所（原研）と原子燃料公社（67年以降　動燃）――をもち、国産動力炉と核燃料サイクルの研究開発を主とし、他方で通産省は基本的に米国からの原子炉購入による核発電の普及を目的としていた。吉岡斉が「国策民営」と呼んだそれは、戦時統制経済の戦後版と言うべきもの――通常「行政指導」と呼ばれている管理資本主義の大規模展開――であった。

半藤一利の書には、戦後の高度成長を支えたシステムについて「実は昭和14年（1939）の、軍事大国を目指した国家総動員体制がこれと同じです」とあるが（半藤 2006, p. 550）、そのことはとくに核開発においてもっとも明白な形で行なわれることになった。山岡の書にあるように「その〔原発〕人脈の一端は戦中の〈大政翼賛会〉に連なる。庶民は敗戦で体制が変わったと早合点したが、軍国を陰で支えた官僚は生き残り、経済成長に狙いを絞って統制的手法を再起動させた。原子力は、支配体制を再構築するには格好の標的だった」のである（山岡 2011, p. 13f.）。実際には、官僚の力は戦前を上まわってさえいた。中村隆英の『昭和史』には「〔戦後になっても〕変わらないといえば、行政府における官僚制と、そこでの決定機構は大綱において戦前のままである。〔しかし〕軍部、枢密院などがなくなった分だけ、行政機構は強化されたといえるであろう」とある（2012, p. 876）。戦後の日本の核政策は、当初から強い権力をもった匿名の官僚によって担われていたのである。

先述の「長計」は、56年にはじまり、61年、67年、72年、78年、82年、87年、94年、00年と、ほぼ5年ごとに更新され、05年には「原子力政策大綱」にとって代わられた（各年次の長計の計画内容一覧は竹内 p. 60にあり）。戦前の満洲産業開発計画以来の、国家主導の準計画経済としての核開発である。

その最初の「56長計」は日本の核開発すなわち核発電導入の基本的な方向性を与えるものであったが、そこには「わが国における将来の原子力の研究、開発および利用については、主として原子燃料資源の有効利用の面から見て、増殖型動力炉がわが国の国情にもっとも適合すると考えられる」（傍点山本）とある。高速増殖炉の国産化を最終目標とする炉型戦略が、柱として謳われていることに注意してもらいたい。日本の核開発では、核燃料サイクルの確立、すなわち使用済み核燃料から核分裂性ウランとプルトニウムを抽出する再処理と、そのウランの濃縮およびプルトニウムを燃やして高純度のプルトニウムを作りだす高速増殖炉の建設が、当初から「国家事業」の最終目標として設定されていたのである。

高速増殖炉については「67長計」では「70年ごろまでに実験炉、70年代後半に原型炉をつくり、90年ごろまでに実用化」の計画が謳われている。そして「82長計」では世紀末から21世紀にかけて、日本の原子力産業が「プルトニウムの時代」に入ってゆく構想が語られている。21世紀は高速増殖炉の時代と、当時は考えられていたのである。

こうしてはじまった日本における原発つまり発電用原子炉の建設は、60年代末より進められ、原発の基数と総発電量は90年代中期にいたるまでほぼ四半世紀にわたって、図4に示されているように着実に増加しつづけていった。「67長計」では「原発は75年に6百万kW、85年に3千万〜4千万kW」と謳われていた。85年の実績はこの予定をやや下まわってはいるが、明らかに計画的・意図的に進められたことが図より読み取れる。

一方、高度成長がもたらした公害・環境問題に批判的な関心がたかまった60年代末以降、核発電についても、原発新設にたいする立地住民の反対運動が各地で広がっていた。実際、資源エネルギー庁が75年に出版した『日本の原子力産業』には「ここ数年、とみに周辺住民等の（原発）建設反対が強くなってきている」とある（p. 34）。日本の公害関係図書の出版ピークは71～72年であった（中山 1981, p. 13）。そのことはまた、やみくもな経済成長にたいする反省をも促していたのである。外国に目を転ずると、72年には「現在の成長率が不変のまま続くならば、来たるべき１００年以内に地球上の成長は限界点に到達するであろう」（Meadows *et. al.*, p. 11）と予測したローマクラブの『成長の限界』が出て話題となり、73年には「大量生産の技術は、本質的に暴力的で、生態系を破壊し、再生不能資源を浪費し、人間性を蝕む」（Schumacher, p. 204）と警告したシューマッハーの『スモール　イズ　ビューティフル』の出版を見ることになる。

日本はそんななかで73年に第一次石油危機を迎える。戦後はじめてマイナス成長を記録し、高度成長が終わりを迎えた年であった。ということは、高度成長を実現させたエネルギーが核（原子力）ではなく石油――中東からの安い石油――であったことに注意されたい。73年の石油危機によってはじめて、石油から原子力への転換が現実問題として浮上したのである。

通産省内部では太陽光のエネルギー等の利用を図るサンシャイン計画なども追求され、相当の成果を

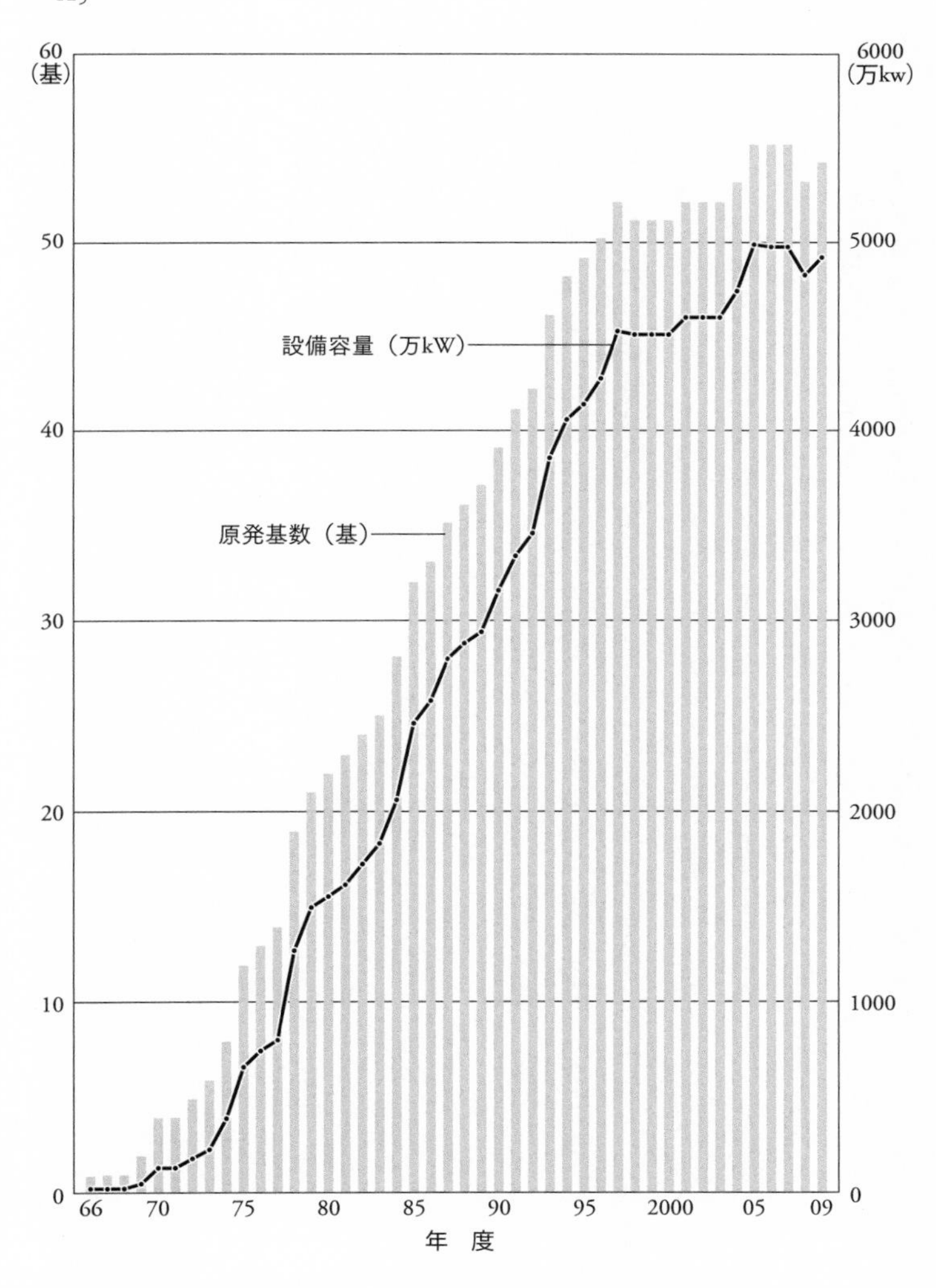

図 4　日本の原発基数（左目盛）と設備容量（右目盛）の推移
数値は各年度末。平成 22 年版「原子力施設運転管理年報」（独立行政法人原子力安全基盤機構）の図にもとづくもので、吉岡の書（2011b, p. 144）の図をもとに複製。

あげてはいたけれども、エネルギー危機救済の切り札と語られていたのは原子力であった。

エネルギー政策の見直しを迫られることになった田中角栄内閣は、再生可能な自然エネルギーなどには見向きもせず、原子力発電推進を国家的課題として位置づけ、米国から大量の濃縮ウランを購入し、74年6月に電源三法(42)を成立させた。原発建設を受け容れた自治体に多額の金を交付することを定めた法律である。時の通産大臣は中曽根康弘であり、田中・中曽根コンビで原発建設促進のために金で立地自治体を買収し地域を籠絡する方式を打ち出したのである。直後の業界紙『電氣新聞』（1974-6-4）には、一面トップの「電源三法が成立」の見出しの記事に「立地難打開に足がかり」とある。三法提案の背景と目的はきわめて明瞭である。そしてこの時点から日本の原発建設にははずみがついてゆく。

電源立地の促進を目的として、原発建設にたいする反対運動を抑えるために、電事連広報部が新聞広告で「原発安全宣伝」をはじめたのもこの年の7月であった。『朝日新聞』の新聞社としての原発推進への積極的な動きがはじまるのもこの年からである。核発電のこの時期の普及にマスコミ、とりわけ『朝日新聞』の果たした影響は大きい。そしてまたこの時期から原発が大型化し、その設備容量が急速に増加してゆくことが図4より見てとれる。1基あたりの発電量が大きくなったのである。

この間、原発つまり商業用原子炉の建設を一貫して推進し指導してきたのは、通産省であった。通産省は石油危機を好機として、原子力政策への権限を一段と強めていた。同省の外局としてエネルギーの安定供給と電力関連の政策を一手に握ることになる「資源エネルギー庁」が発足したのは73年である。こうして原子力事業の「国策民営」的性格がより強められ、電力政策・エネルギー政策における中央集権化が加速されることになった。戦時下電力国家管理の象徴ともいうべき日発がＧＨＱによって解体され、電力にたいする一元的支配力を失った通産省が、あらためて電力会社にたいする支配権を取り戻したのが、原子力においてなのであった。

図４は吉岡斉の書からのものだが、吉岡のその書には書かれている。

> 二度にわたる石油危機……をはじめとする経済情勢やエネルギー情勢の70年代以降における激変とほとんど無関係に、〔70年から四半世紀の間〕原発建設が直線的に進められてきたという事実は、何のために原発建設が進んだのかという疑問を惹起せずにはおかない。原発建設はエネルギー安全保障等の公称上の政策目標にとって不可欠であるから推進されたのではなく、〈原発建設のための原発建設〉が、あたかも完璧な社会主義計画経済におけるノルマ達成のごとく、つづけられてきたようにみうけられるのである。……
>
> 〔現実には〕通産省は原子力産業の保護育成のために、沸騰水型軽水炉ＢＷＲと加圧水型軽水炉ＰＷＲをそれぞれ年平均１基程度ずつ建設するよう電力業界に要請し、電力業界がそれに応える形で９社による分担計画をつくり、それを実施してきたと考えられるのである。（吉岡 2011b, p. 145f、同 p. 123 参照。沸騰水型はＧＥと日立・東芝連合によるもので、東京、中部、中国、東北、北陸の各電力会社が使用、加圧水型はＷＨと三菱の提携によるもので、関西、四国、九州、北海道の各電力会社が使用。傍点山本）

この吉岡の説明では、ここで原発推進にむけた通産省の指導の中心的目的が、増大するエネルギー（電力）需要を充たすためというよりは、むしろ原子力産業それ自体の育成にあるとされていること、つまり三菱重工、日立製作所、東芝という財閥系企業を原発メーカーとして育て上げることが眼目とされていることに注意しよう。高木仁三郎の書にも「日本の原子力政策はエネルギー政策である以上に産業政策であって、原子力産業を安定的に育てるために、1年にほぼ2基の原子炉を発注して運転させるという計画だった」とある（高木 2011, pp. 107-110）。実際にも79年8月22日の『朝日新聞』は、見出しに「通産省の方針」として「原子力機器産業を育成」と挙げている。

当時ですでに1基数千億円を要したマンモス・プラントとしての原発は、計画決定から運転開始までのリードタイムが長く、「4年から10年、平均して6年」を要すると言われる（中山 1981, p. 177）。しかもその建設には、大規模な設備投資だけではなく、相当数の専門研究者・技術者の養成と多数の熟練労働者の確保、さらには膨大な数の関連企業の育成を必要とする。[43] それに、核関連の技術はかなり特異な技術であって、他の分野に簡単に転用できるものではない。それゆえ、メーカー・サイドでそれだけの体制を揃えるためには、何年にもわたって確実にかつコンスタントに需要が見込まれなければならず、通産省は、電力会社にたいする行政指導によって、四半世紀にわたり国内における途切れることのない原発需要の創出に成功したのだった。かくして「三菱重工業、東芝、日立は、世界でも有数の原子力発電所部品メーカーである」と、海外でも認められるに至った（Lochbaum *et al.*, p. 389）。

他方で電力会社にしてみれば、原発に高額な投資をしても、総括原価方式により電気料金に上乗せでき、それに応じて利益もあがる仕組みになっているゆえ、行政の要望に応えることは、困難ではなかった。それどころか、電力会社にしても原発を所有することは企業としてのステータスなのでもあった。

メーカーによる原発の製造・販売とユーザーとしての電力会社によるその購入・使用は、自由な商品経済とは異質の経済活動であり、それはむしろ戦時下での軍需産業による巨大戦艦の建造と軍によるその購入との関係と類似のものであり、それが「国策民営」の経済的基盤なのである。後者が国家予算による購入であるのにたいして、前者では電力会社の自己資金による購入であるという点では、たしかに違いはある。しかし電力会社のその資金は、巨大地域独占企業としての電力会社が電気料金として地域住民からもれなく徴収したものであり、その意味では国家予算に準ずるものと言える。いまでは電気を使わない生活がありえない以上、すべての住民が納める電気料金は「税金」の如きものだからである。そのかぎりで、戦後社会での国家（通産省）の指導にもとづく財閥系メーカーによる原発建造と電力会社によるその買い上げは、戦前の国家の指導にもとづく財閥系軍需産業による船艦生産と軍によるその買い上げと――企業内部で占めている割合はもちろん異なるであろうけれども――事実上同形と言える。戦前には国家が軍需産業を育成したように、戦後は国家が原発メーカーを育成したのである。

石油危機の後の74年、通産省の諮問機関である総合エネルギー調査会の原子力部会は85年度を目標に、原子力発電拡大に向けた「原子力長期開発計画」を立案した。その点について北沢洋子のレポートには書かれている。

本当の理由は、ほかでもない、日本の財界がＧＮＰ〔世界〕第3位という経済大国になったのだから、それに見合った軍需産業を成長させたい、そして、その中では原子力産業がもっとも魅力のある部門だと考えたからであった。（反原発事典Ⅰ p. 146）

実際にも、その2年後、76年に住友化学工業の社長で経団連の副会長・長谷川周重（のりしげ）が「過去の日本のいろんな産業が発達したインパクトとして軍需産業が非常に大きな力があったわけで、いまはそういうものはない。アメリカあたりはやっぱり軍需産業でもって産業が発達している。日本にはそれがない。そうすると、一つの産業というか、そういう技術の発達のインパクトとして原子力というものは使ってもいいのではないか」と正直に語っている。いくつかの財閥系のメーカーにとって原子力産業は、戦前に軍需産業が果たしたのと同様の役割を期待されていたのである。これは鎌田慧の書からの孫引きだが、同書にあるように「原発は平和時の〈軍需産業〉として、……財界首脳部に位置づけられている」ことがわかる（鎌田 1977, p. 210, 2012, p. 282f.）。

原子力は、政治家・中曽根康弘にとっては「疑似軍事力」であったのだが、それと同様に、財界人にとっては「疑似軍需産業」なのであった。

二・三　原子力ムラと原発ファシズム

こうして日本は、20世紀末には、原発50数基を擁する世界有数の「原発大国」となった。この過程で政治権力や中央官庁を突き動かしてきたのは、大局的なエネルギー（電力）政策の観点だけだったのではない。

原発建設や核燃料サイクルその他関連施設の建設過程において、個々の局面の政策判断を左右するのは、所謂「原子力ムラ」の利権構造なのである。それは吉岡の書に依拠すれば、「利権を有するステークホルダー」つまり「所轄省庁、電力業界、政治家、地方自治体有力者の四者を主な構成員」とし「これにメーカー、原子力関係研究者を加えた六者」を「村民」とする「村」であって（吉岡 2011a, p. 42）、つぎの立体的構造をもつ。

その中で最も重要なのは経済産業省とその二つの外局（資源エネルギー庁、原子力安全・保安院）である。セクター別にみると〈官〉セクターが全体の元締めであり、その周囲を電力業界、政治家、地方行政関係者、原子力産業、大学関係者がとりまいている。そうしたメンバーの間での利害調整にもとづく合意にそって政策が定められる。（吉岡 2011c, p. 143f.）

その意味では政策決定は事実上、利益本位のインサイダー談合の性格をもつものであった。そしてその談合結果が、そのまま国策としての権威をもって君臨してきたのである。（吉岡 2011b, p. 25）

そしてこれらの組織や成員が、核政策の「受益者」であり、たがいに便宜をはかり、ポストを融通し合い、つねに利益獲得機会を失わない選択をしてきたのである（秋元 2011, p. 241）。

ただしこの点で、原発を受け容れた地方自治体そのものについては注意を要する。それらの自治体は、たとえ多額の交付金を得たからといってそれらの「受益者」と同列に見ることはできない。原発誘致による交付金獲得を手柄に地方政治を牛耳っている地域のボス的政治家は別にして、賛成した自治体にせよその住民にせよ、多くの場合、一歩間違えば重大事故をもたらす可能性のある迷惑施設を財政難そして貧困からやむをえず受け容れているのであり、中央の原発推進勢力とはっきり区別されるべきである。「受益者」はむしろ過疎地に原発を押しつけてふんだんに電力を使っている都会人ではないのか。

そのことを踏まえたうえで、原子力ムラの構成員間の現実の利害関係について、もう少し見ておこう。内橋克人の93年のエッセーには「〈マフィア型資本主義〉と呼ぶ政治・経済の構造」の典型として原発建設がとりあげられている。すなわち「原子力発電の立地は政権政党である自民党にとって〈集金マシーン〉であり、同時に〈集票マシーン〉として機能した。原発には多額の国家予算が注ぎ込まれた。原発立地と引き換えに地元自治体への〈還元〉がなされ、還元と引き換えに、それらの地域では地方選挙、国政選挙ともに政権政党の圧倒的優位の体制が築かれた」のである（内橋 1999b, pp. 107–9）。多額の金が動く原発は中央、地方を問わず、政治権力者の権力維持装置であった。

また、原発建設に利権を有するステークホルダーのうち、官僚は原発新設の許認可権をもつことで電力会社に君臨しているが、しかし後者は前者にとって重要な天下り先である。経産省の11年5月の公表によると、全国の電力会社に常勤の役員や顧問として天下った経産省のＯＢは50年間で68人とあり、そして東電の副社長の一人は経産省出身者が通例となっていると言われる（『東京』2012-6-11,『罠』2-8, AERA 2011-7-11, 大島 p. 161）。その他に、原子力関連の法人に経産省ＯＢ等36人が天下っている（『東京』2011-5-16）。

官僚と電力会社の関係について、元経産官僚・古賀茂明の書に書かれている。通常、外の世界の人間には知られていないことなので、すこし長めに引用しておこう。

２０１１年1月、世間の耳目を集めた話題として、前年の夏まで資源エネルギー庁長官を務めていた経産官僚が東電に天下ったという事実がある。／この事実は、経産省がその電力事業に対する規制権限を背景にして天下りを押しつけたというように見える。しかし、天下りの多くの場合がそうなのだが、通常、天下りは双方にとってメリットがある。つまり東電側は、規制に関して経産省がさまざまな便宜をはかってくれると期待している、こう考えるのが普通だ。／だから、持ちつ持たれつ、といいたいところだが、少し事情は違う。……／電力業界には競争がない。ここに競争を導入して電力コストを下げることは、消費者にとっても産業界にとっても望ましい。／自由化の議論のもっとも先鋭的なものが、……発電会社と送電会社を分離する発送電分離。このテーマについて本気で推進しようとした官僚が何人かいた。あるいは核燃料サイクルに反対しようとした若手官僚もいた。しかし、ことごとく厚い壁に跳ね返され、多くは経産省を去った。……／逆に、東電とうまく癒着できた官僚は出世コースに残ることが多かった。東電ならば、政治家への影響力を行使してさまざまなかたちで経産省の人事に介入したり、政策運営に介入したりすることも可能だといわれている。（古賀 pp. 32-34）

電力会社と中央官庁（通産省・経産省）の力関係についていうと、ここに発送電分離について書かれているように、電力一般の問題については、電力会社、なかでも事故前の純資産2兆5千億円を有する（『東京』2011-3-30）「世界最大の民間電力会社」（Cooke, p. 314）東電は、官庁の上位にあったと思われる。とりわけ61年から71年まで社長として東電に君臨した木川田一隆の10年間は「国家を電力に介入させず、電力の自立を維持するための戦いであった」と言われる（田原 1986, p. 15）。「東電が、一民間企業としては考えられないほどの絶大な権力を振るってきた」（上川 2018a, p. 206）と言われる所以であり、戦後の日本で電力の自由化が進まなかった最大の理由である。

問題は核をめぐる権力にある。「核は国家なり」という「核ナショナリズム」の思想は、政治家や官僚だけのものではなかった。木川田は、54年の副社長時代、核発電に消極的、むしろ否定的であったが、62年になって180度方針転換し、福島第一原発を建設したことで知られている。そのとき「これからは、原子力こそが国家と電力会社との戦場になる。原子力という戦場での勝敗が電力会社の命運を決める。いや、電力会社の命運だけではなく、日本の命運を決める」と口癖のように語っていたと伝えられている（田原 1986, p. 55）。東電は核行政の権力をも握ろうとしたのであった。

しかし、核政策――原子力発電の推進――では、「国策民営」路線が貫徹しているのであり、前節で見たように通産省・経産省の主たる目的が原発メーカーの育成におかれ、電力会社はどちらかと言うと補助的な立場にあり、主導権は明らかに中央官庁のサイドにあった。「個別の発電所の建設さえも、省庁横断的に国家によってオーソライズされ、国策としてすすめられてきた」のである（長谷川 2011, p. 30）。そのことを「国策民営」と最初に表現した吉岡は「原子力発電事業を中心的に担ってきたのは電力業界をはじめとする民間企業であるが、民間企業は国家政策に服従し、国家政策と矛盾しない範囲内でのみ自由裁量の余地が与えられる、というのが〔国策民営という〕このキーワードの意味である」と説明している（吉岡 2011a, p. 44）。そんなわけで、76年の書には「原子力発電について、各電力会社では、燃料の濃縮ウランの供給の交渉や死の灰の始末をはじめ、燃料再処理やプルトニウム買上げはすべて政府が面倒をみてくれるとはじめから決めてかかっている」と書かれている（武谷編 p. 192）。

官庁間では、90年代末に科学技術庁所管の「もんじゅ」とＪＣＯ核燃料加工工場の事故がつづいたこともあって01年の省庁再編で科学技術庁は、文部省が改組されてできた文部科学省（文科省）に吸収され、原子力行政は通産省が改組されて誕生した経産省に大幅に移管された。おなじ年に原子炉の安全規制行政を一元的に担当する組織として原子力安全・保安院が、あろうことかその経産省の外局として発足し、以来、経産省はとりわけ強い権限をもつにいたり、原子力ムラの中枢を占めるようになった。経産省が核発電の推進と規制の両権限を手にし、原発推進は事実上ブレーキをなくしたわけである。その経産省にあって原子力政策を中心に進めているのが資源エネルギー庁である。

前にも言ったように、国は敗戦でひとたびは失った「電力国家管理」を、戦後の核政策で取り戻したのであり、「〔戦後〕日本の原子力発電事業は企業の要求ではなく、国策であった」（中山 1995, p. 123）。そして「そんな国策民営の最たるものが核燃サイクルだった」（太田 2014, p. 144）と言われる。それゆえ、核発電の促進と核燃料サイクル建設の最終責任は国にある。とはいえ実際にある程度原発使用が進んだ段階では、原子力発電の維持に電力会社の利害が大きく委ねられているのであり、その限りで、たとえヘゲモニーを官庁サイドに握られているとしても、電力会社は中央官庁と一体となって核政策を遂行する立場にいたのであり、実際にも原発推進においては絶大なる力を発揮してきた。そしてまた、電力会社も、核燃料サイクルのおかげで核のゴミの処分問題を先送りできていたのだから、原発推進、核燃料サイクル確立という日本の核政策にたいして当事者たる責任を逃れることはできない。

「政治家への影響力」という点について触れると、電力会社は、それ自体が莫大な利益をあげることのできる独占事業体であり、政権党に多額な献金をして族議員——関係省庁や部局によって準インサイダーとして認められている議員——を養い、族議員を動かして、自分たちの利益を護らせてきた。電事連は83年から92年までの10年間に自民党の機関誌に広告代の名目で55億5千万円を支払っていたという（中日新聞社会部編 p. 191）。民主党政権のときも、電力会社は連合の有力労組・電力総連出身の議員を介して脱原発への動きを一貫して妨げてきた。電力会社は、労使一体で原子力ムラの中枢をなしているのだ。他方で「政治家は原子力関連法の制定や原子力関連条約の批准の可否について決定権をもち、それを武器として原子力政策に影響を及ぼ」しているのである（吉岡 2011c, p. 143）。

電力会社の影響は、さらに広い範囲におよぶ。電力会社は寄付講座という形で大学の研究室をまるごと買収し、御用学者を育て上げているが、それだけでもない。一方では、原発事故の潜在的危険性については徹底的に情報の隠蔽を図ってきた電力会社は、他方では、地域独占ゆえ必要ともしないはずの広告費を電通や博報堂といった大手の広告代理店を介して多額に投入することで、マスコミを抱き込んできた。「この2社を中心として、１９７０年代から福島原発事故が起きるまでの40年間、日本の電力会社が原発の宣伝に費やした広告費は約2兆４０００億円にも上る」と言われている（日高 p. 100）。東電はマスコミへの広告・宣伝費を、09年に90億円、10年には１１６億円支出している（『東京』2011-5-17, 大島 p. 103）。それに要した費用は、総括原価方式により、電気料金に上乗せされてきた。

その広告内容の多くは、「原発は絶対安全」だとか「原発はクリーン」だとかの虚偽宣伝であり、それをくりかえし語りかけることで大衆を洗脳してきた。大体、新幹線でも航空機でも、マスメディアでことさらに安全性を強調したりはしない。それを原発ではしているということは、大衆のなかに安全性にたいしての不安が根強くあるからであり、そのことを電力会社が認識しているからにほかならない。そしてその不安は、原発の事故が飛行機や列車の事故、あるいは石油コンビナートの火災などとは本質的に異なるものであり、その影響がときに破局的であることに由来している。その不安が現実のものであること、それゆえ安全性宣伝が虚偽宣伝であることは、福島の事故を経験した現在、あらためて言うまでもない。つまるところ、核発電にたいする過剰で執拗なまでの安全宣伝は、核技術がもつ本質的な危険性の裏返しの表明なのである。

しかし、テレビ等のマスコミへの多額の宣伝費の投入の主要な目的は、じつは大衆の洗脳だけにあるのではない。民間テレビ会社がスポンサーに弱いことはよく知られているが、広告費の投入はメディア自体に「暗黙の圧力」をかけることによって、事故等の報道のさいの自粛を迫り、核政策——原発開発促進政策——等にたいする批判的なコメントや、電力会社にたいする不利益な報道を抑えさせることにある。電力会社は宣伝広告費という金でマスコミを抱き込んでいたのである。

電力会社だけではなく、官庁もメディア対策に熱心であり、その中心に位置していた。日高勝之の書には「経済産業省資源エネルギー庁は、原発に関するメディア情報を監視する事業に毎年、数千万円単位の税金を用いて、広告代理店などに監視を外部委託してきたことが、情報公開請求により明らかになっている」とある（日高 p. 101）。もともと情報発信では圧倒的に強力であった原発推進勢力が、それにとどまらず、はるかに弱い立場にある批判派にたいする監視・牽制ひいては抑圧にまで力を入れていたことになる。その具体的な内容については『東京新聞』の11年の一連の記事（7-23, 7-28, 8-4, 9-17, 11-20）、そして11年8月6日の『週刊現代』に詳しいので、ここでは同誌に依拠してもう少し記しておこう。

経産省資源エネルギー庁がある事業について入札を行なう際の条件を公示した仕様書のひとつ、「平成22年度原子力施設立地推進調整事業（即応型情報提供事業）」の「事業目的」には「新聞、雑誌などの不適切・不正確な情報への対応を行うため、全国紙、原子力立地地域の地方新聞や資源エネルギー庁から提供する資料について、専門的知見を活用して分析を行い、不正確又は不適切な情報があった場合には、国として追加発信すべき情報又は訂正情報の案を作成してホームページに掲載する」とある。同様に「平成23年度原子力安全規制情報広聴・広報事業（不正確情報対応）」の「事業目的」の項に「ツイッター、ブログなどインターネット上に掲載される原子力等に関する不正確な情報又は不適切な情報を常時モニタリングし、それに対して速やかに正確な情報を提供し、又は正確な情報へ導くことで、原子力発電所の事故等に対する風評被害を防止する」とある。「不適切な情報」とは大概の場合「批判的な見解や問題点の指摘」のことであり、「事故等に対する風評」とは実際には「事故のもつ意味への警告や批判」を指す。メディアやネットの常時監視事業である。ある全国紙の経済部記者は「この監視事業を、08年度は社会経済生産性本部が2394万円で、09年度は日本科学技術振興財団が1312万円で、10年度は財団法人エネルギー総合工学研究所が976万円で受注しています」と語っている。[44]受注先のこれらの団体の理事等には電力会社や電事連の首脳部や御用学者が名をつらね、監視のために費やされた税金が原子力ムラの内部で還流するシステムができあがっている。

この件について『週刊現代』の記者が資源エネルギー庁の広報担当に問い合わせたところでは、「調査の方法については、特定のキーワードを入れて検索したうえ、内容を調べます。また、世論に影響力のある人のブログやツイッターはチェックします」とある。インターネットからマスメディアに至るまで、ひろくチェックされていただけではなく、何人かの「要注意人物」の発言は常時マークされ、監視されていたのである。その結果について、実際に原子力ムラと対決したことのある経産省キャリア官僚の経験が書かれている。「核燃料サイクルの問題点を指摘したことがあったのですが、そうしたら電力関係者が入れ替わり立ち替わり私のところへ現れるようになりました」。そのうちの一人である電事連の幹部がある座席表、つまり監視体制の人員配置図を見せたという。「ここに座る6人は毎日、テレビや新聞、雑誌やラジオを一日中チェックして、ちょっとでも電力会社や原子力ムラに不利益なことを発言している媒体や文化人、コメンテーターがいたら、すぐ注意するのです。1回目は注意くらいで済みますが、2回目に引っかかると、〈こいつは使うな〉と、テレビ局などに圧力をかけるのですよ。〈これ以上やったら、スポンサーを引き上げる〉と」。恫喝である。

原子力発電をめぐっては、その「安全性」つまり「事故の危険性」はもとより、その「経済性」や、あるいはまた海洋の熱汚染や非人間的被曝労働や定期点検のさいの汚染水の放出等、問題がきわめて多岐にわたり、社会的に重要な意味をもち、さまざまな立場からさまざまな見解が語られてきた。さまざまに異論が出され、議論が交わされてきたこと自体は、社会的健全さを表している。しかしそのなかで原子力ムラを背景にして、経産省が大金を使って検閲専門の機関を作り、ツイッターの個人の発言から全国紙・地方紙にいたるまでの原子力発電に関するさまざまな報道・論証・提言をすべてチェックし、核開発にたいして批判的なものや不利益なもの、あるいは原発の危険性を指摘しその経済性を否定するものを「あやまり」「不正確」と決めつけ、推進サイドにとっての「正しい見解」なるものを一方的に押しつけ、場合によっては発言者個人を沈黙させ、メディアに圧力をかけてきた。

他方で、そういう原子力ムラ自身の発する情報がどのようなものであるのかというと、たとえば79年3月28日のスリーマイル島の原発事故——本来ならまさに「他山の石」として、日本の原発をすべて止めて時間をかけて総点検することが要求されるほどの重大事故——のわずか4日後、まだ事故の全容もつまびらかならない4月1日の時点で、原子力安全委員会は「日本の原発は安全」「日本の原子炉は大丈夫」と表明し、それが翌日の『電氣新聞』に大きく報道されていたのである（『電気』1979-4-2）。まさかエイプリルフールというわけではないだろう。かつての戦争中の「神州不滅」の標語を思い起こさせる、厳密な検証も抜きに語られるドグマというほかはない。

こうして圧倒的に権力と資金をもつ原子力ムラが、筆一本で食っている弱い立場のジャーナリストやルポライターや評論家を恫喝し、核発電に批判的な学者・研究者を牽制し、メディアを萎縮させてきたのである。驚いたことに、監視の対象は漫画雑誌の連載漫画の登場人物の発言にまで及んでいる（『東京』2011-11-20）。ようするに国と大電力会社が手を組んで大金を使って情報操作と言論統制を行なってきたのであり、教科書の記述にさえ圧力を加えていた（『東京』2011-10-7）。これは「原発ファシズム」とでも言うべき情況ではないか。イデオロギーを国家統制している全体主義国家ではなく、「憲法第21条」で言論の自由が保障されている「民主国家」での現実である。

かくして、京大の原子炉実験所の研究者が語ったように、電力会社は「戦前の軍部並みの強力な権力とパワーを保持して」きたのであり（海老沢 p. 99）、とりわけ「東電は、一民間企業としては考えられないほどの絶大な権力を有し、それを原発推進のために行使してきた」（上川 2018a, p. 258）。戦前、革新官僚が陸軍と組んでテクノファシズムを作りあげたように、戦後、こと電力に関しては中央官庁のテクノクラート官僚が巨大電力会社と手を組んで原子力ムラを構成し、その内部を締め付け、外部を監視し、批判を許さない全体主義的で専制主義的な原発推進体制を作り上げてきたのである。

二・四　岸信介の潜在的核武装論

そしてそれと同時に、日本における核開発・原発推進の基底には、核ナショナリズムに導かれ裏打ちされた「潜在的核武装」という政治路線が連綿と引き継がれていることを直視しなければならない。前にも言ったように、中曽根にとっては、核技術の保有それ自体が疑似軍事力の保有なのであった。しかしそのような発想は、もちろん中曽根に限られることではない。「原子力関係予算が成立し、……日本は〈原子力の平和利用〉、すなわち原発の導入に向け動きだした。……保守系の一部の政治家たちには、日本の核武装あるいは核武装の潜在的能力が国益と合致するとの暗黙の了解があった」と今日では見られている（秋元 2014, p. 26）。

「原子力の平和利用」と言ったところで、核兵器開発にはじまる核技術が潜在的軍事力であることは、当初からわかっていたことである。アイゼンハワーが「平和のための原子力」演説を行なう以前で、かつソ連が原爆実験をする以前、米国の核独占はやがて破られるであろうと予想されていた時代の46年に米国のジャーナリストが著し、48年に翻訳されていた『原子力の将来』には書かれている。

いずれにしろ、アメリカの将来を保障する最善の策は、偉大にして自由な平和的原子エネルギー工業を興すことにある。もしも戦争になった場合には、ただこの平和的工業の潜在力のみが、原子時代の防衛に欠くべからざる急速な産業転換を可能にしてくれるだろう。この潜在的な原子力こそは、〔日本との戦争が始まった」1941年度のアメリカの工業力がそうであったと同じように、アメリカを再び破滅の淵から救ってくれるものであろう。（Blakeslee, p. 200）

民間企業で「平和的原子エネルギー工業」として核技術を保有することこそが、核戦争時代の軍事力の基盤を形成するという見通しである。そのことを日本で明示的に表明したのが、戦前に「満洲国」の経済開発、そしてその後の戦時統制経済を指導し、1941（昭16）年より東条英機内閣の商工大臣を務めて日米開戦の詔書に署名し、戦後、A級戦犯容疑で逮捕されたもののなぜか不起訴になり[45]、その後、政界に進出し、57（昭32）年2月に内閣総理大臣に登りつめた岸信介であった。日本最初の商用原子力発電を手がける官民共同出資の原発専門の電力卸会社「日本原子力発電（原電）」の設立が閣議決定されたのは57年9月、岸内閣の時代だった。岸は当時から原子力になみなみならぬ関心を有していたのであり、58年正月に伊勢神宮参拝ならぬ東海村の原子力研究所を見学した岸は、回顧録に記している。

日本の原子力研究はまだ緒についたばかりであったが、私は原子力産業の将来に非常な関心と期待を寄せていた。／原子力技術はそれ自体平和利用も兵器としての使用も共に可能である。どちらに用いるかは政策であり国家意志の問題である。日本は国家、国民の意志として原子力を兵器として利用しないことを決めているので、平和利用一本槍であるが、平和利用にせよその技術が進歩するにつれて、兵器としての可能性は自動的に高まってくる。日本は核兵器を持たないが、〔核兵器保有の〕潜在的可能性を強めることによって、軍縮や核実験禁止問題などについて、国際の場における発言力を強めることができる。（岸 1983, p. 395f, 傍点山本）

核技術の保有それ自体が国家としてのステータスを与え、そのことによって国際的発言力を高めることになる、という核ナショナリズムの端的な表明――核ナショナリズムの政治的表現――である。司馬遼太郎の『坂の上の雲』には「二十世紀初頭は、海軍に関するかぎり、ドイツとロシアの熱狂的な海軍建設ではじまったといっていい。その先鞭(せんべん)は、ドイツの皇帝(カイゼル)がつけた。かれはヨーロッパ政界において大きな発言権を得るには、イギリスに対抗しうるほどの海軍力をもつ必要があると判断し、大海軍の建設にのりだした」とある（p. 115）。その半世紀後、おなじことが今度は核武装と核技術でくりかえされることになった。

ドゴールのフランスが核兵器を所有したのも、基本的にはおなじ発想であろう。戦後世界において米国の傘下に入ることを潔しとしないドゴールにとって、第二次世界大戦の末期、勝利を確信したチャーチルとローズヴェルトとスターリンが１９４５（昭20）年2月のヤルタ会談で3人だけで戦後世界の体制を決定したのは許し難いことであり、その3人の体制に同格で割り込むためには核兵器の保有が必要である、というのがドゴールのナショナリズムなのである。すなわち「その昔は、領土拡張が国力と進歩の源泉だったが、これからはテクノロジーがその役目を果たすとド・ゴールは考えていた。……国際政治での主導権を、原子力の科学者や技術者を通じて手に入れる。植民地を次々と失っていたフランスにとって、国の威信を回復する拠りどころは核だった。〈我々はテクノロジーの時代に生きている。世界の技術革新に貢献できない国は相手にされない〉とド・ゴールは断言している」(Cooke, p. 149)。

上記の岸の発想も、核兵器を実際に作るか、それとも作る一歩手前で立ち止まるかの違いはあっても、基本的な思想では変わるところはない。

このあとに岸は、「〈内閣総理大臣の原子力研究所視察〉は、国内的にも国際的にも大きな意味があると考えた」と続けている。「国際的にも」とあるが、日本は国を挙げて核開発に取り組んでいるのであり、その気になればいつでも核兵器を作りうるのだという、外国に向かってのメッセージなのである。日本の近代思想の研究者・米原謙によれば「日本のナショナリズムは、欧米から認知されることだった」とあるが(米原 p. 64)、その伝にしたがえば、岸は戦後の日本が欧米から認知され、一人前扱いされるための手段を核技術の保有に求めていたことになる。しかし日本のまわりで核兵器を保有している国としては米国とソ連しかないその当時では、その「欧米」とは間違いなく米国にかぎられる。岸は、首相に就任した3カ月後の57年5月7日に参議院で、また14日には外務省記者クラブで、自衛の範囲内であれば核兵器の保有は合憲だと表明しているが、それは岸がアイゼンハワーと会談する1カ月前のことであった。岸は、あえてアイゼンハワーの耳に届くように語っていたのである(中日新聞社会部編 pp. 112, 114)。

この時代、鳩山一郎と岸信介は、吉田茂の経済復興優先の軽武装路線に対立する形で、再軍備推進に取り組んでいた。「鳩山・岸の系列に連なる国家主義者たちは、太平洋の対岸のパートナーへの軍事的

図5　原爆について詳細に論じた書『誘導弾と核兵器』（1958）の表紙

な従属状態を一刻も早く軽減するためにも、再軍備を加速することが不可欠だと考えていた」のであった（Dower 1993a, p. 66）。日米安全保障条約の60年の改定にむけての日本政府――岸政権――の目的は、日本側に基地提供の義務を押しつけるだけのそれまでの一方的な条約を双務的なものに改めさせることにあった。その交渉にむけて、岸は米国にたいしてできるだけ強い立場を作っておきたかったのであり、そのためのカードが、ほかならない核兵器生産能力につながる核技術の習得・保有だと岸には考えられたのであった。60年の安保闘争で、当時の全学連を指導した共産主義者同盟が、岸政権による安保改定を「日本帝国主義の自立過程」と分析した根拠のひとつであろう。

岸が正月に原子力研究所を訪問した58年の2月、ミサイルと核兵器（原子爆弾）の構造を細かな数値を挙げ数式を存分に使って専門的に詳細に論じ、原爆製造に要する経費まで算出している書『誘導弾と核兵器』が出版されている（図5）。著者は防衛庁技術研究所技官兼防衛研修所教官の肩書をもつ新妻清一で、戦前に東京帝国大学の物理学科を卒業し、旧日本軍、そして戦後は防衛庁の研究機関で一貫して軍事科学研究に従事してきた人物である。このことは、このころに防衛庁内部で原爆製造の技術的な研究が相当綿密になされ、原爆製造の現実的可能性が真剣に検討されていたことを窺わせる。

二・五　中国の核実験をめぐって

山岡淳一郎の書には「60～70年代にかけて原発開発が本格化した背景には、〈核武装の潜在力〉を高めたいとする政・官のすさまじい執念があった」（山岡 2011, p. 121）とある。吉岡も、原子力民事使用拡大路線の背後に「核武装の潜在力を不断に高めたいという関係者の思惑があった」ことを指摘している（吉岡 2011b, p. 175）。実際にも岸の語った潜在的核武装路線は、その後も日本の支配層の深層底流に連綿と継承されていた。そしてそれは、64年の中国の核実験をきっかけに論壇に浮上することになる。

中国の核武装の主たる目標は、ひとつにはドゴールのフランスと同様で、核大国として名乗りをあげ、国際社会にたいする発言力を増し、同時に国内での共産党の求心力を高めその指導体制を強化するためという中国ナショナリズムの国の外と内への喚起であろう。いまひとつには米国にたいして中国問題に軍事的に介入させないためのカードとしてであり、そして第三にはソ連にたいして独自路線を歩むことの宣言であったと考えられる。すくなくとも日本に直接向けられていたのではない。ともあれ、米国の核による恫喝外交に立ち向かうためのものであれ、核武装という形で応じるかぎりで、恫喝する側と同一の論理に立つわけで、同様に批判されなければならないであろう。

その中国の核実験にたいする日本の国家主義的な政治家たちの反応は、理屈のうえでは「安全保障」という政治問題であったのかもしれないが、それが本筋ではない。

当時の日本の保守的な政治家の反応には、ナショナリズムに由来するプライドの問題という心理的要素がきわめて大きかったのではないかと思われる。つまり、前に語ったように、彼らはアジア太平洋戦争の敗北を米国の軍事力つまり科学技術力にたいする敗北と捉えていたのであり、中国の抗日戦争に打ち負かされたという意識はきわめて希薄であった。そして戦後の世界においては、核技術によって代表される科学技術の有無が国家の序列を決定するという、核ナショナリズムに囚われていた。それゆえそれまで見くびっていた中国が自力で核兵器開発を達成し、国際社会で米英ソ仏とならぶ強国——世界の5大強国のひとつ——に「成り上がり」、軍事的にはもとより政治的・心理的に日本の上位に立ったということは、日本の一部の政治家や右派の民族主義者たちにとっては、とりわけ戦前から「アジア唯一の先進工業国」にして「アジアの盟主」であると自負し、日清戦争以来の中国蔑視の意識をひきずってきた面々にとっては、ほとんど受け容れ難い屈辱なのであった。

中国核実験に早くに反応した学者の一人は、72年沖縄返還協定をめぐる対米交渉において佐藤栄作の「密使」として「緊急時には米軍が沖縄に核兵器を持ち込む」ことを認める「密約」を米国政府との間で結んだことで知られることになる政治学者・若泉敬である。彼は66年の論文「中国の核武装と日本の安全保障[46]」で、「新しい核兵器保有国の出現は、むしろきわめて政治的な意義をもち、核兵器はこんにちでは第一義的には政治的・心理的兵器であるともいえる」(p. 63)との理解を表明し、中国は「自国の生存を賭して戦う民族国家間の全面戦争を挑んでいるわけではない」(p. 58)と、それなりに冷静に捉えている。そして「中国が自ら独力で核兵器を開発することは、中国ナショナリズムをより強化することに役立ちこそすれ、これを弱化せしめることはない。……自主自力防衛の頂点に立つ自国独自の核兵器は、**現代ナショナリズムの最大の武器であり、象徴でもある**」(p. 63, 傍点山本) と、核ナショナリズムの観点からストレートに問題を捉え、そのうえで中国核武装の現実的機能をつぎのように語っている。

> 中国の核武装も、ひっきょうするところ、現実に使うためのものでなく、核脅迫に屈しないために持ち、その戦争抑止機能をねらうものである以上、中共の指導者たちもいずれは、核兵器は使えない兵器であることを今日よりもより一層明確に認識、自覚するに至るであろう。(p. 67)

そしてそのうえで、若泉論文は日本にたいする影響について想うところを語っている。

> なによりも根本的な問題として指摘したいことは、中国が自らの力で自らの手に核兵器を持ったことによって、国際的パワー・ポリティックスの世界において、文句なしに大国としての象徴的地位を獲得し、外交的、心理的そして軍事的に、**日中間の伝統的な力関係が逆転した**という事実である。中ソ同盟対日米安保体制という基本的均衡は変わらないとしても、その内部の部分的均衡において、重要な逆転的な変革がなされているという事態に注目しなくてはならない。戦前の日中関係が一言にしていえば、〈強い日本・弱い支那〉であったとすれば、今日のそれは明らかに〈強い中国・弱い日本〉の方向にむかっている。(p. 76f, 傍点山本)

この点こそが、若泉のもっとも言いたかったことであろう。若泉にとって、言うならば「支那」は核兵器を所有することによって「中国」に「成人」したのであった。若泉はその中国に軍事的に対応しなければならないと言っているのではない。若泉にとって中心的な問題は、心理的な敗北感を払拭し、政治的序列における劣等意識を克服し、「国家的プライド」を取り戻すことにあった。そのために日本のとるべき方針として若泉は「〔日本は〕核武装能力がなくて非核武装政策をとるのではなくて、核武装能力は潜在的には十分もちながら、なおかつ非核武装政策をとる」(p. 78) という潜在的核武装路線を、あらためて提唱している。すなわち

(1) わが国の原子力およびロケットの平和利用のための研究開発を重点国策として一層推進し、その実益を大いに享受するとともに、あわせて日本国民および極東の自由主義諸国民をして、対ソ・対中国劣等感、卑屈感を持たせないようにすること。そのためには、あくまでも平和利用の面で、わが国が誰の目にも高度な科学技術工業水準にあることがつねに〈実証〉されていることが大切である。たとえば、原子力船の開発とか日本独自の人工衛星を国産ロケットで打ち上げることなどは、かかる実証効果が大きいであろう。/(2) このようにして、わが国は核武装しうるだけの経済上、技術上、工業上の近代的な潜在諸能力を持ってはいるが、しかし自らうち立てた国策として核武装はしないという方針を内外に明確に打ち出しておくこと。(p. 78)

核兵器保有国になった中国にたいして、日本は技術力、とくに核関連の技術力を高めることによって臆することなく臨み、政治的・心理的に下位に立たないための立脚点を作らなければならないというのが、ナショナリスト若泉の基本的発想であった。

それは岸以来の潜在的核武装論をあらためて提起するものであるが、しかし岸の議論とまったくおなじというわけではない。決定的な違いのひとつは、岸がそれをもっぱら対米関係において語っていたのにたいして、若泉が対中国関係へと転換させたことだ。岸の目的は、米国にたいして政治的に立場を少しでも強くすることであったが、若泉の目的は、中国にたいして心理的に下位に立たないようにするためであった。いまひとつには、核技術だけではなく核弾頭運搬手段としての弾道ミサイル技術に直結する国産ロケット技術の重要性をも語っていることである。こうして潜在的核武装論は、若泉にあっては軍事的な意味がより緻密化され、事実上は準核兵器保有ともいうべきものに大きく接近することになる。それが実際に準核兵器保有になるためには、後で見るように、核燃料サイクルで作られるプルトニウムを必要とするだけなのである。

しかしそこまで主張しておきながら、その潜在的核武装路線を「わが国のきわめて節度ある自制的な態度」(p. 78)と言い繕い自賛したところで、諸外国が、とりわけかつて侵略された経験をもつアジアの諸国が、そんな言い分を字義どおりに受け取ってくれると思うのは、虫がよすぎるのではないか。

若泉自身「狭義の安全保障はすなわち国防であり、それは将来への好ましい可能性や希望的観測に立つよりも、むしろきびしい現実を勇気をもって直視し、考えうる最悪の事態をも一応念頭に入れて、自国の安全と防衛の問題を、あらゆる角度から真剣に考究することでなければならない」(p. 47) と表明している。「自国の安全と防衛の問題」を「原子炉の安全と事故予防の問題」に置き換えて、日本の原子力ムラの面々や原子力規制委員会にそのまま聞かせてやりたい気がするが、それはともかく、外国との関係において日本はこれだけ厳しい見方をせねばならないというのであれば、逆に諸外国にたいして、日本の核開発は「平和利用」に徹しているのであり核武装能力を持つが現実に核武装することはない、というような日本のひとりよがりな弁明を無批判に額面どおりに受け取ってもらえるであろうと思うのは、それこそ「希望的観測」にすぎないのではないか。日本が外国にたいしては「考えうる最悪の事態をも一応念頭に入れて」臨むというのであれば、諸外国が日本にたいして同様に厳しい見方で臨み、「最悪の事態」として日本の核武装を懸念したとしても、それを非難することはできないであろう。

その状況は、今日でもまったく変わっていない。たとえば23年5月11日の『毎日新聞』には、「北朝鮮が軍事偵察衛星の打ち上げを予告した」ことに触れて、「打ち上げには同国が発射実験を繰り返している弾道ミサイルが使われる見通しで、日本政府などが警戒を強めています」とある。このおなじ記事には、日本が人工衛星打ち上げに使っているイプシロン・ロケットは「各国が弾道ミサイルに採用している」ものであり、「小幅改修すればＩＣＢＭ〔大陸間弾道ミサイル〕のような飛ばし方もできなくはない」と認めたうえで、しかし「平和憲法を持つ日本は〈攻撃的兵器〉を持たない方針を明確にしています」とあり、さらに「日本のロケット開発はあくまで平和目的だと言えます」と念が押されている。

しかし「平和憲法」を隠れ蓑に使いながら、世界有数の軍事費を使って「自衛隊」という世界有数の軍事力を所有し、首相が「敵基地攻撃能力保持」などと口にし、マスコミがそれを無批判に報道している国である。一方で北朝鮮の人工衛星打ち上げにたいしては「警戒を強める」と言いながら、ＩＣＢＭに流用可能な日本のロケット開発は百パーセント平和目的だと主張しているのであり、その日本の一方的な言い分を外国が素直に信じてくれると思うことは、あまりにも自分本位である。現にこの記事によれば、日本のロケット開発が「韓国メディアに一時期、ＩＣＢＭへの転用の可能性を指摘されました」とある。同様の疑念を抱いている国は、公然とは表明しないにせよ、ほかにもあるだろう。

技術史の研究者・中山茂は、すでに81年に「原子力・宇宙開発関係の支出が軍事的動機によって支えられていることは、欧米の常識である。日本では、その原子力・宇宙開発の努力は純学術的・産業的な平和目的によるものであると公言し、また事実そうであると思われるが、欧米の観測家は……それがいつ軍事的利用に転化するか、転化に要する時日はどのくらいのものか、という目でみている。とくに原子力・宇宙関係の支出が急増している今日、その視点が強まりつつある」と語っていた（中山 1981, p. 82）。この点は日本の政治と社会に精通しているオランダ人ジャーナリストであるヴァン・ウォルフレンの次の指摘とあわせて読むのがよいだろう。

日本人が国際的なやりとりで時に口にする言い訳や〝説明〟は余りにお粗末すぎて、とても本気とは受けとれない……。本音と建て前の使い分けは日常的におこなわれ、普通、日本社会の良い面とはされないまでも、そのことの倫理的な是非は問われない。しかし、この使い分けが、ある考え方の枠組みを生み、いろいろな欺瞞が社会的に容認される素地ともなっている。日本人は、西洋人に真似できないほど自分のまやかしについてあっけらかんとしている。日本人には、その不正直さを叱られる恐れなしに正直ぶることが許されているのである。(van Wolferen 1989b, p. 24f.)

痛烈であるが、この二つをあわせて読むと、西欧人が日本の核開発を本心でどう見ているかは、およそ察することができる。そしてそのことは西欧人に限ったことではないだろう。

結局のところ日本の核武装の疑惑を払拭する唯一の道、すなわち日本は将来的にも核武装に手を出すことはないという外国にむけての明確なメッセージの表明は、ドイツがやったように、脱原発を宣言し、原発依存から撤退することしかないのである。地震大国である日本と違って、地震のないドイツでは原発の危険性は日本に比べてはるかに低い。にもかかわらずドイツが脱原発に舵をきったということの政治的意味は明白であろう。

いずれにせよ、このように潜在的核武装を目的として核技術の開発が政治的に位置づけられたならば、核開発および原子力発電における経済性はもとより、安全性までもが二の次、三の次の問題にされてしまうことになる。きわめて憂慮すべき事態である。

二・六　核不拡散条約をめぐって

日本の核武装をめぐる状況が動いたもうひとつの契機は、核兵器不拡散条約（ＮＰＴ）であった。米英ソの３国は、63年に大気圏内、宇宙空間および水中の核実験を禁止する部分的核実験禁止条約（ＰＴＢＴ）を締結し、70年にＮＰＴ発効に行き着いた。後に中仏が署名。ＮＰＴは米ソ英仏中の５カ国――67年１月１日までに核実験を実施した国――以外に核兵器保有国が広がらないようにする、つまり現在の非核保有国にたいしては核武装を禁止し、国際原子力機関（ＩＡＥＡ）の保障措置[47]の受け容れを義務づける、その意味で米英ソ仏中の核兵器既保有５カ国――「核大国」――に一方的に有利な文字どおりの不平等条約であり、その他の国の武闘派ナショナリストたちには受け容れ難い側面を有していた。

吉岡の書には「１９６０年代末から70年代前半にかけての時代には、ＮＰＴ署名・批准問題をめぐって、日本国内で反米ナショナリズムが噴出した。……とくに自由民主党内の一部には、核武装へのフリーハンドを奪われることに反発を示す意見が少なくなかったという」とある（吉岡 2011b, p. 175）。実際にも、当時条約交渉を担当していた外務省の官僚は、保守的な議員の一部から署名を断固拒否すべきとくりかえし伝えられ、たとえば元海軍参謀で日米開戦時のハワイ奇襲作戦を立案し、戦後は62年以来自民党の参議院議員であった源田實に呼びつけられ「独立国が核保有のオプションを放棄してよいのか」と迫られたとのことである（「ＮＨＫスペシャル」取材班 2012, p. 70、上川 2018a, p. 84）。あるいはまた原子力委員会が発足した56年以来17年間にわたって委員を務めた有澤廣巳が委員会を去るときに「どういう風にしたら原爆をつくれるか、というごく基礎的な研究ならやってもいいのではないか、という話が再三ありました」と語ったと伝えられている（『朝日』1988-3-8 夕刊「今日の問題」より）。ＮＰＴ問題は自民党内に潜んでいた相当数の核武装願望勢力の存在を焙り出したのであった。日本はＮＰＴに70年2月に署名したのだが、そういった自民党内の事情のために、国会での批准は76年6月に大きくずれ込んだ。

そんなわけで防衛庁（現防衛省）や外務省の内部では、条約をめぐって相当の突っ込んだ議論があり、核武装の現実的可能性が真剣に検討されていた。67〜68年には、防衛庁の安全保障調査会が日本の核武装の可能性を検討した結果を『日本の安全保障――１９７０年への展望』の標題で、67年と68年に公表している。その67年版は政策的議論を中心としたもの、68年版は技術的議論を中心としたもので、そのまえがきには「誤解のないように断っておくが、われわれの立場は、核武装に賛成ではない」とある。それは政治的・軍事的な判断である。しかしそれと同時に「経済的あるいは技術的な面だけからみた場合、日本の核武装は必ずしも不可能ではないかも知れない。〈能力はあるが、持たないのだ〉という日本政府の外交上の立場は、その点をいっているのである」（傍点山本）とある。[48] その限りでは、潜在的核武装は防衛庁の立場であり、外務省の立場でもあった。実際にも69年の外務省外交政策企画委員会による「わが国の外交政策大綱」――外務省各局の次長、審議官らが69年5月〜9月に月1回ないし2回討論してまとめたもの――には記されている。

当面核兵器は保有しない政策をとるが、核兵器製造の経済的・技術的ポテンシャル（能力）は常に保持するとともにこれに対する掣肘（周囲からの干渉）をうけないよう配慮する／核兵器一般についての政策は国際政治・経済的な利害得失の計算に基づくものであるとの趣旨を国民に啓発する。（『毎日』

1　14版　第42521号　1994年（平成6年）8月1日 月曜日　（日刊）

外務省「核兵器製造能力を」

被爆はるかに ◆1◆

69年に秘密文書

「外交に選択権」

論議に参加の官僚ら証言

戦後50年 にっぽん診断書 第7部

図6　1960年代末に外務省で極秘に核武装が検討されていた
『毎日新聞』1994年8月1日

1994-8-1. 傍点山本、（　）は原文）

「当面」とあるように、状況が変われば政策も変わりうることが表明されている。右記の引用後半部分は、しばしば「核アレルギー」と揶揄されている、核兵器を絶対悪と見る日本国内の根強い国民感情を和らげ払拭すべしということを意味している。ようするに、国際情勢の変化によっては、将来的に日本が核武装を求めてNPTから脱退することもありうるのだと宣言しているのである。これは『毎日新聞』のスクープによるものだが（図6）、核ナショナリズムは政治家や軍人だけではなく、中央官庁のエリート官僚、特に外務官僚をも捉えていたのである。

そして、池田勇人内閣のあと首相になった佐藤栄作は、中国の核実験ののち、訪米直前の64年12月にライシャワー駐日大使に、中国が核兵器を保有しているならわが国も核兵器を持つことは当然であるという考えを語っている（布川 p. 233）。こうして佐藤は沖縄返還協定をめぐる交渉をとおして、沖縄への核兵器搬入の「密約」を含めて、米国からの「核の傘」提供の約束を引き出し、他方で、国内向けには「核兵器を作らず、持たず、持ち込ませず[49]」の「非核三原則」を語ることになる。「米国の核の傘に依る日本の安全保障」なるものは、米国からすれば、米国の世界戦略の一環としてのアジアにおける米国の核支配にむけて、日本を従属的同盟国化するためであるのだが、それと同時に、日本の核武装を封じ込めるためのものでもあると言える。そしてまた、それは、準核兵器保有国である日本にとっては、潜在的核武装路線をカモフラージュするためのものでもある（布川 2016, pp. 233-35, Dower 1993a, p. 54 参照）。結局のところ「日本は〈非核〉政策を掲げながら、その実、重度の〈核〉依存といってよい。それをオブラートに包んで見えにくくさせているのが、〈平和利用〉というレトリックである」ということになる（鈴木真奈美 2014, p. 218）。危険性や軍事との関係ゆえの付加的なコストがかかる原子力産業は、むしろ国家のそのような政治的意図なしに存在しえない（秋元 2011, p. 243）。「国や政権与党の原子力推進の意図は、将来の核武装あるいはその可能性の追求だったという推論は不自然ではない」（同上）のである。

そしてその政治路線を物質的に担保するのが、ほかでもない、核燃料サイクルであった。以前に核兵器としてウラン爆弾とプルトニウム爆弾があること、実際に作るには後者の方が簡単なことを指摘した。「ウラン235原爆に比べてプルトニウム原爆は10分の1ぐらいの費用で作られ、資源や経済に大きな負担にならない」と言われている（武谷編 p. 171f.）。ウランの場合のような濃縮の過程も必要としないので、技術的にもずっと簡単である。とくに高速増殖炉で得られる高純度プルトニウムは「兵器級プルトニウム」と呼ばれ、プルトニウム爆弾の「爆薬」そのものとなる。[50] つまり「〈潜在的核能力〉を誇示するためには、原発と核燃料サイクルの維持が前提となる」のであり（『東京』2012-6-29）、それゆえ、核燃料サイクルの稼働でもって潜在的核武装論は自己完結する。すでに83年の『技術と人間』掲載論文「高速増殖炉をめぐる世界の動き」に、「フランスは核兵器を生産するための、軍事用原子炉をすでにもっている。だがＦＢＲ（高速増殖炉）を保有しておけば……高純度のプルトニウムを取り出せることも事実である。フランスに限らず、経済性の見通しのまったく立たないＦＢＲ建設に各国政府が固執する狙いはそこにあると言われても、しかたがないであろう」と書かれている（竹本 1983, p. 53）。

実際にもＮＰＴをめぐる外務省内部での68年の議論では「高速増殖炉などの面で、すぐ核武装できるポジションを持ちながら平和利用を進めていくことになるが、これは異議のないところだろう」といったことが語られていたのである。これは太田昌克の書からの引用だが、同書には「日本における核武装研究は１９６０年代後半から、政府内で極秘裏に進められるようになった。その〈源〉となったのは、日本の政府と電力業界はじめ経済界が長年取り組んできた国策の〈核燃料サイクル政策〉だ」と明言されている（太田 2015, pp. 123, 164）。公然と語られることはないけれども、日本が戦後最大の「国家事業」としての再処理と高速増殖炉建設に当初より一貫して固執しているきわめて大きな理由なのである。

そしてその潜在的核武装論の実現、つまり「核兵器製造の経済的・技術的ポテンシャル」の維持は、何よりも人材と設備の存在、したがって現実的には核産業の担い手としての原発メーカーによって現実化されている。そのことを鑑みるならば、日本の核政策が、一貫して原発メーカーすなわち三菱重工・日立製作所・東芝を保護し、人材の育成と経験の蓄積そして設備の維持・拡充を図ってきたことの意味が鮮明になる。実際にも「一国内に原子炉製造を手がける民間企業が3社もあり、それらが今日も存続しているのは世界でも例がない」(鈴木真奈美 2014, p. 78) とまで言われる日本の現状[51]を見ると、核技術の習得と核産業の育成を日本の支配層がどれほど重視してきたのかを推し量ることができる。

もともと核開発は軍事を中心になされてきたのであり、それがいくつかの大国においてその後も継続されてきたのは、民需だけではなく軍事部門があったからこそである。純経済的には核開発はそれほどペイするビジネスではないのだ。そのことを考えれば、軍事部門をもたない日本がこれだけ強力な原発産業を育成してきたのは、やはりきわめて特異なことなのである。公然とは語られないものの、将来的に軍事部門を考えていると見るのが筋の通った素直な見方なのである。

戦後の日本は、吉田内閣から池田内閣にいたるまで、軽装備路線で経済ナショナリズムに徹して高度成長を成し遂げてきたと言い伝えられてきたが、その背後では、厳然として核ナショナリズムが貫かれ、財閥系企業によって物質化されてきたのである。

＊＊＊

戦後の日本で、最初に核エネルギーを語ったのは、物理学者であった。彼らは、核分裂とその連鎖反応の発見を「物理学の偉大なる成果」として捉え、そのことによって、アイゼンハワーの「平和のための原子力」演説に先んじて核エネルギー（原子力）利用を賛美していた。

アイゼンハワー演説に最初に呼応したのは、国家主義的な政治家であり、そして戦前に統制経済を指導した官僚であり、軍需産業を担った財閥系企業であった。彼らは核に戦後の復活のシンボルを見たのであった。政治家はそこに「一等国」への道を、官僚は電力国家管理の回復を、そして財閥と電力会社は大きなビジネスチャンスを見出した。「原発計画は多くの面で、軍備計画と同じ機能をもっている」と言われるが（Gorz, p. 163）、国家主義的な政治家が核技術に擬似軍事力を見たように、財閥大企業は原子力発電に擬似軍需産業を見たのである。

こうして原子力ムラが形成され、核燃料サイクルの建設という国策が決定された。その背後にあったのは核ナショナリズムであり、その動きを導いたのは潜在的核武装という政治路線であった。またそれを実体的に担保しているのが、核燃料サイクルによるプルトニウム生産と備蓄、そして財閥系原発メーカーによる核技術の人材の育成と設備の建設・維持であった。

（36）石堂清倫の書には、原水爆反対の署名運動が杉並の主婦から始まったというのは「神話」であって、実際には世田谷の梅ヶ丘の婦人たちが先に始めていたのであり、「梅ヶ丘の女性たちはそれ〔杉並の神話〕に抗議したことはないけれども、一様に空しい思いをさせられた」とある（石堂 p. 62f.）。

（37）原子力予算案の上程は54年3月2日、アイゼンハワーの国連演説から3カ月目、太平洋ビキニ環礁における米国の水爆実験で現地の人たちおよび第五福竜丸はじめ日本の多くの漁船が被曝した翌日である。ビキニ環礁における日本漁船の3月1日の被曝の事実が明らかになったのは、すこし後、3月16日の『読売新聞』のスクープであった。もしもこの事実が国会での原子力予算提出時点に知られていたならば、この予算案は成立しなかったと思われる。

(38)「ＭＳＡ協定（日米相互防衛援助協定）」は、日本が米国の支援の下で自主防衛力（軍事力）を漸増させ、同盟国として東アジアの地域防衛の義務を担うというもの。54（昭29）年に日本の外務大臣と米駐日大使によって調印された。

(39) 石川一郎は54年に内閣に設けられた原子力利用準備調査会の委員となり、56年に日本原子力研究所が発足する前の、その前身としての財団法人原子力研究所の理事長を務め、56年に原子力委員会が発足したとき、正力松太郎委員長のもとで委員に選ばれている。戦後日本の核開発における財界サイドの代表的人物であった。

(40) 植村甲午郎は、戦後の高度成長時代には経団連の会長として知られているが、もともとは企業家ではない。戦前は商工省官僚として軍部との連携の確立に尽力し、その後、企画院次長として岸信介を支え、日本のテクノファシズムの一画を担っていた。

(41)「日米原子力協力協定」の正式名称は「原子力の平和的利用に関する協力のための日本政府とアメリカ合衆国政府との間の協定」。「日米原子力協力協定」「日米原子力研究協定」とも略される。

(42)「発電用施設周辺地域整備法」「電源開発促進税法」「電源開発促進対策特別会計法」の三法律。電源三法はすべての発電所建設に適用されるが、原発には同規模の水力発電や火力発電への交付金の2倍以上、資源エネルギー庁の試算では、出力１３５万kWの原発立地で運転開始までの10年間に４８１億円が先払いされる（『東京』2011-5-13, -8-11, -8-23, 鎌田 2012, pp. 34, 56, 71, 259）。その他に固定資産税、さらには原発が運転開始後30年を超え老朽化すると原子力発電施設立地地域共生交付金が追加され、「これらをすべて合計すると、原発一基あたり１２４０億円が45年間に交付される」（大島 p. 108）。電源開発促進税は電力会社に課せられるが、電力会社はそれを電気料金に転嫁するので、実際に負担するのは消費者としての家庭や企業である。そのことはしかし、電気料金の明細書にも記入されていなくて、ほとんどの消費者は自覚せずに支払っている。年間の電力使用量が3千6百kW時の平均的家庭で年１３５０円になる（『東京』2011-5-9, 長谷川 p. 34f.）。実際には、原発を受け容れた自治体には、国からの交付金以外に電力会社が協力金として多額の寄付を行なっているケースが多い。そしてこれらの多額の金は、一時的には自治体を潤すにしても、長期的には往々にして自治体の原発依存を強め、自立を妨げることになる。

(43)　原子力工学の研究者や技術者の養成という点では、日本学術会議が71年に「大学関係原子力研究将来計画」で、大学での原子力関連の講座拡充や研究炉建設などに164億円の予算をつけるように政府に勧告している。アカデミズムのサイドも、自主的判断というよりは、政府の原発推進政策に乗っかっていたのである（中日新聞社会部編 p. 151）。各大学の原子力工学科の、創設から福島の事故までの動向については、小林哲夫の『中央公論』のレポート（小林哲夫 2011）に詳しい。

(44)　AERAによると、経産省からの原発補助金として、08年には、社会経済生産性本部に5億3千万円余りが、日本科学技術振興財団に1千7百万円近くが、そしてエネルギー総合工学研究所にはじつに13億8千万円近くが交付されている。この手の団体はほかにもいくつもあるが（『東京』2011-5-16）、すべて経産省等の官僚の天下り先で、やっている仕事の大部分は原発の宣伝や、そうでなければあってもなくとも変わらないようなものばかりで、これらの金は主要に人件費に使われている。「原発・電力予算がばらまかれている天下り団体にいる経産省OBたちは、たいていが世間相場から見て高い報酬で処遇されている」のである（AERA 2011-8-8）。

(45)　ジャーナリスト田尻育三の書『昭和の妖怪　岸信介』には「岸が戦争犯罪人をまぬがれた経緯については、いまにいたってもナゾ解きができていない」とある（田尻 p. 117）。GHQと岸の間に何か取引があったのだろうか、GHQが反共主義者・岸に何等かの利用価値を認めたのかもしれない。

(46)　『中公』66年2月号。以下、引用箇所は同誌の頁で指定。傍点山本。若泉はこの『中公』論文のほかに、内閣調査室の求めに応じてレポート「中共の核実験と日本の安全保障」を書いている（その経緯は志垣 pp. 64-69にある）。その概略は「NHKスペシャル」取材班 p. 81f. にも記されているが、『中公』論文と大きく異なるものではなく、また非公開で原論文を直接読むことができなかったので、ここでは触れない。

(47)　IAEAは57年に設立されたもので、基本的には原子力産業育成・原子力推進のための機関である。その「保障措置」とは、「核査察」つまりウランやプルトニウムが核兵器製造などの軍事目的に流用されていないことを確認するための措置で、IAEAが核物質の計量および管理、査察、検証を実施する。

(48)　藤田 2011の末尾 pp. 111-156に「68年版」の抜粋が収録されている。引用は同書 p. 113より。傍点山本。

(49)　「持ち込ませず」の意味について、米国側は、核兵器の日本への「持ち込み（introduction）」とは「持ち込んで国内に置いておくこと」であり、それは核兵器搭載艦や航空機の日本の港や基地への一時的な「立ち寄り（transit）」を含まないと理解している。つまり「持ち込まない」と約束しても核兵器搭載艦の日本国内入港は可能と解釈している。それに対して日本政府は、そのことを知ったうえで、国民にたいしては「持ち込まない」を一時的な立ち寄りも認めないことだと、説明していた。日本政府は国民を騙していたのである。

（50）実際には再処理で得られる低純度「原子炉級プルトニウム」でも核兵器を作りうることは知られている（『毎日』2013-10-30. 田窪 p. 173. 塙 p. 62 等）。その意味では核武装にとって再処理自体がきわめて重要で決定的である。

（51）東芝は06年に米国の原発企業ウェスティングハウスを6千億円規模（東芝の発表では54億ドル）の巨額で買収した。この時点では、民間分野では世界の核開発の最先端に位置していた。しかし10年後の15年に、1兆円を超える損失と、2千3百億円の粉飾決算が発覚し、東芝の原発部門は事実上崩壊した。この過程の全体については、経済ジャーナリスト・大西康之の『東芝　原子力敗戦』が詳しい。現在の東芝の原発部門の主要な業務は、福島第一原発の廃炉作業である。この点では東芝の技術が不可欠とされている。

第三章　停滞期そして事故の後

三・一　高度成長後の原発産業

ともあれ、日本国内における原発建設は、図４から明瞭に読み取れるように、90年代中期でほぼ頭打ちになっていた。90年代後半は「原子力冬の時代」であった（上川 2018a, p. 159）。日本だけではない。原発大国であった米国でも、すでに70年代半ばには原発離れがはじまっていたのであり、74年の段階で「建設資金の調達難で〔原発の〕建設が遅れたり、取りやめが相ついでいる」と報道されている（『毎日』1974-10-30）。79年のスリーマイル島原発事故はその流れを決定的なものとした（長谷川 2011, p. 79）。吉岡の福島事故の直前の書には「１９８０年代末以降、世界の発電用原子炉の基数と総設備容量は４２０～４３０基台を推移するようになり、ほぼゼロ成長となった。原子力産業は構造的不況産業と化した」とある（吉岡 2011a, p. 10）。

原発推進サイドからも、86～91年に日本原子力研究所（原研）の理事長を務めた伊原義徳自身、当時のことを「原子力の世界的退潮傾向に直面していた」と記している（日本原子力研究所、原研史編纂委員会編 p. IX）。98年には四国電力の社長が「米国では競争原理の導入が進む中で原子力を導入しよう〔と〕いう電力会社は1社もない。足元の短期のコストを追求したら、原子力はとても競争に耐えられず、新規に建設できる状況にはない」と自ら表明していた（『電気』1998-1-26）。

そして99年にはオーストリアが原発禁止を憲法に明記し、00年にドイツのシュレーダー首相は、現存の原発を順次廃棄してゆき、新設しないことを表明し、02年に脱原発法を成立させた。

日本でもすでに高度成長は終焉を迎え、79年の第二次石油危機以降、電力会社の発電能力が過剰になっていた。その原因として「大口需要のなかでももっとも大きな位置を占める鉄鋼、化学、紙パルプ、セメントの各産業では、自家発電化がすすんでいる」と指摘されている（宮嶋 p. 417）。そもそも鉄鋼やアルミをはじめとするエネルギー多消費型素材産業が衰退に向かっているという産業構造の変化があり、それに製法転換・技術革新の成果として製造工程での省エネが進行したこと、さらには生産拠点が国外に移転している等の事実もある。もちろん消費生活の面でも、消費者が省エネを心がけるようになったこととともに、省エネ型家電製品が普及したことの影響も大きく、20世紀末には国内の電力消費は確実に下がり、日本は「電力供給が余剰時代」（宮嶋 p. 415）に入っていたのである。87年には九州電力の社長が「先日、娘が買った冷蔵庫を見たら、消費電力が従来型の3分の1というのが宣伝文句になっていた。省エネは時代の流れで仕方がないが、電気という単品を売っている企業が生きていくには、やはり需要開拓しかない」と正直に語っている（『朝日』1987-7-29）。もはや、電力が不足するので原発を造るのではなく、原発を造るために新たな電力需要を掘り起こさなければならなくなっていたのだ。実際にも86年4月30日の『電氣新聞』には、東電が開催しているオール電化住宅展示会の記事（広告？）が大きく載せられている。電力会社は、節電どころか家庭での電力消費拡大を促していたのである。

原発建設停滞のいまひとつの理由は、反原発運動の広がりとともに、既存の原発に事故が続発しただけではなく、関連会社のいくつもの不正行為・不祥事が相次いで発覚したことであった。日本で最初の原子力発電に成功したのは63年10月の原研の動力試験炉であるが、それは早くも64年3月に制御棒と圧力容器の接合部から水漏れを起こし、以後8カ月半運転が止まった。同原発では66年5月にも圧力容器にひびが発見され、72年8月には一次系のパイプ破損で再び水漏れを起こし、以後2年間止まったままであった。とくに72年の事故は大事故につながる可能性を秘めたものであったが、当初、職員に箝口令が敷かれ、発表は2日後であったばかりか、発表の際にも「通常のパトロール中に見つけた」と、事故を殊更小さく見せる虚偽の報告がなされていた（『毎日』1974-10-28）。

このような事故、そして事故にたいする同様の隠蔽工作が、その後も原発建設の進展と原発使用の拡大とともに幾度も繰り返されることになる。大きなものでは、71年7月に日本原子力発電の東海原発で制御棒取り出し中に作業員3人が被曝している。国内原発ではじめての被曝事故であった。73年のはじめには関西電力美浜原発1号機で燃料棒2本が折れて炉内に落ちたという事故があったが、これは4年近くにわたって隠されていた[52]。74年9月には原子力船「むつ」で放射能漏れを起こしている。さらに78年11月には東電福島第一原発3号機で定期点検中に制御棒5本が抜け落ち、原子炉は臨界状態になり、7時間半も制御不能に陥っている。日本最初の臨界事故であるが、これも運転日誌などの改竄によって伏せられていて、発覚したのはじつに29年後の07年3月であった。79年11月には、関西電力高浜原発2号機で一次冷却水80トンが失われ、9時間も手を打てないという事態が起きた。漏出個所の探索・修復のため下請け企業の労働者が決死隊として送り込まれたのであり、翌日の『朝日新聞』で「あわや〈スリーマイル〉」の見出しで報道された。81年3月には、日本原子力発電の敦賀原発1号機で高濃度の放射性廃液が漏れる事故があった。これは隠されていたが、県の環境モニタリング調査で浦底湾の海藻の放射能が通常より10倍に増加していることから発覚し、事故から40日目に日本原子力発電が事実を認めたのであった。そして84年10月には、東電福島第一原発2号機で、数秒間臨界状態になり、緊急停止装置が働く事故を起こしている。これも、記録の改竄によりじつに07年3月末まで隠されていた。

　そして80年代末以降も、事故が頻発していた。11年3月の福島の原発事故まで、原発を推進する立場の研究者であった鈴木達治郎の書には「日本の原子力パフォーマンスは1990年代から低迷する」とある（p. 54）。大きな事故について一覧しておこう。

89年1月　東電福島第二原発3号機　再循環ポンプ大破　原子炉手動停止
91年2月　関電美浜原発2号機　伝熱管の破断　ECCS（緊急炉心冷却装置）国内初作動
95年2月　関電大飯原発2号機　蒸気発生器の細管損傷　放射能漏れ　原子炉手動停止
95年12月　敦賀市高速増殖炉の原型炉「もんじゅ」ナトリウム漏出火災事故
97年4月　敦賀市新型転換炉の原型炉「ふげん」[53]重水精製装置から重水漏れ　11人被曝

98年2月　東電福島第一原発4号機　定期点検中に制御棒34本が脱落　07年発覚
99年6月　北陸電力志賀原発1号機　3本の制御棒落下　15分間臨界　隠蔽が07年に発覚
99年7月　日本原子力発電敦賀原発2号機　51トン冷却水格納容器内に漏洩
00年8月　北海道電力泊原発　作業員廃液タンクに転落　被曝死亡
01年11月　中部電力浜岡原発1号機　ECCS配管で水素爆発　一部破断　放射性の蒸気が漏出
04年8月　関電美浜原発3号機　2次系配管の破裂　高温高圧の熱水噴出　定期点検準備中のひ孫請け企業の作業員5人死亡6人重軽傷
07年6月　東北電力女川原発1号機　制御棒が引き抜けるトラブル
07年7月　新潟県中越沖地震　東電柏崎刈羽原発稼働中の4機緊急停止　火災事故　汚染水流出飛散
10年8月　5月に運転再開した「もんじゅ」再度の事故　運転停止

そのほかに、02年8月には、東電が少なくとも10年間にわたって原発の自己点検作業記録と原子炉の損傷に関する記録を改竄し、虚偽報告をしていたことが発覚している（その経緯は『罠』8-44にくわしい）。

そして原子炉の事故ではないが、97年3月には動燃東海村再処理工場で火災・爆発事故があり、放射能が外部に大量に放出されている。事故を起こした「アスファルト固化処理施設」は「低放射性廃液をアスファルトと混ぜてドラム缶に固化する施設」であり、その室内は通常は「高い放射線のために作業員は立ち入らず、遠隔操作で充塡を行なっている」のだが、3月11日10時に火災が発生し、鎮火10時間後に「大音響と地響きがして、アスファルト充塡室の厚さ数十センチの鉛ガラスにひびが入り、建物の窓ガラスは粉々になった。鋼鉄製のドアや台ばかりなどが屋外に吹き飛んだ」とある。幸い死者がでなかったものの大爆発であり、放射能汚染は4施設におよび、大量の放射性物質が外部に漏洩し、37人が体内に放射能を取り込んだ大事故であった（原子力資料情報室編 pp. 88-90）。

そして住友金属鉱山の子会社で高速増殖炉の実験炉「常陽」の燃料を扱っている茨城県東海村のJCO社のウラン加工工場での99年9月の臨界事故がある。業務の発注元は核燃料サイクル開発機構。国内ではじめて炉外での臨界で、従業員の決死的な働きで約20時間後に臨界は止められたが、至近距離から致死量の放射線を浴びた作業員2人が死亡し、666人の従業員や地域住民が被曝し、事故中心から半径350m内の住民が避難し、半径10km以内の住民31万人が屋内避難を要請された。原爆による被爆をのぞいて、急性放射線障害の症状が被曝直後に現われた初めての例であり、医師団の懸命の努力も及ばず、1人はその年の12月に、いま1人は翌年4月に息をひきとった。作業員2人のこの死は、日本の核燃料サイクル政策の痛ましい犠牲である。広島と長崎の悲劇から半世紀後、放射線による急性障害にたいして現代の医学では手の施しようがないという厳然たる事実をあらためて明らかにした。

高木仁三郎は「これまで数多くの原子力事故に接してきた私にとって、この事故には何かしら今までとは本質的に異なる、自分の心を根底から揺さぶられるものがありました。……原子力産業や政府はもちろんですが、原発反対派の私自身も含めて、根底から今までの原子力問題に対する態度の甘さを認識させられ、痛感させられる、そういう事故だったと思います」と語っている（高木 2011, p. 17）。

この事故は、原発にかぎらず核燃料や核エネルギーを扱う技術がどれほどの危険性を内包しているのかを、そのような技術に依拠しているすべての企業に向かって警告していたのである。しかし翌10月1日、電事連会長は「われわれ原子力発電事業者は、……安全性、信頼性の文化の共有に努めている。こういう事業者にはそれがない」と記者会見で語ったという（『電気』1999-10-4, 傍点山本）。ここに電力会社に「共有」されていると語られている「安全性、信頼性の文化」なるものがいかなるものかはよくわからないが、ようするに原発推進勢力はこの事故をレベルの低い下請け企業の特殊な事例で、大手電力会社の管理下にある原発の安全性を揺るがすものではないとして、済ませようとしたのである。原子力委員会が設置した事故調査委員会の報告も、もっぱらＪＣＯ社に責任を負わせるもので、安全規制当局である科学技術庁によるチェック機能が働いていなかった事実は、見過ごされている。報道で明らかになった「裏マニュアル」による核分裂性物質のあまりにも杜撰な扱いはもちろん原子炉等規制法に反し、たしかに世間をあきれさせたが、しかしそれとても下請けに低価格で業務を押しつけていたことの結果と言える。従業員には、扱っている対象にたいする正確な知識すら与えられていなかったのである。この事件はまた、核関係の事故では、その終息のためには「決死隊」が必要とされることもありうるという、厳然たる事実を明らかにした。下請け企業の特殊事例で片づけられるものでは決してない。

それにしても、頻繁に起こっていた事故をこうして列挙すると、11年の東京電力福島第一原発の大事故は、遅かれ早かれ起こるべくして起こったのではないかと思わせる。まことに、95年から福島の事故の直前までの時代は、日本の原発の「事故・事件の続発と低迷・動揺の時代」として特徴づけられる

(吉岡 2011b, p. 245)。しかし電力会社は、これらの一連の、なかにはかなり深刻なものも含まれる「事故(accidents)」を、異常性や危険性の印象を与えない単なる日常的で予期された出来事というニュアンスの「事象(events)」と称することで、その潜在的危険性を糊塗しつづけてきたのであった。かくして「警告のサインは何度も繰り返し無視され、大災害寸前の事態が起きても、なかったものとされてきた」(Lochbaum *et al.*, p. vi)。

しかし民衆サイドでは、かならずしもそうではなかった。国外でのスリーマイル島での大事故(79年3月)やチェルノブイリの大事故(86年4月)の影響もあいまって、国内原発のこの一連の事故と不祥事のため、電力会社がいくら安全宣伝をふりまいても、世論は原発についてそれなりに厳しい目で見るようになっていた。『朝日新聞』の世論調査では、原発推進に賛成か反対かの問いにたいして、84年12月までは賛成多数であったが、チェルノブイリ事故の4カ月後の86年8月以降は、はっきり逆転して反対が多数になり、その後も反対が増えつづけている(図7)。88年4月の日比谷野外音楽堂での2万人の反原発集会の盛り上がりがその変化を可視化させていた。

この点ではまた、10万戸余りの建物を破壊し6400人以上の死者を出した95年1月の阪神・淡路大震災の影響、つまり日本の社会がじつはきわめて不安定な土台の上に置かれていること、そして近代の大都市が地震にきわめて脆いことを衝撃的に意識させられたことも、大きく影響していると思われる。地震では壊れることはないと専門家が断言していた日本の高速道路の橋脚が、ものの見事に崩壊したのであった(広瀬 p. 161)。阪神・淡路大震災の1年後、造船技術者・柴田宏行は語っている。

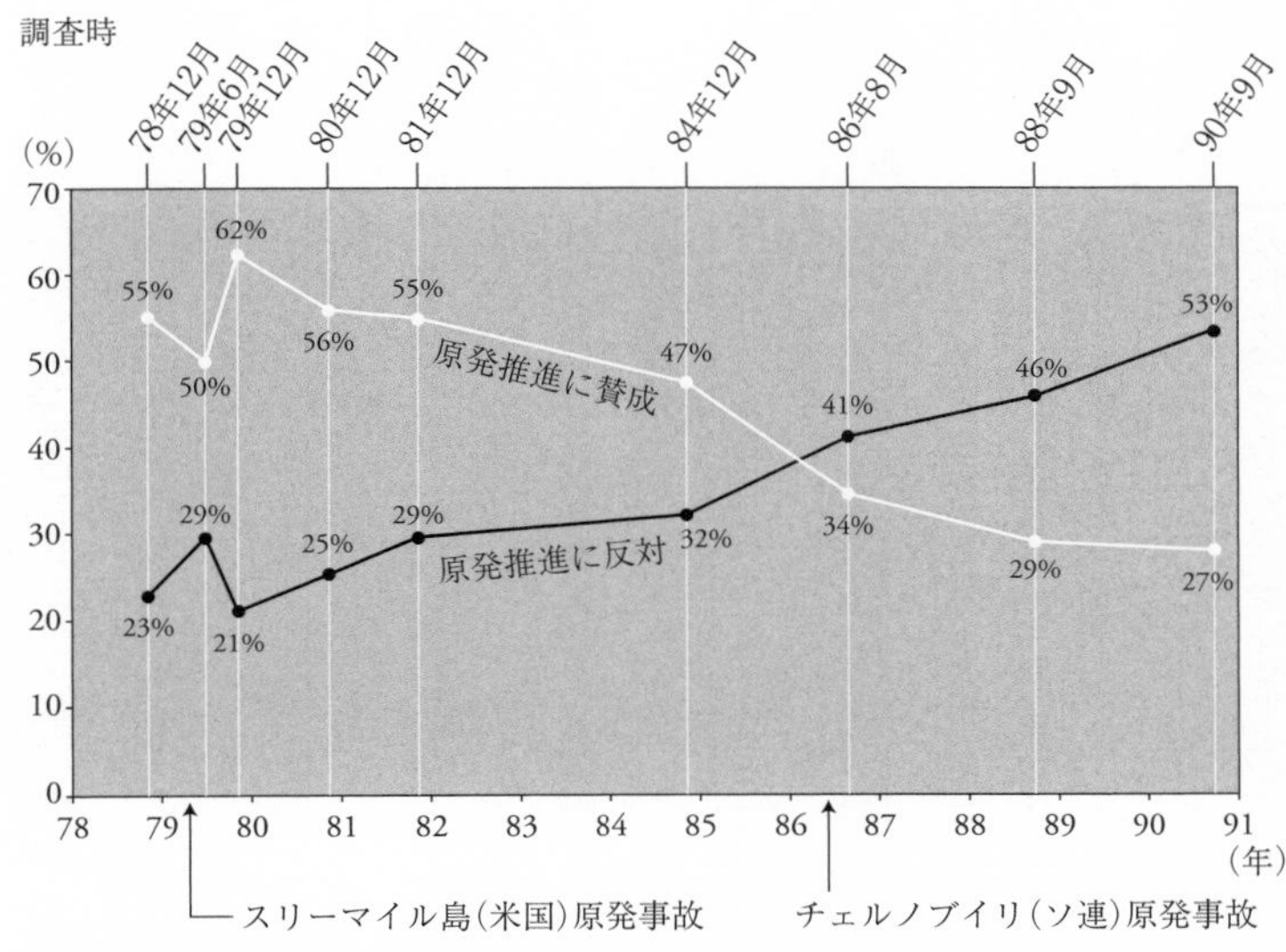

図 7　朝日新聞社が実施した原発推進の賛否に関する世論調査の回答の推移
安藤丈将（2019 p. 107f.）槌田（1993 p. 6）にもとづいて作図したもの。

想像を絶する被害を出した阪神〔・淡路〕大震災からわれわれが学ぶべきことはあまりにも多いが、最も緊急な課題は、原発の安全性と考える。今回の地震により明らかとなったことは、自然の力を甘くみることの恐さであり、われわれが築き上げてきた技術に対する過信がいかに脆いものであるかということにつきる。……／関西大震災〔阪神・淡路大震災のこと〕がわれわれに問いかけていることは、自然の力と科学技術の限界の自覚である。どんなに精緻に築いた航空技術もシステムの破綻がくれば重力により墜落するし、安全と思った大型船舶もときには沈む。今回の地震はそれを端的に見せてくれたわけで、原発だけが絶対安全というおごりをすて、今原子力から撤退する勇気をもつことが、われわれ日本人が安心して生きてゆける唯一のみちではないだろうか。（柴田 1996, pp. 150, 160. この後の引用は p. 151より。傍点山本）

技術をめぐって阪神・淡路大地震でもたらされた事態は「日本の技術全体の安全神話が崩壊した」ことであった（高木 2011, p. 138）。「神戸や淡路島では多くの人が現在必死に復興に取り掛かっているが、原発の大事故の場合〈復興〉ということが事実上不可能である」と言いきったこの柴田の論考は、東日本大震災と福島原発事故の十数年前のものであり、予言的である。

新潟県西蒲原郡巻町（現 新潟市）は、96年8月、原発建設の是非を問う住民投票で、原発建設反対を決議した。投票率88％、1万2478票の建設反対票は有効投票数の61％強、全有権者数の54％弱、この結果を受けて巻町の町長は原発予定地内の町有地を東北電力には売却しないと明言し、東北電力は03年12月に建設計画を正式に撤回した。地方自治法が制定されてからほぼ半世紀、地方分権推進法制定の翌年であった。高木の書には「巻町で繰り広げられた電力側のキャンペーンにはすごいものがありました。ものすごいお金を使い、電気事業連合会の総力を挙げて、この小さな町で大々的なキャンペーンを張りました」とある（高木 2011, p. 189）。その結果がこれで、すでに空気は変わっていた（詳しくは新潟日報報道部の書、鎌田 2012, pp. 20–23, 長谷川 pp. 142–149 参照）。また、三重県北牟婁郡海山町（きたむろぐんみやま）（現 紀北町）では、町の基幹産業である漁業と林業の衰退に危機感をもった商工会が、「町の経済活性化の起爆剤」

として原発の誘致運動をはじめた。しかし漁業従事者や林業家から反対の声があがり、誘致推進派が仕掛けた01年11月の住民投票（投票率89％弱）で、誘致反対派が有効投票数の68％弱、全有権者数の60％弱をしめる５２１５票を獲得し、それは賛成票の2倍を上まわっていた。おなじ01年5月には、新潟県刈羽郡刈羽村でも柏崎刈羽原発3号機のプルサーマル計画の是非を決める住民投票が行なわれ、反対多数（賛成１５３３、反対１９２５。この反対票は有効投票数の53・6％）で計画は凍結されている[54]。

これらの住民投票にいたる地域の運動とその結果が意味していることは、たんに原発建設の是非にとどまらない。新潟日報報道部による巻町住民投票のルポ『原発を拒んだ町』は「明治以来の国づくりの在り方が、きしみをたてている。強大な〈中央〉をつくり、〈権力〉をすべて集めたシステムが綻（ほころ）び始めている」と起こされている。根本的なことは、地域の将来は自分たちで決定すると宣言したことなのである。

核燃料サイクルについて、原発推進サイドの内部からも、じつは見直し・撤退論がポツポツ語られるようになっていた。91年には、通産省や科学技術庁の幹部が、経済的にも引き合わないことや、国際社会での警戒感を招くことから、慎重論を唱えていたことが伝えられている（『朝日』2011-7-21）。さらに03年には「どうする日本の原子力」と題し、再処理を「時代遅れの国策」と批判した、核燃料サイクル見直しを訴える連載が業界誌『原子力ｅｙｅ』の9月号にはじまった。執筆者はこれまで核開発を進めてきた「原子力未来研究会」の研究者たちであった（『毎日』2013-2-7,『罠』3-18）。連載第２回は業界からの圧力で没にされたというが、風向きは変わりつつあった。

三・二　原発推進サイドの巻き返し

しかし、気候変動・地球温暖化が世界的に政策的な課題とされはじめた１９９０年代に、それに便乗する形で、原発推進サイドからの巻き返しがはじまっていた。すなわち、地球温暖化の原因が大気中のＣＯ２〔二酸化炭素〕を主とする温室効果ガス濃度の増加によるものであり、その増加の原因のひとつが石炭・石油等の化石燃料の使用によるという議論を背景としたもので、核発電は化石燃料を用いた通常の火力発電と異なりＣＯ２を発生しないゆえ「温暖化対策の切り札」だというものである。

地球温暖化の事実そのものについて言うならば、「１９７０年代の10年間に世界中で報告された干ばつ、洪水、異常気温、山火事、暴風雨などの自然災害は６６０件だったが、２０００年代にはその数は３３２２件と、実に5倍に増えている。たった30年間でこれだけ増加したのは驚くべきことだ。そのすべての原因が地球温暖化にあるとはもちろん言えないものの、気候変動の影響は明らかに見てとれる」(Klein 2014, p. 146) という指摘は認められるであろう。それを認めたうえで、いまここで問題にするのは、地球温暖化の原因についてではなく、ＣＯ２排出削減に核発電が有効だというキャンペーンの正否であり真偽である。

その動きは92年にブラジルのリオ・デ・ジャネイロで開催された、地球温暖化問題を主たるテーマとした国連環境開発会議（地球サミット）での温室効果ガスの削減を謳った「国連気候変動枠組条約」の採択に明確な形ではじまった。この条約は、基本的には脱炭素と経済成長を両立させようとした、そのかぎりで不十分なものである。97年12月に京都で開かれた第3回締約国会議（ＣＯＰ３）はその条約にもとづく締約国間の交渉の場であったが、そこで採択された「京都議定書」で、日本はCO_2の排出量を08～12年の平均で6％削減することを世界に公約した。そしてそこに「原発推進」が持ち込まれた。翌98年1月、通産省資源エネルギー庁長官は「原子力をめぐる世の中の流れは基本的に逆風なので」と現状を認めたうえで「温室効果ガス削減の目標達成には原子力の20基増設が前提となる」と展望を語っている（『電気』1998-1-23）。そしてその年の『原子力白書』には表明されている。

> 二酸化炭素の排出削減を図るためには、省エネの推進による化石燃料の総使用量の削減等と併せて、発電過程において二酸化炭素を排出しない原子力発電の導入促進が重要であり、こうした地球温暖化対策を進めることは、人類社会が地球環境と調和しながら今後とも持続的な発展を遂げるための我が国の国際的責務と言えます。（原子力委員会編『原子力白書　平成10年版』p. 65, 傍点山本）

以来、原発使用が温暖化ガス削減の特効薬であるかのように語られてきた。たとえば東電の04年度の刊行物には「地球温暖化対策にも、原子力発電は有効です。原子力発電は発電に際してCO_2が発生しません」とある（東京電力 p. 32）。しかしそのことの意味は、通常の化石燃料の燃焼は炭素の「酸化」でありCO_2が発生するが、原発の場合、比喩的に「燃焼」と呼ばれている過程は実際は「核分裂」であり、その過程にかぎればCO$_2$が発生しない、というだけのことで、現実に原子力発電所の建設やウラン鉱石の採掘・輸送からその精錬・濃縮による核燃料の製造、さらには核燃料の後処理までを考えると、核発電はそのすべての過程で多大なエネルギーを消費し、そのさいに大量のCO$_2$を生み出しているのである。たとえば100万kWの原発を1年間運転するのに約30トンの濃縮ウランが必要とされるが、そのためにはウラン鉱石を含む岩石や土砂合計約300万トン近くをウラン鉱山から掘り出さなければならず（拙著 pp. 289-291）、その採掘にも輸送にも当然大量の化石燃料（ガソリン）を必要とする。もちろん、使用済み核燃料の後処理と残される核のゴミの長期にわたる保管を考慮すれば、そのために要する化石燃料はさらに増大する。結局「原発は、石油の代りになるどころか、むしろその浪費を加速するものにすぎない」のであり、「日本においても海外においても、火力発電より石油節約的であることを実績値によって証明した原子力発電所は、皆無である」（室田 pp. 239, 83）。

それればかりか、原子力発電所では原子炉は原子炉建屋のなかに納められているが、その巨大な原子力建屋について、上述の東京電力の刊行物には「約1～2mの厚いコンクリートで造られた原子炉建屋」とある（p. 76）。つまりその建設には膨大な量のセメント（ポルトランドセメント）が使用されているのであるが、セメントの主成分は炭酸カルシウム（$CaCO_3$）を熱して酸化カルシウム（CaO）としたもので、その生産のさいにはCO$_2$が直接多量に発生している（$CaCO_3 \rightarrow CaO + CO_2$）。そのうえ原料の酸化カルシウムは石灰岩の主成分で、資源としての石灰岩は日本の山には豊富に含まれているが、それを取り出すためには山を掘り崩さなければならず、そのさいにも大量の化石燃料が消費される。ようするにセメント生産はそれ自体が多大なエネルギーの消費と自然破壊であるとともに、過剰なＣＯ²の直接的発生過程なのである。この点に関連して、さらに次の事実を指摘しておこう。

原子力発電では小刻みな出力調整ができないため、夏期に出力を日中の需要ピークにあわせておくと夜間に電力が余り、そのため揚水式発電が使われている。上流と下流にダムを造り、夜間に余剰電力を使って下流のダムの水を上流のダムに汲み上げ、電力需要が高まる昼間にその水を下流のダムに落として発電するシステムである。02年東電発行の『関東の電気事業と東京電力』には新増設の水力発電について、61〜73年には「揚水式発電所の建設に力点を置いたもの」とあり2基、74〜85年には「大容量揚水式発電の建設」とあり2基、さらに86〜99年についても「ピーク対応にすぐれた大容量揚水式発電所の建設に重点が置かれ」とあり4基が建設されている（pp. 827f, 934, 1003）。『関西電力水力技術百年史』にも、65年以降の基本方針に「原子力・大型火力・一般水力をベース負荷発電所とし、ミドル火力を中間負荷発電所としさらに揚水式水力・ガスタービンをピーク負荷発電所としていわゆる電源多様化によって開発を行なう」とあり、70〜91年の4基の揚水式発電所が建設されている（関西電力株式会社建設部 pp. 102-6）。その他の電力会社のものを併せれば、この間、日本全体で数十の揚水式発電所とその2倍の数のダムが建設されたのである。ちなみに、79年運転開始の揚水式発電所の東電高瀬ダムの体積は霞ヶ関ビルの約30倍とある（東電前掲 p. 934）。巨大なるコンクリートの城である。これらの揚水式発電所のダム建設も含めれば、原発の建設自体が甚大なる自然破壊とエネルギー消費であるとともに、鉄骨とセメントの膨大な使用によるもので、そのこと自体が大量にＣＯ²を生み出していることがわかる。

それに、そもそも原子力発電は熱効率が30%あまりできわめて悪く、実際の発電量の2倍程度の熱を環境に直接棄てている。つまり、原発では汲み上げた海水より約7℃高温の廃水を、100万kWの原発では毎秒約70トン、つまり1級河川並みの量を海に戻しているのである（水戸 p. 47.「排水」を「廃水」と記したのは水口論文に倣った）。すなわち原発は、直接的な熱汚染源である。

原発使用と温室効果ガス削減の関係が現実にはどうなのかという点では、「原子力発電拡大によって、温室効果ガス排出削減は実現しない」と主張する吉岡の書に語ってもらおう。

　1990年代以降の歴史的経験に照らして、原子力発電拡大と温室効果ガス排出削減の間には、正の相関関係ではなく、むしろ負の相関関係が認められるからである。つまり原子力発電拡大に熱心な国ほど、温室効果ガス排出削減の達成度が悪い傾向がある。……環境政策に不熱心な国が、苦し紛れの机上の温室効果ガス排出削減手段として原発を挙げているようだ。（吉岡 2011a, pp. 58, 55–57）

実際にもドイツとイギリスの研究者が、1990年から2004年までの123カ国のデータをもとにして行なったCO₂排出削減実績の分析では、原子力発電を導入している国のCO₂排出量が少ないという傾向は見られないこと、他方、再生可能エネルギーを増加させている国ではCO₂排出量が優位に減少しているという結果を導いている（『通信』No. 574, 2022-4）。さらに長谷川公一の書には「原発のないデンマークや、脱原子力政策を段階的に実施してきたドイツ、原発の閉鎖をすすめてきたイギリスが温暖化対策をリードしてきたことは、温暖化対策と脱原子力政策が矛盾しないことの何よりの証左である。温暖化対策を口実に、原子力推進を主張するのはまやかしか知的怠惰である」とある（長谷川 p. 214）。つまるところ「原子力エネルギーは、二酸化炭素排出量の大幅削減に貢献できるだろうか？」との問いにたいしては「ほぼ確実にノーである」と答えなければならないのである（Cooke, p. 318）。

地球温暖化現象は産業革命以降、とりわけ20世紀後半以降のことであり、それは近代社会が一貫して経済成長を目指して大量生産・大量消費にむけてエネルギーを大量に消費してきたこと、さらに20世紀後半には、たえずどこかで戦争をし、大規模な破壊兵器を用いて大量の武器弾薬を消費しつづけてきたことの結果なのである。逆にこれまでCO_2排出の減少を記録した年は、世界経済が危機に陥ったリーマンショックの09年に1％減少と、世界中の経済がストップしたコロナ禍の20年に6％弱の減少の2年だけ（白川 pp. 53, 65, Klein 2014, p. 24）、つまり工場の操業も航空機の飛行も車の走行もすべてが減少したマイナス成長の年だけだった。それゆえ地球温暖化問題の解決は、根本的には全体的な省エネルギーに帰着し、消費構造・産業構造の変革・転換によってしか達成できないと考えるべきである。

とくに核発電について言うならば、それは結果的にはエネルギー使用を飛躍的に高めるものであり、そのかぎりで地球温暖化をむしろ促進するものであると考えなければならないであろう。

地球温暖化に本当に対処するためには、過剰生産・過剰消費の先進国経済の変革が第一であり、そのうえでエネルギー源として循環型エネルギーの使用、つまり風力や太陽光のような自然エネルギーやバイオマスのような生物資源のエネルギーへの乗り換えが求められるであろう。脱原発・脱成長こそが地球温暖化の進行を真に阻止する道なのである。

このように、原発推進が温暖化対策の切り札であるというような議論は、理論的にも事実としても否定されているが、しかし現実の核政策の場面では、そのような戯言がいまだにある程度の政治的有効性をもって流通していることは否めない。「増大するいっぽうのエネルギー需要を満たし、気候変動の悪影響を回避するためには、原子力の供給量を増やさなくてはならない」と語ったのは、10年2月のオバマ米大統領であった（Fuhrmann, p. 20）。福島の事故後の現在でも、岸田政権は原発回帰のための方便として原子力発電を「ＧＸ（グリーン・トランスフォーメーション）の環」に位置づけ、原子力を「脱炭素電源として最大限活用する」というようなことを言っている。原子力政策の場面では、事実にもとづいたまともな議論が通用しないという、忌むべき事態が進行しているのである。

正しくは「グリーン経済とは、**経済活動を自然生態系の循環のなかに埋め戻す**ことを意味する。……経済のグリーン化は、脱成長あるいは定常経済化と不可分一体であり、本質的に経済の成長・拡大とは矛盾する」（白川 p. 89、強調原文）と考えなければならないのだ。原発依存、原発推進はそれに真っ向から対立している。『毎日新聞』の記事に「脱炭素や環境配慮に取り組んでいるように見せかける行為は〈グリーンウォッシュ〉と呼ばれ、世界で監視の目が強まっている。……欧米では処罰を課すケースも出てきた。実体を伴わない脱炭素にＮＯを突きつける世界の流れに、日本はどう向き合うのか」とある（2023-9-5）。たとえば再生可能エネルギーとしてのバイオマスによる発電のためにといって、熱帯の森林を破壊してパーム油のプランテーションを造るなどというのが、それにあたるのだろう。ところで岸田政権の言う「ＧＸ」なども、まさに大がかりな「グリーンウォッシュ」そのものではないか。

世界的な原発停滞期における、原発推進サイドの巻き返しをいまひとつ後押ししたのが、米国における01年のブッシュJr.政権の誕生であった。ブッシュJr.が原発にたいして積極的な政府支援政策を発表したのを契機として、米国では原子力関係者によって「原子力ルネサンス（原発復帰）」が唱えられ、世界の原子力推進勢力もそれに呼応したのであった。ここに「原子力ルネサンス」とは、「原子力がCO_2削減の切り札」という空言に乗っかった、米国原子力産業が主導する原発回帰の運動を指す。

こうしたなかで03年、小泉純一郎内閣は「核燃料サイクルを含め、原子力発電を基幹電源として推進する」、「使用済み燃料を再処理することで、資源燃料として再利用する」という内容の「エネルギー基本計画」[55]を閣議決定している。そして05年、その前年まで漏れ伝えられていた原発推進派内部での核燃料サイクル見直し論を圧殺することにほぼ成功した原発推進勢力は、それまでの「長計」に代わる「原子力政策大綱」を表明した。じつは、後に見る「もんじゅ」やＪＣＯの事故で弱い立場に立たされていた科学技術庁と文部省は01年の省庁再編で文部科学省に統合され、その結果、原子力政策では経産省が圧倒的に力をもつことになり、制度的にはともかく事実上は経産省で決定される「原子力政策大綱」がそれまでの「長計」に代わって大きな力をもつに至ったのである。その「大綱」では今後の原発使用方針を「２０３０年以降も総発電量の30〜40％程度という現在の水準程度かそれ以上の供給割合を原子力発電が担うことを目指すことが適切である」とし、そのために必要となる既存原発の将来的な建て替え（リプレース）に備えて、「国策」として原発の海外輸出が語られている。

「大綱」ではまた核燃料サイクルについて、使用済み核燃料の再処理を基本とすることを再確認し、高速増殖炉については２０５０年ごろの商業化が語られている。旧来の路線の再確認である。

その「05大綱」をうけて、翌06年、第一次安倍内閣が発足した年に経産省の総合資源エネルギー調査会（通産省の総合エネルギー調査会が01年に改組されたもの）電気事業分科会は「原子力立国計画」を表明した。その骨子は07年に閣議決定された「エネルギー基本計画」に組み込まれ、その後の原子力政策の基本となった。開発推進にむけて政府の主導性強化を表明しているそれは、あらためて使用済み核燃料の全量再処理を語り、「05大綱」からさらに踏み込んで高速増殖炉の実証炉の完成を25年、商業化を50年と設定している。停滞感ただよう日本経済の再加速のためのエンジンとして、経産省官僚が原発推進を位置づけたのであり、中長期的な原発維持と核燃料サイクル完成への期待を表明したものである。そして、現行の電気事業の仕組みが今後数十年にわたって基本的に変わらないことを前提として、軽水炉の寿命を60年に延長し、30年ごろからはじまると見込まれる大規模な原発の建て替えに備えて、政府と電力会社と原発メーカーが一体となって「日本型次世代軽水炉」の開発に取り組むことを宣言し、そのうえさらに「２０３０年以降も原子力発電を現状以上の規模で継続するため、国内受注が低迷する期間は輸出を進めることで原子力技術・人材を維持する」と表明している（鈴木真奈美 2014, p. 34, 傍点山本）。

その目的は、原子力産業の維持それ自体、具体的には核技術（人材と設備）の維持にほかならない。それはもちろん財閥系原発メーカーの目的とするところでもあり、そしてまた潜在的核武装路線堅持のためでもある。その日本政府の後援のもとでの日本企業の原発輸出への乗り出しは、じつは米国の企業と提携したものであり、それはブッシュJr.政権による「原子力ルネサンス」と原子力プラント輸出路線への転換に呼応したものであった。原発建設の低迷で技術力の低下していた米国企業は、日本のメーカー、すなわち三菱重工、東芝、日立によって技術的に支えられていたのであり、自国での原子力産業の停滞によって苦境におちいった米国のメーカーが、日本のメーカーと手を組むことで生き残りを図ったのである。その意味では、日本で脱原発の動きが活性化したならば、それに立ち塞がるのは日本の原子力ムラだけではなく、米国の原子力産業、およびそれに支えられた米国政府になるであろうことが、予測される。そのことは、直後、福島の事故後の民主党政権時代に明らかになる。

その後、政権交代で09年9月に首相に就任した民主党の鳩山由紀夫は、直後の国連地球サミットで、20年までに温室効果ガスを90年比で25％削減すると表明した（上川 2018a, p. 187）。しかしその実現の方策として考えられていたのは、自民党政権から継承した核政策でしかなかった。民主党の地盤の一角を形成している連合の電力総連は、労使一体で原発推進の立場であった。かくして米国発の「原子力ルネサンス」に乗せられた鳩山政権は原発推進路線をとり、そのときの資源エネルギー庁が10年6月に改訂したエネルギー基本計画は、地球温暖化対策として20年までに原発9基、30年までに原発を14基新設し、核発電の割合を26％から53％に倍増させるというものであった（吉岡 2011b, p. 356, 山岡 2015, p. 115, 塙 p. 90）。後に見る民主党の菅（かん）政権によるベトナムへの原発輸出の動きは、この「原子力ルネサンス」がもたらした特需であった。

三・三　核発電と国家安全保障

そして日本は、２０１１年3月、東日本大震災とその直後の津波によって引き起こされた福島原発の大事故に直面する。世界の核発電史上最大・最悪の事故である。68年度の『原子力白書』には、原発利用に向かう当時の状況について「原子力発電が技術的に実証されるとともにその安全性が確認され、しかも経済性が著しく向上した」とあったが、以来一貫して語られつづけてきた核発電の「安全神話」と「経済神話」は、この事故で完全に否定されることになる。

事故は世界に大きな衝撃と影響を与え、世界中の原発建設計画は、ほとんど中止ないし凍結された。ドイツのメルケル首相は、世紀はじめのシュレーダー政権の脱原発政策から一時後退していたのだが、事故の後、ただちに脱原子力へと政策転換を表明した。ドイツの原発メーカーであるシーメンス社も、脱原発に舵を切った。それまで電力の4割を核発電に依拠していたスイス政府も、稼働中の原発を34年までに全機閉鎖することを決定した。イタリアは6月に国民投票を実施し、投票率55％弱で原発凍結賛成94・05％の結果にたいして、首相は投票結果の受け容れを表明した。そして、それまで原発導入に傾いていたタイ政府は原発断念を表明している。

日本ではもちろん事件直後から反原発・脱原発の運動が大きく盛り上がり、核発電に代わる再生可能な自然エネルギーの導入、ひいては脱成長経済を意味するエネルギーを浪費しない生活と産業への転換が求められ、原発放棄の必要性・緊急性が広く語られることになった。大衆運動が高度成長後の世界を展望し語りはじめたのである。福島事故の時の首相であった菅直人は、その年の5月に、当時もっとも危険と見られていた浜岡原発全機の停止を中部電力に申し入れ、そして7月に記者会見で、前年に改訂されたエネルギー基本計画の白紙撤回を宣言し、「原発に依存しない社会を目指すべきだと考えるに至った」と表明した（『朝日』2011-7-14）。その後、民主党政権は、大衆運動の高まりに押されることにより、30年代をとおして原発ゼロを目指すと、一度は表明せざるをえなくなった。

民主党政府は、それまでの経産省中心のエネルギー政策の決定過程を根本的にあらためるべく、11年6月に閣僚レベルが参加する「エネルギー・環境会議」を設置し、「原子力政策大綱」見直し作業に入り、そこで「2030年時点での核エネルギー比率」にたいして「0％、15％、30％」の「3つの選択肢」を提示し「国民的議論」で決定する、という方針を打ち出した。民主党の当初の読みでは大多数の国民は中間的な15％を選び、そこが落とし所と見ていたのかもしれないが、国民は圧倒的に0％を選んだのであった。かくして民主党政府は12年9月14日の「エネルギー・環境会議」で「30年代に原発ゼロを可能とする」との目標を政府の方針に盛り込んだ（図8）。日本の原子力政策の方向が民意によって転換されたはじめてのケースであった。この日、日本電気協会発行の『電氣新聞』は「原子力〈日本に必要〉」と一面に大書した「号外」を発行した。業界新聞が「号外」を出すというのは余程のことで、電力業界のいだいた危機感を如実に表している。

しかし相当先のことである「30年代に原発ゼロ」方針でさえ、18日の閣僚会議で閣議決定にはいたらなかった。直接的な障害は青森県六ヶ所村からの通告と米国からの批判であった。六ヶ所村が核燃料サイクルの基地に設定されたのは、84年、中曽根内閣の時に電事連会長が青森県知事に下北半島の太平洋岸に再処理工場・ウラン濃縮工場・低レベル放射線廃棄物貯蔵施設の建設を要請したことに始まる。青森県と六ヶ所村は、核のゴミの最終処分場にはしないという国との約束で、電事連の要請を受け容れたのである。民主党政権では、福島の事故ののち、核燃料サイクルの見直しも語られていたのだが、そうなれば使用済み核燃料はすべて最終的な核のゴミと化し、自治体は国との約束を盾に新たな廃棄物の搬入を認めない立場を示した。さらに六ヶ所村に置かれている使用済み核燃料をすべて各地の原発に戻すと青森県と六ヶ所村から通告されたことで、民主党政権はサイクルの見直しを断念した。他方で核燃料サイクルの維持はプルトニウムを増産しつづけることになり、当然そのことは原発ゼロと矛盾する。米国の原子力産業はそこを衝いてきたのである。かくして「30年代に原発ゼロ」方針は腰砕けとなった。民主党政権の原発ゼロ政策は破綻するべくして破綻したと言わざるをえない[56]。

12年6月には、民主党菅政権に代わった野田政権が、何事もなかったかのように関電大飯原発の再稼働を閣議決定したばかりか、東電にたいする責任追及も曖昧で、結果、東電を生きながらえさせてしまった。そして9月にはフルMOX燃料の青森県大間原発の工事再開も決定した。

結局、日本の原子力政策は、核燃料サイクルの確立とそのことによる核のゴミの問題の先送りを基軸に成り立っており、その点を残す限り、脱原発はありえないのである。

とはいえ実際には、原発の新設はもちろんのこと、当然のことながら点検中の原発の再稼働も見通せなくなっていたのであり、原発推進サイドもこれまでどおりの主張をつづけることは困難になっていた。

矛盾抱え「原発ゼロ」

再稼働容認、再処理も継続

30年代目標、政府新戦略

野田政権は14日のエネルギー・環境会議で、「2030年代に原発稼働ゼロ」を目指す新しいエネルギー政策「革新的エネルギー・環境戦略」をまとめた。東京電力福島第一原発事故を受けて高まった「脱原発」の世論を踏まえ、原発政策を大きく転換。ただ、具体的な道筋は明記せず、情勢に変化があれば見直す可能性も示した。

2面＝世論に押され
7面＝戸惑う新増設地
14面＝社説
38面＝城下町 今は昔

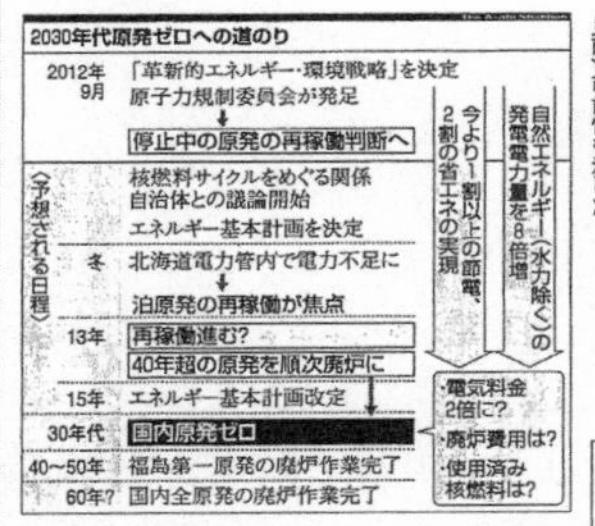

14日に首相官邸で開かれたエネルギー・環境会議には野田佳彦首相や古川元久国家戦略担当相、枝野幸男経済産業相ら関係閣僚が出席。首相は「新たなスタートラインに立つことができた」と強調する一方、「あまりに確定的なことを決めてしまうのは、むしろ無責任な姿勢だ」とも語った。

革新的エネルギー・環境戦略は政権が進める中長期のエネルギー政策の大枠を描いたもので、「30年代に原発稼働ゼロを可能とするよう、あらゆる政策資源を投入する」と定めた。実現に向け、「40年廃炉」の厳格適用▽原子力規制委員会が安全を確認したもののみ再稼働▽新増設はしない——という3原則を提示。太陽光や風力などの再生可能エネルギーの発電量を30年までに3倍にするなど、原発への依存を薄めていく。

ただ、再生可能エネルギーを増やす工程表を決める「グリーン政策大綱」や電力市場改革を含めた「電力システム改革戦略」といった具体策づくりは年末まで先送り。一方、原発ゼロに向けた過程では原発を「重要電源」と位置づけ、再稼働する方針を明記した。

使用済み核燃料を再利用する核燃料サイクル政策は継続する方向性を示し、施設を抱える青森県が反発していることから「国が自治体と協議する場を設ける」ことも盛り込んだ。

20年時点の温室効果ガスの排出量については1990年比で5～9%削減にとどまるとの試算を明記。鳩山政権が国際公約した「20年時点で25%削減」の旗を降ろすことになりそうだ。

また、原発ゼロに向かう過程では、再生可能エネルギーの開発状況や原子力行政に対する国民の信頼度合い、関係自治体の理解と協力、国際社会との関係などの情報を開示して検証する。その結果を踏まえて「不断に見直していく」という方針も示した。

この戦略は来週中に国家戦略会議に報告されるが、閣議決定するかどうかは決まっていない。（山下剛）

■野田政権がまとめた「革新的エネルギー・環境戦略」のポイント

- 2030年代に原発稼働ゼロを可能とするよう、あらゆる政策資源を投入。その過程で安全性が確認された原発は重要電源として活用
- ①「40年廃炉」を厳格に適用②原子力規制委員会が安全確認した原発のみ再稼働③原発の新増設は行わない——の3原則を適用
- 30年までに1割以上の節電、再生可能エネルギーを3倍にする。こうした工程表を年末までにまとめる
- 原子力利用を担う内閣府原子力委員会は廃止を含め見直し
- 核燃料サイクルの関連施設がある青森県を最終処分地にしない
- 高速増殖炉「もんじゅ」は年限を区切った研究計画をつくり、成果を確認して終了
- 廃炉などに必要な人材や技術の維持・強化策を年末までに決める
- 電力システム改革の方法を具体化する戦略を年末をめどにつくる
- 30年時点の温室効果ガス排出量について、1990年比で約2割削減を目指す

遂行へ具体策を

編集委員 竹内 敬二

日本のエネルギー政策が初めて民意によって動いた。目標を達成するには多くの課題があるが、世界3位の原発大国日本の脱原発宣言は世界に強いメッセージを与える。

原発ゼロの決定は、16万人が今も避難する未曽有の原発事故をきっかけに、国民的議論が高まった末に達した結論だ。脱原発を求める社会の意思である。この流れはもう変えられない。

事故前は2030年までに原発を新たに14基造るという計画だった。これを30年代に原発ゼロにするのは政策を百八十度転換することだ。遂行には政権としての覚悟がいる。

ただ、今回の結論を導き出すために、数多くの政治的な妥協をした。多くのあいまいさが残った。問題に向き合おうとしていない。

脱原発には避けて通れない使用済み燃料の再処理問題は先送りされた。廃炉や廃棄物の最終処分は国が責任を持つとしたが、具体的な施策は示されていない。総選挙を有利にするための「脱原発」だと思われても仕方がない。

世界的にみても、原発政策は政府の方針がすぐに実現していない。英国は06年に建設再開を決めたが進んでいない。20年以上原発の建設がなく民意が離れた。スウェーデンは1980年に「2010年までに12基全廃」を決めたが、2基減っただけだ。代替エネルギーがないためだ。

「ゼロ」を着実にめざすにはロードマップを示し、政策の具体化が必要だ。でなければ多くの原発が再稼働し、再び原発依存社会に戻ってしまう。脱原発は電気料金の値上げなどの痛みが伴う。国民にも政策の行方を監視し続ける覚悟がいる。

図8　民主党政権による原発ゼロの提起『朝日新聞』2012年9月15日

事故の年の11年の夏には、東電の電力危機キャンペーンが大々的に展開されたが、電力は足りていた。翌12年5月5日より2カ月間すべての原発が停止し、全原発停止はその後も13年9月15日から15年8月10日まで約2年間再現されたが、それでも電力不足にはならなかった。一年の電力需要がピークになる夏の時期でも電力供給は余裕をもって行なえることが判明したのであった。

しかしあくまで原発推進に固執する一部の政治家から、「技術抑止」「潜在的抑止力」という、それまでの「潜在的核武装論」を一歩超える理論が語られることになった。すなわち「核物質や核運搬手段を開発できる技術力を確保した上で、政治判断さえすれば短期間で核武装できる状態にしておくことによって、敵対的な国の攻撃や挑発を抑止する」というものである（太田 2015, p. 120, 傍点山本）。

たとえば、自民党の有力政治家の一人で小泉内閣の防衛庁長官を、そして福田内閣で防衛大臣を務めた石破茂は、11年10月に「原発を維持するということは、核兵器を作ろうと思えば一定期間のうちに作れるという〈核の潜在的抑止力〉になっていると思っています。逆に言えば、原発をなくすということはその潜在的抑止力をも放棄することになる」と語り（『SAPIO』2011-10-5）、インタビューでは「技術抑止の必要性は高まりこそすれ、低くなることはない」、「〔ウランの〕濃縮と再処理に裏打ちされる核燃料サイクルは、回し続けないといけない」と表明したと伝えられる（太田 2014, p. 234, 傍点山本）。そして航空自衛隊出身で外務省に入省し、のちに民主党の野田政権で防衛大臣になる森本敏は、翌12年9月に「日本が原子力について高い能力を持っているということが、周りの国から見て非常に大事な抑止的機能を果たしていることを考えると、決して（原子力を）捨てるべきではない」と表明している（『東京』

2012-9-6)。

日本のまわりの核保有国が米国とソ連しかなかった時代の岸信介の言う潜在的核武装論は、太平洋の彼方の国に向けられていたのであり、核技術所有の目的は国家威信の向上であり、その働きには対外的発言力の強化という政治的・外交的意味が置かれていた。岸は、潜在的核武装を「安全保障」の問題としては語っていない。他方で、若泉が潜在的核武装論を日本海のむこうの国に向けて語ったことはたしかである。しかし岸はもとより、岸を超えて核兵器の運搬手段としての弾道ミサイル技術に結びつくロケットにまで言及した若泉も、核技術の保有が「抑止機能」を持つとは、決して言っていない。

その岸や若泉の議論を超えて、石破や森本によって、核技術の保有に「敵対的」と仮想される国にたいする「抑止機能」という準軍事的意味が与えられたのだ。潜在的核武装論の嵩上げである。それはまた、核燃料サイクルの擁護論である。原発と政治を論じた上川の歴史書には書かれている。

> この〈技術抑止〉という考え方は、外務省上層部など官僚機構にも浸透している。2014年には日本政府高官が米エネルギー省首脳に、潜在的な核能力を持っていることは中国や北朝鮮との関係において非常に重要であり、核燃料サイクルは日本にとって死活的な利益だという考えを非公式に伝えている。
> (上川 2018b, p. 72. 傍点山本)

原発の維持を「安全保障」に明示的に結びつけたのは、政治学者の北岡伸一である。北岡は先の森本の談話について「日本が原発を放棄すれば、北朝鮮が核武装する可能性も高まるだろう。／日本の安全保障のためには、多くの選択肢を残しておくべきだ」というコメントを付している（『東京』2012-9-6）。しかし「北朝鮮の核開発は、基本的には米国の脅威に対抗している」のであり（鈴木達治郎 p. 175）、その狙いは、米国の事実上の干渉・包囲下にあっても簡単には手出しできない国であることを米国に認めさせることにあると考えられる。そもそも北朝鮮はすでに06年10月に推定プルトニウム爆弾の地下核実験に成功しており、日本の原発保有が北朝鮮の核武装にたいする抑止機能を持つというような主観的な思い込みは、事実として否定されている。

しかしじつはそれだけにとどまらず、原発維持勢力は、単なる政策表明ではなく、日本における原発建設の目的に、法的な、その意味でより確かなレベルで「日本の安全保障」をしのびこませたのである。

福島原発の事故ののち、原子力規制委員会設置法が12年6月20日に参院で可決成立したのだが、その第1条の末尾に、法案の目的として「我が国の安全保障に資すること」とあり、同法第3条の法案の任務にも同趣旨の記載がある。そして同法の成立にともない、関連する法律にも「安全保障」の規定が書き込まれた。すなわち、日本の核政策の基本とも言うべき「原子力基本法」の「原子力の研究、開発及び利用は、平和の目的に限り、安全の確保を旨として、民主的な運営の下に、自主的にこれを行うものとし、その成果を公開し、進んで国際協力に資するものとする」と謳っている第2条に、「前項の安全の確保については、確立された国際的な基準を踏まえ、国民の生命、健康及び財産の保護、環境の保全並びに我が国の安全保障に資することを目的として、行うものとする」（傍点山本）という「第2項」が、

規制委設置法
付則で「安全保障」目的追加
「原子力の憲法」こっそり変更
軍事利用への懸念も

二十日に成立した原子力規制委員会設置法の付則で、「原子力の憲法」ともいわれる原子力基本法の基本方針が変更された。基本方針の変更は三十四年ぶり。法案は衆院を通過するまで国会のホームページに掲載されておらず、国民の目に触れない形で、ほとんど議論もなく重大な変更が行われていた。
＝関連③面

設置法案は、民主党と自民、公明両党の修正協議を経て今月十五日、衆院環境委員長名で提出された。

基本法の変更は、末尾にある付則の一二条に盛り込まれた。原子力の研究や利用を「平和の目的に限り、安全の確保を旨として、民主的な運営の下に」とした基本法二条に一項を追加。原子力利用の「安全確保」は「国民の生命、健康及び財産の保護、環境の保全並びに我が国の安全保障に資することを目的として」行うとした。

追加された「安全保障に資する」の部分は閣議決定された政府の法案にはなかったが、修正協議で自民党が入れるように主張。民主党が受け入れた。各党関係者によると、異論はなかったという。

修正協議前に衆院に提出された自公案にも同様の表現があり、先月末の本会議で公明の江田康幸議員は「原子炉等規制法には、輸送

原子力基本法　原子力の研究と開発、利用の基本方針を掲げた法律。中曽根康弘元首相らが中心となって法案を作成し、1955（昭和30）年12月、自民、社会両党の共同提案で成立した。科学者の国会といわれる日本学術会議が主張した「公開・民主・自主」の3原則が盛り込まれている。原子力船むつの放射線漏れ事故（74年）を受け、原子力安全委員会を創設した78年の改正で、基本方針に「安全の確保を旨として」の文言が追加された。

手続き やり直しを

解説　原子力規制委員会設置法の付則で原子力基本法が変更されたことは、二つの点で大きな問題がある。

一つは手続きの問題だ。平和主義や「公開・民主・自主」の三原則を定めた基本法二条は、原子力開発の指針となる重要な条項だ。もし正面から改めることになれば、二〇〇六年に教育基本法が改定された時のように、国民の間で議論が起きることは間違いない。

ましてや福島原発事故の後である。

ところが、設置法の付則という形で、より上位にある基本法があっさりと変更されてしまった。設置法案の概要や要綱のどこを読んでも、基本法の変更は記されていない。

法案は衆院通過後の今月十八日の時点でも国会のホームページに掲載されなかった。これでは国民はチェックのしようがない。

もう一つの問題は、「安全確保」は「安全保障に資する」ことを目的とするという文言を挿入したことだ。

ここで言う「安全保障」は、定義について明確な説明がなく、核の軍事利用につながる懸念がぬぐえない。

この日は改正宇宙航空研究開発機構法も成立した。「平和目的」に限定された条項が変更され、防衛利用への参加を可能にした。

これでは、どさくさに紛れ、政府が核や宇宙の軍事利用を進めようとしていると疑念を持たれるのも当然だ。

今回のような手法は公正さに欠け、許されるべきではない。政府は付則を早急に撤廃し、手続きをやり直すべきだ。（加古陽治、宮尾幹成）

図9　原子力基本法の改悪
『東京新聞』2012年6月21日

衆議院本会議での原子力規制委員会設置法案の修正協議の過程で盛り込まれたのだった（図9）。自民・公明両党の要求を民主党が受け容れたと言われる。付則にしのびこませるやり方も姑息であるが、政治家の本音が語られはじめたと見るべきであろう。しかしこのことは日本の核政策の根底的な転換を意味している。

原子力基本法のこの変更は自民党が企図して進めたと思われるが、それは経産省とも意思一致していたようである。民主党の国会議員・馬淵澄夫は、党内で再処理・核燃料サイクルからの撤退を強く主張し「技術的にも、経済的にも

核燃料サイクルはフィクションです」と断言していた（山岡 2015, p. 143,『罠』2-8）。その馬淵は、「原子力ムラ」からの巻き返しはなかったかという新聞記者の問いにたいして「特に経産省はすさまじい。これまで経済性一本やりで推してきたが、最近は安全保障と絡めてくる」と答えている（『東京』2012-2-26）。福島原発の事故のため、もはや原発の安全神話はもとより経済神話もが破綻し、受け容れられなくなったので、これまで公然とは語られなかった、しかし中心的な意図を前面に押し出したのであろうか。このことに関して『東京新聞』の「こちら特報部」には「真の狙いは、〈潜在的核能力〉のアピールであるとの見方もできる。〈いつでも核兵器を製造できる〉という姿勢を保つことで、〈抑止力〉になるという考え方だ。……あえて〈安全保障〉の文言を入れたのは、逆風の中、原発と核燃料サイクルを維持する根拠とするためではないかという見方も成り立つ」とある（2012-6-29, 傍点山本）。だとすれば、核発電推進の眼目がもはやエネルギー問題ではなくなっている。

鈴木真奈美の書にあるように、「福島原発事故後は、発電比率や将来の原子力ビジョンは不明確なまま、原子力産業の維持そのものが目的になっていった」。そのために「〈核の平和利用〉には潜在的核兵器製造能力の保持も含まれていた」ことがむしろ公然と語られはじめたのであり、こうして「日本政府が原発……を導入したのは電力供給のためだけでなく、潜在的核兵器製造能力の獲得も意図していたという見方は、もはや異端ではなくなった」のである（鈴木真奈美 2014, pp. 214, 217, 218. 傍点山本）。

より現実的には、「安全保障」の名分を法的に掲げることによって軍事だけではなく発電についても核関連情報を国家機密の扱いにして、今後、市民やマスコミからの原発情報への接近をより困難にする狙いがあるのではないかということも考えられる（『東京』2012-2-9）。実際、国家の安全保障にかかわる情報の漏洩を防ぐということを表向きの目的とした特定秘密保護法が、第二次安倍政権のもとで十分な審議も尽くさずに強行採決で成立したのは翌13年の12月だった。すでに83年の高木仁三郎の書には「核燃料サイクルの道すじに沿って、日本でも管理はしだいに強まっている」とあり、核政策の「公開原則の形骸化」が語られていた。

われわれの社会が、今後ますます核管理社会化の道を歩むとき、情報や核物質を操る権限は、いっそう寡占化され、一種の核テクノクラート社会が実現していくであろう。そうなれば、市民の側は国家機構の奥深くで、いったい何が進行しているのか、知りようもない。……このような核国家体制のもとでは、すでに米ソがその方向に進んでいるように、結局のところ核の軍事利用や平和利用といった区別自体が判然としないものに転化するだろう。そして軍事力に支えられた国家権力と核を操るテクノクラートたちの存在は、相重なって市民生活の重圧となるであろう。（高木 1983, p. 187）

「平和利用」のかけ声の下での核開発は、その一端をすでに「原発ファシズム」の項で明らかにしておいたが、それ自体が国内的には支配抑圧機構なのである。

他方で対外的には、原子力開発に安全保障を結びつける思考は、大国主義ナショナリズムとも共鳴することで、むしろ逆に国家間に不必要な緊張をもたらすことになる。実際にも、原子力基本法の日本の核開発の目的に「安全保障」を書き込んだという報道にたいして、韓国のメディアは「日本が核武装へ」(『朝日』2012-8-17)、「核武装の布石と読める」(『東京』2012-6-29)と一斉に報じた。過剰反応と見るべきではない。日本の核政策が近隣の諸国からどのように見られているのかを、日本は客観的に考察し、冷静に受け止めなければならない。日本がいくら「核の平和利用」に徹していると言いつづけても、日本の「潜在的核武装」の事実、すなわち、日本が核兵器製造技術ばかりか核弾頭を運搬する長距離弾道ミサイル製造技術をも有し、しかも数千発の核爆弾を作りうるプルトニウムを備蓄していること、そのこと自体がアジアにおける緊張のひとつの源(みなもと)であることを、日本は自覚しなければならないだろう。

ちなみに言うならば、ベトナム戦争の末期、1971年はじめにニクソン米大統領が韓国から第七歩兵師団の撤退を表明したとき、当時の韓国大統領・朴正熙は核兵器開発の検討を開始し、フランスから使用済み核燃料の再処理技術の輸入計画を進めたのであった。そのとき米国は、米韓での核の傘を確約することで朴大統領を説得し、その結果、韓国は75年に核兵器不拡散条約を批准した。[57]日本の潜在的核武装と核の傘による日米の核同盟あるいは米韓の核の傘が「抑止力」だとして正当化されるというのであれば、リビアのカダフィ政権が米国から敵視され、イラクのフセイン政権が米国によって圧殺されたことを教訓としている北朝鮮の金政権の核武装も「抑止力」として正当化されることになる。

ところで、そもそも「核による抑止力」とは一体どういうことなのか。外務省科学技術審議官の81年の論考「現代国際政治と原子力」には、核兵器は「その殺傷破壊力があまりにも巨大であるために、現実には使用できない兵器」であるとしたうえで、「実際には使用されることがあってはならない核兵器が、あるいは使用されるかもしれないという恐怖によって、相手に心理的強制作用を働かせる抑止戦略」とある（矢田部 p. 9）。そうだとすれば、「〈核の傘〉や〈核抑止〉というのは、しょせん〈信じるか否か〉という〈戦略上の理念〉であり、実体はない。〈核抑止〉が過去効いてきたかどうかの実証をすることも難しいし、今後必ず抑止力が働くという保証はもちろんできない。／さらに、今回の米朝危機の例で明らかなように、〈核抑止〉はむしろ〈核拡散、核軍拡〉につながってしまう可能性が高いのだ」という鈴木達治郎の指摘（p. 167）は現実的である。端的に言って「抑止論は、そもそも心理的安全を求めて無限の核軍拡へと行きつかざるを得ない矛盾をもつ」（池山 p. 94）のである。

いずれにせよ準核兵器保有ともいうべき日本の潜在的核武装状態は抑止機能どころか、むしろ周辺諸国の猜疑心を不必要に刺激し、不用意に挑発することによって、緊張を高めていると見るべきであろう。

他方で原発と「安全保障」という問題では、ウクライナ戦争の経過が示しているように、原子力発電所それ自身が攻撃の対象とさえなりうるという事実をこそ真剣に受け止めるべきであろう。実際、戦争勃発から1カ月後、22年3月にロシア軍は、欧州最大の規模を有する稼働中のザポリージャ原発（6基）を攻撃したのだ。しかし核施設への攻撃は、それがはじめてではない。確認されているだけで、かつてイスラエルは80・81年にイラクの原子炉を、07年にはシリアの原子炉を爆撃し、そのイラクは84～87年にイランの原発を爆撃し、そして米国は91・93年にイラクの核施設を爆撃している（『通信』No. 586, 2023-4）。核施設への攻撃は、核兵器を使った攻撃ではないけれども、核兵器による攻撃と同等か、むしろそれ以上の危険をはらんでいる。ようするに「原子力施設は敵側の兵器に変わりうる」のである

（田窪 p. 165）。言い換えれば原発の保有は、抑止力どころか「他の国にそれを核兵器として使用する潜在的可能性を与えている」のであり、したがって原発は「それを保有する国の防衛力を強める武器ではなく、それを弱める、いわば負の防衛力である」と考えなければならない（室田 p. 201）。

実際には、外務省自体がすでに84年の時点で、原発が攻撃を受けた場合の被害予測を極秘に調べていた。福島の事故と同様の全電源が喪失したケース、原子炉格納容器が破壊されたケース、そして原子炉が直接破壊されたケースについて、それぞれの被害を予測し、最悪の場合、急性死亡最大1万8千人、急性障害最大4万1千人という衝撃的な結果を得ていた。しかし外務省は原発反対運動の拡大を恐れて公表していなかった。福島の事故ののち『朝日新聞』によって公表された（図10）。

敵が攻撃する可能性を云々するのであれば、原発本体ではなく、むしろ使用済み核燃料のほうが「安全保障」上はよほど問題であろう。23年2月の段階で日本中の原発に貯蔵されているきわめて危険な使用済み核燃料は約2万トンと伝えられている（『東京』2023-2-22）。それらはそれぞれの原発の貯蔵プールで、なかには満杯に近い状態で、保管されているが、それらの貯蔵施設の設計にあたって「安全保障」上の考慮は何ひとつ払われていない。新聞には「プールは原子炉建屋内にあり、外部から遮るものは鉄筋コンクリート製の壁ぐらいしかない。圧力容器や格納容器に包まれた核燃料と違って、ひとたび壊れれば、放射性物質の飛散の恐れが高い」と書かれている（『朝日』2011-6-26）。

そして「もっと恐ろしいのは、再処理工場の高レベル廃液タンクへの攻撃である。このタンクは地上の原子力施設の中でももっとも強く放射能をためこんでいる施設であり、しかも外からの破壊に対して

原発攻撃 極秘に予測

1984年に外務省 全電源喪失も想定

外務省が1984年、国内の原発が攻撃を受けた場合の被害予測を極秘に研究していたことがわかった。原子炉が破壊された場合に加え、東京電力福島第一原発の事故と同じ全電源喪失も想定。放射性物質が流出して最大1万8千人が急性死亡するという報告書を作成したが、反原発運動の拡大を恐れて公表しなかった。▼3面＝米論文を参考

具体的な被害予測（シナリオ2）

緊急避難を全くしなかった場合		
急性死亡	最大	1万8000人
急性障害	最大	4万1000人
風下約16キロ圏内の住民が1～5時間以内に避難		
急性死亡	最大	8200人
急性障害	最大	3万3000人
長期的影響		
がん死亡	最大	2万4000人
居住制限地域	最大	87キロ圏内

被害予測の数字を出したのはシナリオ2のみ

反対運動恐れ公表せず

欧米諸国は原発テロを想定した研究や訓練を実施しているが、日本政府による原発攻撃シナリオの研究が判明したのは初めて。

81年にイスラエルがイラクの研究用原子炉施設を爆撃した事件を受け、外務省が財団法人日本国際問題研究所（当時の理事長・中川融元国連大使）に想定される原発への攻撃や被害予測の研究を委託。84年2月にまとめたB5判63ページの報告書を朝日新聞が入手した。

報告書は①送電線や原発内の電気系統を破壊され、全電源を喪失②格納容器が大型爆弾で爆撃され、全電源や冷却機能を喪失③命中精度の高い誘導型爆弾で格納容器だけでなく原子炉自体が破壊——の3段階に分けて研究。特定の原発は想定せず、日本の原発周辺の人口分布とよく似た米国の原発安全性評価リポートを参考に、②のケースについ

図10　原発が攻撃された場合の衝撃的な被害予測
『朝日新聞』2011年7月31日

は、まったく無防備である」（高木1983, p. 168）。とりわけ六ヶ所村再処理工場は問題である。すなわち「六ヶ所再処理工場は実際に商業的な再処理が開始されれば、莫大な放射性物質を抱え込むことになる施設だ。これが破壊されれば、日本壊滅に至りかねない」[58]（『通信』No. 588, 2023-6）。

これらの施設を攻撃するのに、核兵器は必要としない。豪雪に閉じ込められる冬期の新潟や福井の原発であれば、孤立させられ核燃料冷却用の電源がゲリラ的攻撃によって失われれば、あるいは核燃料貯蔵プールが壊されて冷却水が失われれば、それだけで原爆によ

る攻撃をはるかに超える大惨事になりうることは、福島の事故が教えている。核燃料を多量に抱え込んでいる何基もの原発を海岸線に並べておいて、あるいはまったくの無防備な再処理工場に多量の使用済み核燃料を溜め込んでおいて、「技術抑止」も何もないであろう。

結局、原発は「安全保障に資する」どころか、原発使用そのものが安全保障上の最大の脅威とさえ言える（『通信』No. 586, 2023-4)。安全保障と原子力発電は根本的に両立しないのである。

三・四　原発輸出をめぐる問題

福島の原発事故ののち、原発ビジネスは先行きが見えなくなっていたのだが、じつは事故以前の09年に民主党政権は、ウラン燃料の調達から原子炉の運転およびメンテナンスその他のサービスを合わせた原発の「パッケージ型インフラ輸出」を謳って、ベトナム政府との原発輸出の交渉をしていた。経産省主導の06年の「原子力立国計画」にのっとったもので、「国策民営」の対外的展開であった。

原発輸出で中心的な役割を果たしたのは日本原子力産業会議であり、とくに積極的なのは三菱重工、日立、東芝の原発メーカーであった。ベトナムへの三菱製原発輸出については、つぎの指摘がある。

ベトナム〔政府〕にとって、日本は金を出すが口は出さない、つまり長期にわたりＯＤＡ〔政府開発援助〕の最多供与国でありながら、人権抑圧に対してまったく非難しない、やはりとても都合のよい国で

> ある。……／このような〈良好〉な日越関係のなかで、日本からの原発輸出が強力に推進されようとしている。端的にいえば、日本政府は、ベトナムの情報統制や言論・集会の自由の制限など非民主的状況に目をつむったまま、反対運動などが起こらないのをよいことに、自国内では見込めなくなった技術の維持を図り、一部企業のための経済的利益を目指し、アメリカの安全保障政策に追随して原発を輸出しようとしているわけであり、他の国に輸出するよりいちだんと倫理性を欠き罪深い。（伊藤・吉井 p. 161）

文中、「アメリカの安全保障政策に追随して」の意味は、つぎのことにある。チェルノブイリの事故の後、米国の原子力産業は低迷し、原子力開発企業は弱体化していた。しかし他方で、アジアや東欧やアフリカでは原発の新設計画が進み、ロシアや中国そして韓国による原発輸出活動が活発化していた。それにたいして米国は、公的には核拡散防止の観点から、現実的には中露による世界核市場支配の拡大を抑えることを目的に、日本の企業と提携し、日本の資本と技術をもちいて原発輸出を進める方針をとっていたのである。「言うならば、日本企業を通じた核拡散防止（核保有国のみによる核支配の継続）を目論む米国と、原発輸出を国内原子力産業延命の軸としたい日本の官民の思惑が一致した」のである（『通信』No. 482, 2014-8）。そして福島の事故後もその方針は維持されていた（『東京』2011-9-27）。

その罪深い原発海外輸出の動き――日本産原発のグローバル展開――が本格化するのは、12年12月に第二次安倍政権が発足してからであった。

第二次安倍政権は、14年4月に「第四次エネルギー基本計画」を閣議決定した。「基本計画」は、一方で、原発を「エネルギー需給構造の安定性に寄与する重要なベースロード電源」と位置づけ、「原子力発電所の再稼働を進める」と表明し、他方で、原発依存度については「省エネルギー・再生可能エネルギーの導入や火力発電所の効率化などにより、可能な限り低減させる」とコメントしている（山岡2015, p. 109、鈴木達治郎 2017, p. 88）。しかしこの後者のコメントは明らかに原発にたいする「ベースロード電源」の位置づけの表明と矛盾している。「可能な限り低減」というのは、当時の世論の状態から言わざるをえなかったのであろうが、もちろん本音ではない。実際にも官僚答弁のようなもので、どのようにも解釈可能なように具体的な数値目標は明記されていない。そして原発輸出については、他の諸エネルギーと並列的に扱うことで目立たないようにしてあるが「国際展開の推進」が語られている（鈴木真奈美 2014, pp. 28-30）。基本的には原発を再稼働し、原発輸出を推進することこそが、この14年の基本計画の眼目であった。

事故後の国内での原発政策がいまだ白紙の状態で安倍首相は、アベノミクスの「第三の矢」である成長戦略の「重要な柱」——というか、数少ない具体策——として原発海外輸出を掲げ、みずからトルコ、ベトナム、リトアニア、英国、米国へと、経産省と二人三脚で原発をセールスして回ったのであった。そして福島の事故からまだ2年しか経っていない13年の春、トルコとのあいだで原子力協定を締結し、その秋、エルドアン・トルコ大統領と原子力協定などに関する共同宣言に署名している。さらに同年5月に安倍首相は、サウジアラビアを訪問し、原子力協定締結の交渉を開始することを合意している。そしてサウジアラビアの大学での講演で「世界一安全な原子力発電の技術を提供できる」と高言し、帰国後「事故の経験と教訓を生かして技術を発展させることで世界最高水準の安全性を実現できる」と国会で答弁していた。[59] 福島の事故の全貌さえ捉えきれず、原因究明も緒についたばかりであり、いったい何をもって「世界一安全」、「世界最高水準の安全性」と言えるのか。東京オリンピック招致のために、13年9月の国際オリンピック委員会総会で、福島の事故の汚染水の漏洩について安倍首相が「状況は制御されている（under control）」、「〔汚染水の〕影響は原発の港湾内の0・3平方キロメートルの範囲内で完全にブロックされている」と表明したのとならぶ、破廉恥な国際的虚偽宣伝である。

これまで日本の核開発は、原発の危険性を立地地域の住民に押しつけることで原発メーカーを育て上げてきたのだが、福島の事故によってその行き方が困難になった時点で、原発の危険性を押しつける対象を外国の人たちに取り換えたのだ。日本国内で公害規制が厳しくなった70年代に日本の企業が工場をアジアの諸国に移したのとおなじ構造である。この日本政府の原発売り込みにたいして、長年にわたって日本との友好国であったトルコの市民は、語っている。

今日、トルコの多くの市民はトルコで原発を建設しようとする日本政府に騙されたと感じている。東電福島第一原発事故を経験し、国内では国民世論から多くの原発を停止した日本が、既存技術と人材をトルコで活用しようとしているからだ。……トルコは2000年以上の歴史を有し、マグニチュード7以上の地震も経験している。……日本の新聞は〔トルコ原発の建設予定地である黒海沿岸の地〕シノップでの地震の最大加速度を400ガルだと報じ、シノップが原発建設適地だと印象付けようとしている。

（『通信』No. 518, 2017-8）

現実に23年2月にはトルコ・シリアに死者4万を超える大地震が発生している。つぎの指摘もある。「トルコは、1900年以降にマグニチュード6以上の地震が72回発生している地震国である。過去50年間に1000人以上の死者が出た大地震が7回発生しており、なかでも1999年のトルコ北西部地震では1万7000人以上の死者、4万3000人以上の負傷者が発生している」（田辺 p. 65）。地震だけではない。トルコはかつてのチェルノブイリ原発事故でも、黒海沿岸地域で放射能汚染の大きな影響を受けていたのであり、[60] 市民の多くは反原発の高い意識を持っているのである。

トルコに売り込んだのは三菱重工製原発であり、安倍に同行した同社社長・宮永俊一は「安全性を追求しながら、原子力のコア技術を維持しておくことが重要だ。……トルコで事業可能性調査を進めているのは原発建設の能力を維持するという目的もある」と、あけすけに表明している（『日経』2017-4-16, 傍点山本）。経産省官僚で安倍首相の秘書官であり、そして原発のパッケージ型輸出の旗振り役でもあった今井尚哉は「震災以降、脱原発の潮流だが、技術者がいなくなるのが一番の問題」と説いていたという（上川 2018 a, p. 167, 2018b, p. 79 より、傍点山本）。日本のメーカーにおいて人材を養成しつづけて核技術を維持するためにも、日本製原発の外国への輸出が求められたのである。それは05年の原子力政策大綱と06年の原子力立国計画で、中長期の取り組みのひとつとして提唱された方針であった。13年5月19日の『朝日新聞』は「国内で原発が建てられない以上、輸出しなければ技術が維持できない」という、首相周辺でのなんとも正直な談話を載せている。日立が17年に英国アングルシー島での原発新設プロジェクトに乗り出したさい、そのプロジェクトに日本政府はメガバンクの融資の全額を債務保証していたが、その件について「政府は〈技術を絶やさないためにも、英国のプロジェクト獲得は必要〉（経産省幹部）との立場で、全面支援の姿勢を示している」と報道されている（『毎日』2018-1-3、傍点山本）。

国内原発の建設であれ原発の海外輸出であれ、つねに第一の目的は原発関連技術の維持、そのためのメーカーの保護であった。それは潜在的核武装路線の堅持のためであるとともに、国内でやがて復活させる原発新増設を見込んでのものであった。そのためには、たとえ原発の新規建設が当面期待できない福島事故後の状況においても、核技術すなわち人材と設備は維持しなければならなかったのである。

三・五　原発輸出がもたらすもの

ところでベトナムにせよ、トルコにせよ、外国に原発を売り込むとは、そもそもどういうことなのか。それはどのような結果をもたらすのか。日本政府が金を貸してその金で日本企業が作った原発を買い取らせるのである。この時点で原発1基約6千億円、パッケージ型輸出となるとさらに巨額、兆の単位の取引となる。その国の人たちは、何年も働いてその金を返済しなければならない。

しかも原発は通常の商品ではない。外国に原発を売りつけることは、地下鉄や道路橋梁建設などのインフラを売りつけるのとは、根本的に異なる。福島の事故が示しているように、原発にひとたび事故が起これば、その影響はその国の自然や社会に回復不能なダメージを与えることもあり、場合によっては国を大きく傾けることにもなりかねない。そして万が一にも事故が起こったときに、どこが責任をとるのか、その国の政府に押しつけて逃げるのか、そもそも日本が責任をとれるのか。

この点について、経産省原子力政策課は「建設する国が安全を確保しなくてはいけない。日本としては必要な協力はするが、事故時の賠償責任はその国の法律に基づき電力事業者が負うのが原則だ」と語っている（『毎日』2013-3-25夕刊）。事故のリスクを輸出先の国民に押しつけているのである。かつて56年に米国から核燃料として濃縮ウランを引き渡されたときの協定で、日本は事故の際に米国の責任を問わないという免責条項を受け容れさせられたのだが、そのときの米日の関係を、日本と輸出先の国の関係にスライドさせたものである。国同士の関係、つまり権力者間のボス交ではそれで済むかもしれないが、日本とその国の民衆との関係はそれでは決して済まないであろう。戦争中の徴用工問題が、日本と韓国の「国同士」のあいだでは「解決済み」だと言っても、実際に徴用された労働者は決して納得していない。同様に、もし日本が売り込んだ原発が事故を起こしたならば、日本政府とメーカーは、売り込んだ先の国の民衆から厳しく責任を問われることになるであろう。

その上、先に言ったように原発はもともと欠陥商品であり、たとえ事故なく運転できたとしても、何万年にもおよぶ隔離が必要な核のゴミをその国に残すことになる。将来の世代も含めて、それぞれの国の人たちにその後始末まで押しつけることが一体許されることなのか[61]。

しかし原発輸出のもたらす問題は、それにとどまらない。さらに重要な問題は、つぎの事実にある。

長谷川公一の書には、日本の原発推進政策が、韓国や中国の原発推進を加速させてきただけではなく、さらには途上国への原発輸出競争へとエスカレートさせてきたとあり、書かれている。

> インドネシアやマレーシア、フィリピンなども原発建設を計画している。経済成長にともなう電力不足の解消が表向きの目的だが、〈原発保有で国の発展を印象づける狙いもある〉（産経新聞、２０１０年11月1日付）とされる。２００９〜10年のアラブ首長国連邦、ベトナムへの原発輸出競争に示されたように、各国のトップリーダーが前面に出る形での、日本、韓国、中国およびロシアによるアジア各国への受注合戦の激化も予想されていた。原発保有も、原発輸出も、各国のステータスシンボルのようだ。
>
> （長谷川 p. 236, 傍点山本）

アジアの諸国が経済的に成長するにつれて、かつて日本が歩んだ道を歩み、ナショナリズムを増進させ、それぞれの国の政治権力者のなかで核ナショナリズムが醸成されているのである。長谷川の書は11年のものだが、翌12年に出た米国の国際政治学者の書には、もっと直截に書かれている。すなわち

> 原子力が国に威信をもたらすことは、国際政治ではもはや常識だ。ベトナムの原子力安全機関で科学アドバイザーを務めるファム・ドウイ・ヒエンも、〈原子力を保有した国は一目置かれる〉と語っている。（Fuhrmann, p. 24）

そして中曽根の核ナショナリズムが岸の潜在的核武装論と紙一重であったように、これらの諸国の核ナショナリズムも、それぞれの国での潜在的核武装への直結的な回路を秘めている。その点については、78年のコルディコットの書に、米国のいくつもの原子力多国籍企業、とくにウェスティングハウス社やゼネラル・エレクトリック社が発展途上国へ原発を輸出することに関連して、より明確に書かれていた。「これらの国では、往々にして発電した電力を送電する送電網を欠いているのであるが、発電をしたいというのがかならずしもこれらの国の主要な動機ではない。彼らの最終的な目標は、しばしば核兵器級の核物質を手に入れて、〝核クラブ〟に仲間入りするということにある」(Caldicott, p. 98, 傍点山本)。すでにこの時点で、アジアの多くの国の権力者が核ナショナリズムの発展としての潜在的核武装の誘惑に囚われていたのである。そのことがまた原発輸出の拡大を後押ししてきた。すなわち「実際に原子力発電を進めるために、また原子力発電所が象徴する将来の核武装の選択に備えるためにも原子力発電所の需要が増えていることは、核輸出諸国間の売り込み競争の重要性を増し、競争を激化させている」という状況があった(Overholt 1977, p. 174)。

そして現在アジアには、実際に核武装にいたるまでに核ナショナリズムを貫徹させた国として、早くにNPT(核兵器不拡散条約)で「核大国」として認められた中国のほかに、核兵器保有国としてインド、パキスタンそして北朝鮮が存在している。その他に、核技術とプルトニウムの保有によって「準核兵器保有国」とも言うべき状態の日本があり、韓国の一部からも同様の野心が時にほのめかされている。さらに重要なことは、そのうちでインドと日本にたいしては米国が認めているということである。米国は、日本を特別扱いしてきただけではなく、NPT非締結国であるインドと08年に原子力協定を締結している。つまり、米国のダブル・スタンダードは、核拡散防止に力を入れていると言いながら、親米である、あるいは反米ではない限りにおいて、核兵器保有ないし準核兵器保有を許容しているのである。

そのことは、今後アジアの諸国に原子力発電が普及するにつれ、アジアに核兵器拡散の危険がさらに高まることを意味している。その意味では、現在は冷戦期とも異なる新たな危険状態にある。

なお、これまで二、三回言及したファーマンの書は、基本的に原発使用に疑問をもたず、その意味で原子力発電を肯定している書ではあるが、「現状がこのまま続くとすれば、原子力ルネサンスはおそらく核兵器拡散につながるだろう。……平和的原子力支援〔原発輸出のこと〕と安全保障上の脅威が重なることが核拡散への最短距離になる」と指摘しているのであり（Fuhrmann, p. 369f.）、その警告には耳を傾けるべきであろう。

三・六　世界の趨勢と岸田政権

実際にはその後、原発使用の経済的な不合理性はますます顕著になり、原子力発電はエネルギー事業としては最早成り立たなくなっている。16年にはベトナムは日本と合意した三菱原発の購入計画を中止し、リトアニアもまた、日立製作所の計画を凍結している。東芝は、買収したウェスティングハウスが経営不振で17年に多大な損失を計上し、英国での原発計画は破綻し、海外の原子力事業から撤退を余儀なくされている。東芝の凋落は「原発輸出という国策に付き従った結果、経営破綻の危機に瀕することになった」ものと見られている（上川 2018a, p. 167）。他方で三菱重工業も、採算が見込めないということで、19年にはトルコ・シノップ原発からの撤退を決定している。日立もまた、主要に建設費の高騰ゆえに、19年から凍結中であった英国アングルシー島の原発計画からの撤退を、20年9月に発表している。[62]安倍政権による原発輸出計画はことごとく破綻したのである（『東京』2020-9-17）。

基本的には「AREVA[63]（アレバ）の事実上の破綻に続き、歴史ある世界最大の原発建設業者である東芝・ウェスチングハウスが破綻したことで、西洋諸国の原発建設産業は壊滅状態に陥った。……原子力産業の衰退は、地球規模で加速している」（『通信』No. 523, 2018-1, 傍点山本）という状況になっていたのである。17年1月、台湾では、脱原発を定めた電気事業改正案が国会にあたる立法院で成立した。翌18年4月には、米国で最多の23基の原発を運転するエクセロン社の上級副社長が、米国エネルギー協会の年次会合で「現在の世界では、新しく原発を建設するのは高額すぎ、私はおすすめしない」とコメントしたと伝えられている（『通信』No. 527, 2018-5）。

山岡の15年の書は、電力事業における「世界ビッグ2、ドイツのシーメンスとアメリカのGE（ゼネラル・エレクトリック）」について、伝えている。

GEは、〈自社の生産ラインをすべて失うほど原子力部門が衰退している〉……／特筆すべきは、シーメンスも原子炉部門はアレバに売却し、原発事業からの完全撤退を決めていることだ。世界銀行は原子力への投資は行わないと宣言している。先行するビッグ２は原発に見切りをつけ、再生可能エネルギーで２０００～６０００億円を稼ぐ。先進諸国では原発は時代の後景へと押しやられている。

（山岡 2015, p. 311f., 傍点山本）

この10年間に世界中で集中的に取り組まれた技術革新の結果、風力や太陽光あるいはバイオマスなどの再生可能エネルギーの技術は大きく進歩し、それらのコストは著しく低減している。とくに「世界の自然エネルギーの核は風力だ」と言われているように（竹内 2013, p. 168）、風力発電は発電効率が高く、コストが低いため、きわめて有望視されている。飯田哲也の20年の論考では、09年から10年間で風力発電では新設のコストが70％低下し、全世界の風力発電設備は４倍に増加し、同様に太陽光発電では、新設のコストが90％下がり、設備は27倍に増加したとある（飯田 p. 43）。23年４月に脱原発を完了したドイツでは、22年の総発電量に占める風力や太陽光などのエネルギーの割合は46・３％、さらに30年までに再生エネの割合を80％にする計画とある（『東京』2023-4-15）。もちろん蓄電技術も向上している。「今や――少なくとも技術的観点からは――エネルギーシステムを急速に１００％再生可能エネルギーに転換することは可能である」と言われたのも（Klein 2014, p. 138）、すでに10年近く前である。

それにひきかえ、原子力発電は安全性を高めるためのコストの急騰でもはやペイしなくなっているのであるが、それでも完全に安全ということはない。「再生可能エネルギーの増加や化石燃料価格の低下から電力価格が下落し、原子力に対して世界的な逆風が吹いている」(『通信』No. 524, 2018-2) のである。その意味では、原発メーカーと異なり電力会社は、現有の原発の再稼働や稼働延長には熱心ではあれ、今後のさらなる自由化の見通しもあり、本心では、建て替えによる原子力への回帰には消極的なのではないかと思われる。新聞にも見出しに「原発建て替え〈余力なし〉/建設費膨大　電力会社及び腰」と大書されている(『東京』2022-12-18)。

いずれにせよ日本のメーカーによる原発建設の状況は、海外輸出の軒並みの破綻で、10年代末に至るも好転していない。そのことは「潜在的核武装」や「技術抑止」にあくまで固執する立場からは、危機的な状況を意味している。実際にも経産省によると、メーカーの原発建設経験者は福島の事故から21年度までの9年間でじつに4割減少し、逆に原発建設が未経験の技術者は45歳以下では半数を上まわっているのであった(『毎日』2022-12-23)。核技術の維持そのものが危ぶまれているのである。国家による過剰なテコ入れがなければ、原子力発電は最早生きながらえることのできない技術なのだ。

まさにその時点に誕生したのが岸田政権であった。そのタイミングは、福島の事故の経験と教訓を踏まえて、そしてまた世界の趨勢を捉えて、原子力依存を放棄し、再生可能な自然エネルギー中心の電源構成に向かうのか、それとも福島の事故から何も学ばず、その後の10年余をすべてなかったことにして「05年原子力政策大綱」と「06年原子力立国計画」という今となってはおよそ非現実的な路線に後もどりするかの、決定的な分岐点にあったということである。

しかし岸田政権も経産省も、ウクライナ戦争によって引き起こされた「エネルギー危機」なる状況を願ってもないチャンスとして、民主党政権から安倍・菅両政権に至るまで曲りなりにも継承されてきた「可能な限り原発依存度の低減」方針を「原発最大限活用」方針へと１８０度転換させ、老朽原発の稼働延長と、安倍・菅両政権も語りえなかった原発の建て替えと新設に踏み込もうとしている（前出35ページ、図2）。そしてその方針はＧＸ脱炭素電源法として23年5月31日に国会で政令化された。その内容は、とくに原発の60年超運転を可能にするとともに、その稼働延長を原発推進サイドである経産省が判断するというもので、福島事故の経験をそれなりに踏まえて自分たちで設定した稼働最長40年規則、そして推進と規制が一体となっていたというそれまでの体制の根本的欠陥にたいする反省を、ともに投げ捨てるものであり、到底許容できるものではない。

それにしてもあれだけの深刻な福島の事故に直面してなされてきた反省と避難した人たちの苦悩と引きかえに得た教訓を、わずか10余年で平気で踏みにじるこの国の為政者の姿は、あまりにも異様である。その異常に強硬で拙速な行き方には、憲法改正からさらには現実の核武装さえ言い出しかねないと思わせるところがある。

ちなみに岸田政権は、「革新軽水炉」による建て替えを主張しているが、その「革新軽水炉」なるものは、若干の改良が加えられているだけで、本質的にはこれまでの「軽水炉」と変わるものではない(64)。『東京新聞』には書かれている。

さまざまな種類がある次世代型原発の中で、経産省は革新軽水炉だけに商業運転の開始目標時期を設定し、2030年代半ばの稼働を目指す。三菱重工が9月に北海道、関西、四国、九州の電力4社と設計を進めると発表した原発だ。／既存原発とほぼ同じ構造なのに、経産省が革新軽水炉と呼ぶ背景には〈三菱重工の言葉をそのまま使っている〉（同省幹部）現状がある。メーカーの宣伝文句が政策の検討資料にそのまま載り、原子力産業の復権に向けた官民一体の構図が見える。（『東京』2022-12-18）

明らかに、三菱重工のヘゲモニーによる建て替え路線である。原発維持をもっとも強く望んでいるのは、財閥系のメーカー、とりわけ三菱重工なのだ。先に、核産業は財界人にとって「疑似軍需産業」だと言ったが、実際にも「軍事技術の民生転用からはじまった原子力産業は軍事産業と性格が似ており、他業種への転換が容易ではない。原子力産業自体が生き残るためにも原子力開発は必要である」とされる。とくに米仏と異なり直接的な軍事用の核開発を行なっていない日本では「三菱重工・日立・東芝などの原子力部門を存続させるためには、原子力発電所の新増設、核燃料サイクル計画の維持が不可欠」なのである（長谷川 p. 32）。核開発・原発建設のために技術を習得しメーカーを育成する時代ではなくなり、原発メーカーを延命させその技術を維持し伝承するために原子力発電の維持と原発の新増設が求められているのである。目的と手段が逆転したのだ。

しかし他方では現在、原発の建設費は膨大に膨れ上がっているため、この新聞記事によれば「原発の生き残りをかけた方針転換だが、電力会社側の動きは鈍く」とある。電力会社は次世代型原発にも建て替えにも、積極的ではない。純粋に経済的に見れば、原発使用はペイしなくなっているのである。

どのみち、メーカーと自民党と官庁が固執しているこの路線は、現在すでに高速増殖炉建設の展望がまったく失われていることを考慮すれば、じつに矛盾に満ちたものになっている。

＊　＊　＊

福島の原発事故の後、国内外で脱原発の気運は広がり、再生可能な自然エネルギー使用は技術的にもおおきく向上し、経済的にも有望視されるようになり、企業の生産活動と人々の消費生活の両面における省エネも進行し、それに引き替え原発建設の費用は高騰し原発産業は斜陽化し、原発依存社会からの脱出がおおきく現実性を与えられている。それはまた脱成長社会に向けての展望をも与えるものであり、同時に地球温暖化対策としても中心に置かれるべきものなのである。

しかし日本では、民主党政権にかわって登場した第二次安倍政権は原発回帰に舵を切り、既存原発の再稼働とともに、原発輸出をも進めようとしてきた。そのことは、アジアにおける原発事故の危険性の拡散と同時に、原発受け容れを求めている国の中に核ナショナリズムを醸成するものでもあり、核拡散の危険性をもともなっている。

その後をうけた岸田政権は、福島事故の教訓を投げ捨て、既存原発の稼働延長、さらには建て替えによる原発全面回帰を宣言している。その一貫したねらいは核技術の温存、すなわち原発メーカーの保護であり、その背景には潜在的核武装路線の維持がある。そして核燃料サイクル建設のお題目は、基本的にそのためのものなのである。

その点の問題をさらに掘り下げるために、次章で核燃料サイクルの問題をあらためて取り上げ、その現実を丁寧に見てゆくことにしよう。

(52) その発覚の経緯については、水戸 pp. 51-54、および原子力資料情報室編 pp. 38-41 に詳しい。
(53) 新型転換炉は、高速増殖炉とならぶ国産動力炉開発プロジェクトとして開発が始められた。中性子の減速に重水を使用し、冷却に軽水を使用するものである。ここに「重水」とは水分子（H_2O）の構成要素である水素原子を重水素（水素原子のアイソトープ）で置き換えた水であり、それにたいして「軽水」とは通常の水のことである。ふげんは新型転換炉の出力16・5kwの原型炉として建設され、78年に発電を始めたが、95年に新型転換炉建設計画は放棄され、ふげん自体は03年に運転を終了した。
(54) 住民投票は、自治体の議会で住民投票条例が可決制定されれば、実施できる。結果は、法的拘束力はもたないが、政治的影響は無視できない。住民投票について、詳しくは『東京』2011-10-4 参照。
(55) 「エネルギー基本計画」は、02年6月の「エネルギー政策基本法」制定にともなって、翌03年に経産省が策定したもの。資源エネルギー庁の総合資源エネルギー調査会で策定されるもので、全文が閣議決定され「原子力政策大綱」と同等かそれ以上の権威が与えられた。第一次が03年、第二次が07年、第三次が10年。福島の事故をうけて民主党の菅首相は11年5月にエネルギー基本計画の白紙からの見直しを表明した。14年の第四次は福島の事故後の最初のもの。第五次は18年で核燃料サイクルの維持を謳い、第六次は21年。詳しくは「視点　エネルギー基本計画のお粗末」『通信』No. 476, 2014-2, p. 6、吉岡 2011b, pp. 28, 311f, 長谷川 p. 31 参照。
(56) 詳しくは太田 2015, pp. 102-114, 山岡 2015, pp. 106f, 151-153, 鈴木達治郎 pp. 74-78, 塙 pp. 81-89 等参照。
(57) 韓国の事情については、梅林 p. 47f, Fuhrmann, pp. 280-282 参照。
(58) この点について、77年に採択されたジュネーブ条約第一追加議定書「国際的武力紛争の犠牲者の保護」第56条には、例外規定をともなってであるがダムや堤防とならんで**原子力発電所を軍事攻撃の対象としてはならない**と規定されているが、**その条項には使用済み核燃料の貯蔵施設や再処理工場は含まれていない**とのことである（田窪 p. 169. 太字強調は山本による）。

（59）安倍晋三、サウジアラビア大学での13年5月の講演。鈴木真奈美 2014, p. 20 より。

（60）『技術と人間』87年4月号、編集部「トルコではいま」参照。

（61）ベトナムへの原発輸出の問題点については、『通信』No. 461, 2012-11; No. 523, 2018-1. トルコへの原発輸出については、『通信』No. 476, 2014-2; No. 482, 2014-8; No. 516, 2017-6; No. 518, 2017-8; No. 533, 2018-11; No. 535, 2019-1; No. 564, 2021-6 等参照。

（62）『通信』No. 524, 2018-2; No. 535, 2019-1; No. 556, 2020-10.

（63）ＡＲＥＶＡ（アレバ）は、株式の83％強をフランス政府が保有している事実上フランスの国営で、世界最大の原子力複合企業。詳しくは『通信』No. 518, 2017-8 の真下俊樹のレポート参照。

（64）「革新軽水炉」について、詳しくは『通信』No. 582, 2022-12 の後藤レポート「技術の原理を無視する政府と原子力業界」、『毎日』2022-11-8「次世代原発　期待と懸念」、『東京』2022-12-18「次世代〈革新軽水炉〉って？」、および Lochbaum *et.al.*, pp. 330-332 等参照。

第四章　核燃料サイクルをめぐって

四・一　再処理にまつわる問題

これまでに語ってきたように、核燃料サイクルの確立は戦後日本最大の「国家事業」なのであった。「資源小国」の観念に囚われていた日本は、核発電に乗り出した当初から、再処理と高速増殖炉による核燃料（濃縮ウランとプルトニウム）の自力生産を目指してきたのである。その再処理について、通産省資源エネルギー庁75年発行の『日本の原子力産業』は、「原子力発電所の運転で生じた核分裂生成物（つまり死の灰）の大部分（99・9％）は使用済燃料の再処理の際燃料物質から分離されるので再処理施設は最大の放射性廃棄物の発生源となる」（p. 241）と認めている。

再処理の作業はつぎのようになされる。固体で棒状の使用済みの核燃料を剪断（せんだん）し、濃硝酸液に漬けて液化させ、この溶液を化学処理してウランとプルトニウムを分離して抽出する（図11）。その後に残される廃液がきわめて危険な放射性廃棄物つまり高レベルの核のゴミとなる。「原発の1年分の燃料から の廃液の放射能は、数年たった後でも、なお数億人分の人間の致死量にもあたる」と言われる（高木

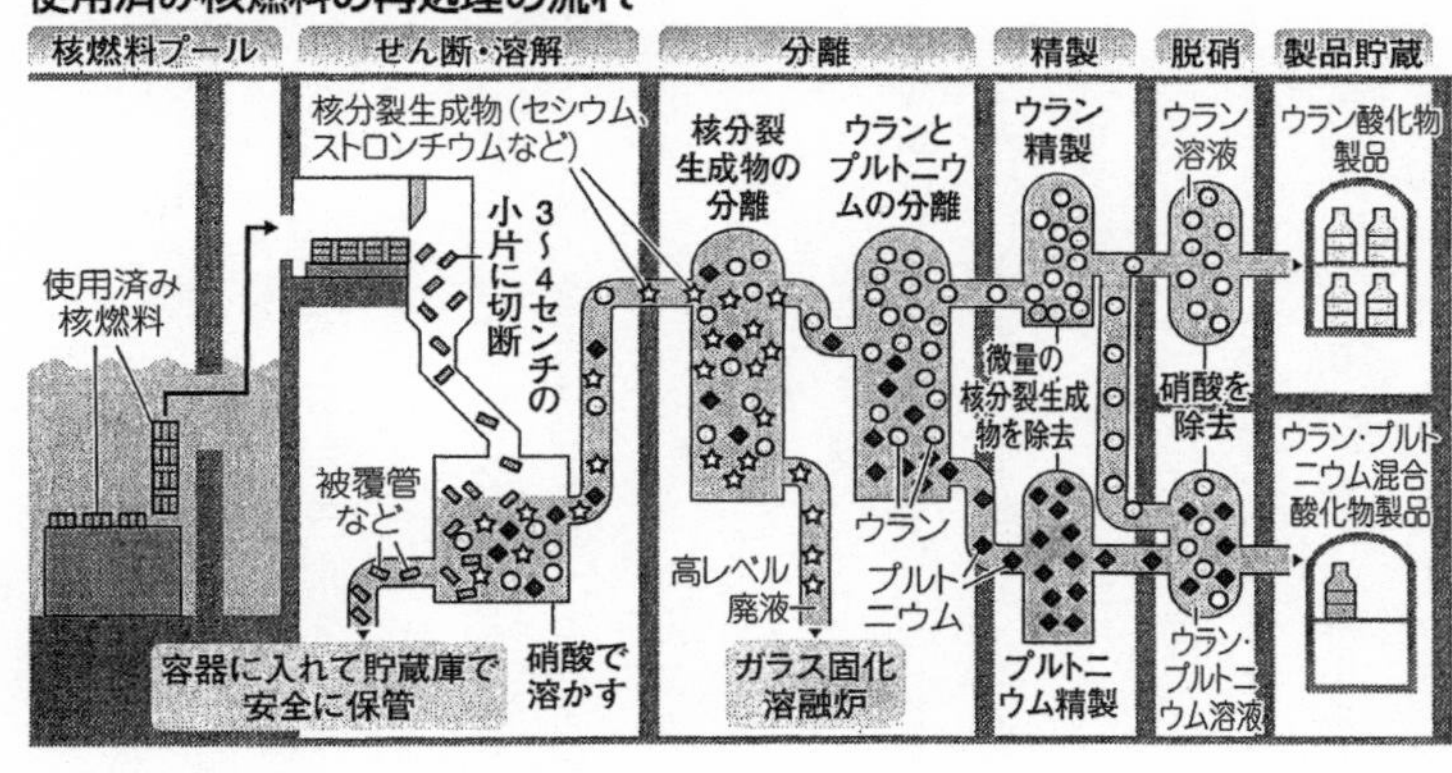

図 11　使用済み核燃料の再処理の流れ
『東京新聞』2012 年 2 月 7 日

1983, p. 164)。

その化学的処理の過程は、日常的な放射能汚染だけでなく重大な事故の可能性が潜在する、きわめて危険で厄介なプロセスなのである。それというのも、「原発では〈死の灰は閉じこめておく〉のが原則であった。再処理工場では〈死の灰を開放する〉のが目的なのである」からだ。危険な放射性物質がむき出しに晒され液状化されるという点に、再処理工場における作業の危険性と環境汚染の深刻さの根拠がある（水戸 pp. 35, 191）。

環境汚染という点では、専門書には書かれている。

原子力技術全体を見ても、再処理工場は日常的に放出する放射性物質により、環境を最も強く放射能汚染する施設である。使用済み燃料中にある放射性希ガスのクリプトン85（半減期10・7年）は、再処理の工程で、ほとんど全量（外部に）放出されてしまう。半減期が1570万年のヨウ素129も同様である。さらに〔フランスの〕ラ・アーグも〔イギリスの〕セラフィールドも膨大な量の放射性物質をイギリス海峡、つまりアイリッシュ海に放出している。(65)

再処理工場ではそのほかに放射性のトリチウム（三重水素、半減期12年）も放出されている。六ヶ所村再処理工場が本格稼働すればクリプトン85を年33京ベクレル、トリチウムを年1・8京ベクレル放出する（『罠』2-9）。これらの放射性物質について、六ヶ所村の施設で再処理を行なう日本原燃の資料には「充分な拡散・希釈効果を有する高さ約150mの主排気筒、沖合約3km、水深約44mの海洋放出口から放出します」とある（坂・前田 p. 202より）。しかし拡散や希釈をしても、その絶対量が減るわけではない。それどころか、海洋投棄の場合、水俣病で明らかになったように、食物連鎖を経て海洋生物中に蓄積されるということもありうるのだ。海水中のカルシウム濃度は微々たるものであるけれども、貝類や甲殻類は時間をかけてそれを吸収し体内に蓄積することで、貝殻や甲殻を作りだしているのである。

ちなみに日本学術会議原子力特別委員会の委員長である三宅泰雄の77年の論考には、つぎのように書かれている。

また、再処理の過程でとりきれない放射性物質が、廃水とともに沿岸に放出される。東海村の施設では、毎日300トンの廃水が排出され、その中にはほぼ0・7キュリー〔26×10の9乗ベクレル〕の放射性物質がふくまれている。0・7キュリー……の放射性物質は、原子力発電所が1年間に廃水とともに排出する放射性物質量よりも多い。／フランスで再処理施設をつくっているラ・アーグの沿岸では、潮の干満の差が大きいため、はやい潮流が流れている。その潮流をうまく利用して、放射性廃液を一挙に外洋に押し流しているのである。（三宅 p. 219）

放射性物質の海洋投棄が当然のことのように語られている。この人物の専門は「地球化学」とあるがそれは一体どのような科学なのか。それにしても汚染水にたいするこのような方針を、日本学術会議は認めていたのか。つまるところ「再処理は環境に優しいどころか、原子力施設のなかでもいちばん環境的に問題がある工程だ」と結論づけられる（高木 2011, p. 232）。

かくのごとく「核燃料サイクルは、使用済み核燃料を再処理することで原子力の危険性や環境破壊を増幅させることにしかならない」のである（秋元 2011, p. 229）。それにしても、放射能による環境汚染をはじめから前提とした技術など、とても認められるものではない。

宇沢弘文は「すべての市民が人間的尊厳を保ち、自由に生きることができるような環境」を「社会的共通資本」と名づけた。それは斎藤幸平の言う「コモン」と事実上おなじものであろう。いずれにせよ「各人の行動の自由」は「社会的共通資本を破壊したり、汚染したりしないという限度内で」のみ許されることになる。「各人」を「各企業」「各国」と言い換えてもいい。そしてその「社会的共通資本」の第一に「大気、水、河川、海洋、森林、土壌などの自然環境」が挙げられている（宇沢 1995, p. 136f.）。とすれば地球上を循環している海洋と大気は地球上のすべての国と人間にとっての「社会的共通資本」

ということになり、それを汚染する再処理は、国際的に先ずもって許されないことになるであろう。

通俗的解説のなかには、物質の減少によってエネルギーが生まれるというアインシュタイン理論に依拠して、核エネルギーが発生したらあたかも核燃料がなくなってしまうかのような書き方をしているものがあるが、それは大きな間違いである。可燃性ウラン原子核が分裂してそのことで巨大なエネルギーが発生しても、質量の減少はその千分の1程度であり、ひとつの核が分裂した後には合計すればもととほぼ同質量の二つの放射性原子核が残されている（図1）。実際には軽水炉の核発電では、「燃料」としての濃縮ウランのうち、可燃性ウランはわずか数％（3～5％）で、残りはもちろん放射性ではあるが核分裂しない非燃性ウランであり、発電後はもとの「燃料」と事実上同質量の「使用済み核燃料」が残される。前に触れたように23年の段階で日本中の原発に貯蔵されている使用済み核燃料は約2万トン、もちろん実際に発生した量はもっと多い。66年に東海村で原発の運転がはじまって以来、12年までに国内で生まれた使用済み核燃料は2万5千トンを超える（『東京』2012-2-7）。

いま、核燃料の濃縮ウランが可燃性ウラン4％、非燃性ウラン96％より成るとして、それを通常の軽水炉で「燃やした」とする。通常、死の灰が燃料内に溜まってくると核分裂が阻害されるので、すべて燃やし尽くすまでは使わず、3～4年で炉外に取り出される。それゆえ1％分程度の可燃性ウランが残され、3％分の核分裂生成物つまり死の灰が生まれる。他方、非燃性ウランのうちの約1％弱が中性子を照射されてプルトニウムに変化するので、約95％分の非燃性ウランが残る（図12）。再処理の目的は、その残された1％の可燃性ウランと1％弱のプルトニウムを抽出することである。１００万kwの原発を

1年間運転するのに要する核燃料は約30トン、したがって使用済み核燃料が1年で約30トン残る。そのうちとくに危険な核分裂生成物つまり死の灰がその3％の約1トン(66)。しかし再処理を施すと、この1トンが液化され、その容積も重量も大きく増加する。「再処理をおこなうことで放射性廃棄物が劇的に増えるのは、簡単にいうと、使用済み核燃料を化学的分離する工程に投入される硝酸やそのほかの化学物質、それと接触する機器設備すべてが放射能で汚染され、最終的に放射性廃棄物となってしまうから」である（秋元 p. 158）。これらの放射性物質の取り扱いはすべて遠隔操作によるが、最終的に残される高レベル放射性廃液は量的に増加しているだけでなく、液化されているため扱いもそれだけ困難になっている。

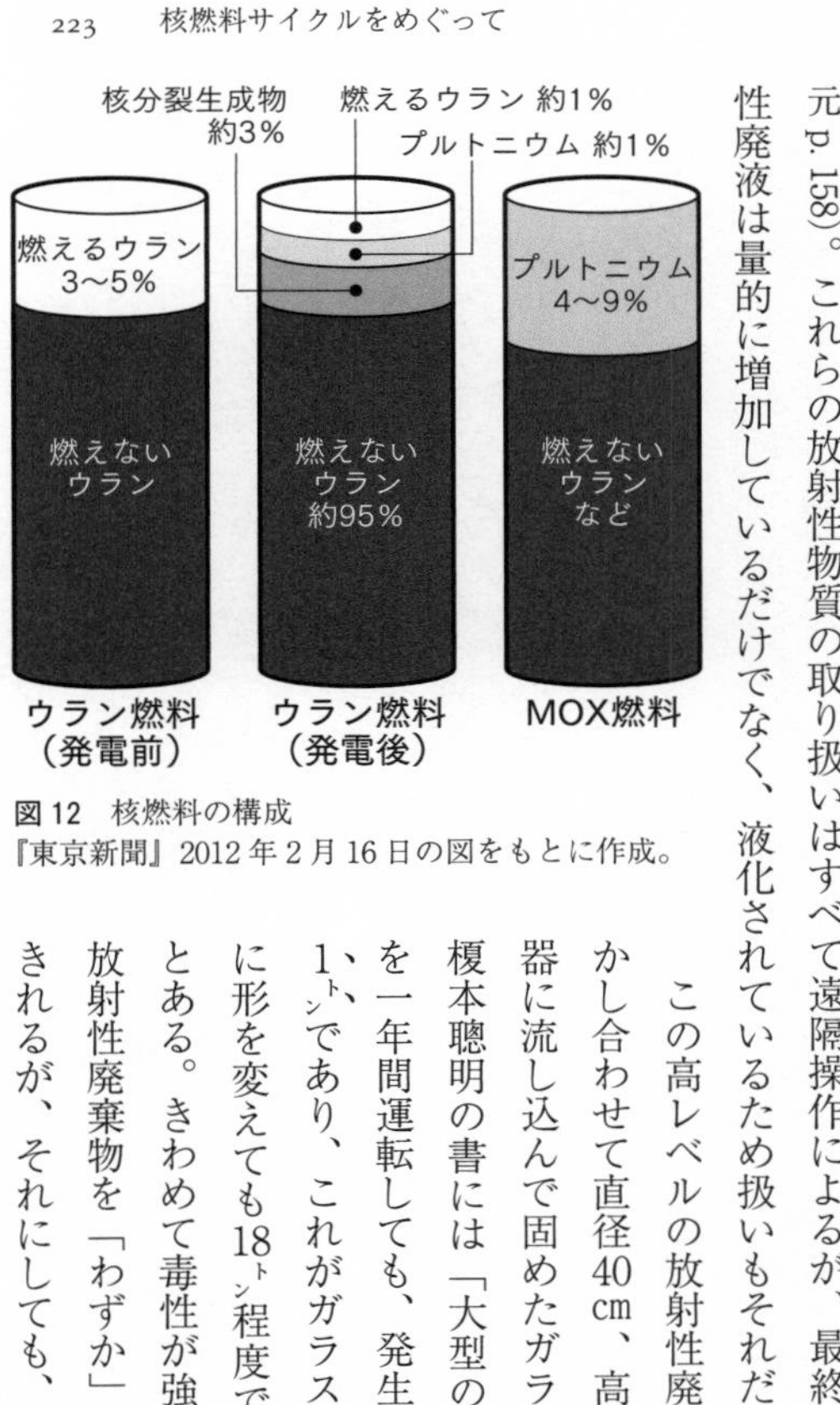

図12　核燃料の構成
『東京新聞』2012年2月16日の図をもとに作成。

この高レベルの放射性廃液はガラス原料と高温で溶かし合わせて直径40cm、高さ1・3mのステンレス容器に流し込んで固めたガラス固化体(67)とされる。東電の榎本聰明の書には「大型の原子力発電所〔100万kW〕を一年間運転しても、発生する核分裂生成物はわずか1トンであり、これがガラス固化された高レベル廃棄物に形を変えても18トン程度です」（榎本 p. 27f. 傍点山本）とある。きわめて毒性が強く危険な1トンもの高レベル放射性廃棄物を「わずか」と言い切る神経には正直あきれるが、それにしても、再処理後の高レベル放射性廃棄物はおそるべき量になることがわかる。そしてこのガラス固化体は30～50年間の冷却（中間貯蔵）ののち、最終処分場の地下数百ｍ以深の岩盤に埋めることが国際的に認められている。「地層処分」と言われる。日本でも地層処分の方針を決めてはいるが、それで完全に安全という保証はないし、そもそもどこに埋めるかはまったく決まっていない。というか、埋めるあてのある地点が見つからない。

製造直後のガラス固化体は、その１ｍ以内にいれば約20秒で人を死に至らしめる程の強い放射線を浴びると言われる（古儀 2021, p. 14）、きわめて危険なものである。放射線だけでなく、多量の熱も発しつづける。日本がフランスの企業に依頼して再処理されて返送されてきた高レベル放射性廃棄物のガラス固化体が詰められたキャスク（輸送容器）について、朝日新聞特報部のルポには、日本に着いた「輸送用キャスクに雨があたると、一瞬で蒸発して湯気が上がった」とある（『罠』2-8）。ガラス固化体の発熱は相当の量なのである。そのガラス固化体の数は、22年3月末の段階で六ヶ所村と東海村に保管されているのが２５０５本、この他これから処理されるのを含めると合計約2万6千本になる（今田他 p. 60）。

このガラス固化も困難な作業で、「廃液は発熱し、保管に必要な冷却設備が故障すれば、最短一月程度で沸騰し放射性物質が外部に漏れだす事故につながりかねない」。パイロット・プラントとして造られた東海村の小型再処理施設は99年～07年のあいだ稼働し、使用済み核燃料１１４０トンを再処理したが、18年からの廃止措置にむけて16年にはじまった固化作業はトラブルに追われ中断をくりかえし、再処理過程で生じたきわめて放射線の強い廃液約３６０トンのガラス固化が進んでいない（『東京』2021-11-7, 2023-4-5）。もちろん六ヶ所村の施設でも、ガラス固化の試験は失敗つづきである（『東京』2012-2-6）。

実際には原発から出る核のゴミは、使用済み核燃料だけではない。原子力発電所やその他の施設は、いずれ何年か後には廃棄されることになり、その原子炉はもちろん、再処理工場自体や付属施設もほぼすべて汚染され、多かれ少なかれ放射能を帯びており、それ自身が巨大な「核のゴミ」になる。

たとえば、66年から98年まで運転し最初に廃炉を決めた日本原子力発電の東海原発の場合、廃炉にともなう廃棄物約20万トンのうち、比較的放射能レベルの高い制御棒など、余裕深度処分つまり50m以深の地下で数百年以上管理が必要とされるもの約1千6百トン、その他、放射能の低レベルのもの約2万6千2百トンが残されている（『朝日』2013-11-18）。03年に運転を終了した福井県の新型転換炉「ふげん」では、制御棒などの余裕深度処分の必要なもの5百トン、つぎにレベルの高い廃液、フィルター、焼却灰など地下約10mで3百～4百年管理する必要のあるもの4千4百トンとある（『朝日』2012-11-26）。これらはともに出力せいぜい10数万kWの小型原発であるが、それでもこれだけの核のゴミが残されているのであり、しかもこれらは、持って行き場がなく、敷地内に保管されている。この約10倍の発電能力をもつ現在の標準的な100万kWの原子炉ではどうか。すでに73年にシューマッハーが語っているように、現実的にはそれらの廃炉は「壊すことも動かすこともできず、そのまま、たぶん何百年もの間、あるいは何千年の間放置しておかなければならない……、そしてこれは音もなく空気と水と土壌の中に放射能を洩らし続け、あらゆる生物に脅威をあたえる」（Schumacher, p. 180）という、恐るべきことになるであろう。

岸田首相は原発の建て替え（リプレース）を言っている。しかしそのためには使いきった老朽原発を廃炉にしなければならないが、そのときに生じる持って行き場のない膨大な量のゴミについては、何ひとつ語っていない。それらの廃棄物はさしあたって原発の敷地内にとどめておくしかないが、そうすれば原発を新設できる立地はもはや見出せないであろう。そういうことを考えたうえで言っているのだろうか。

もちろん「再処理」は、経済面においても、そのための設備の建設費と作業に要する経費自体が膨大なものであるという点において、大きな問題を有している。環境社会学の研究者である長谷川公一の書には、再処理と直接処分のどちらが経済的に優れているかを03年に原子力委員会にたずねたとき、「日本では直接処分のコストを計算したことがない。再処理以外の選択肢は検討したことがない」との返事が返ってきて唖然とした、という経験が書かれている（長谷川 2011, p. 68）。実際には通産省は94年に、直接処分にくらべて、核燃料サイクルではコストは全体で倍近くに、発電後の後処理だけで見るともっと大きくなるとの試算をしていたのだが、その結果は04年7月まで隠されていた（『朝日』2004-7-3, 7-7. 夕刊。くわしくは竹内 p. 93）。最近の新聞報道でも「国の原子力委員会の小委員会の議論でも再処理より地中に埋める直接処分の方がコストが安いという試算が出ている」（『東京』2012-6-29）とある。「日本の〈原子力委員会〉の試算では、〈全量再処理〉と〈全量直接処分〉のコスト差は5兆円となっている（この試算はかなり再処理にひいき目ではあるが）。／〈全量再処理〉はせず、〈全量直接処分〉するほうがコストの節約になる」（青木 p. 117f.）のである。

しかし核燃料サイクルの確立を「国家事業」として設定した日本は、核発電に乗り出したときから一貫して全量再処理方針をとってきたのであり、それに要する経費は消費者に押しつけられてきた。実際「六ヶ所再処理工場で必要になる費用」について「１９８６年からは、総括原価方式のもと電気料金の原価に算入され、電気料金で徴収されている」のであり（『通信』No. 542, 2019-8）、東京電力管内の場合、電気料金には「使用済み核燃料の再処理費用も月２００円強」含まれている（『朝日』2011-5-1）。国民は、自覚のないままに、先の見えない国策を支えさせられているのである。

四・二　再処理のもつ政治的意味

インドが自国産のウランを用いた原子炉での使用済み核燃料から、自力で建設した再処理施設で抽出したプルトニウムを用いて原爆を作りだしたのは74年であった。再処理工場は「プルトニウム生産工場として原発から核武装への決定的環になっている」のである（水戸 p. 223）。この事実に核拡散の危険性を見てとった米国民主党のカーター大統領は、77年に使用済み核燃料の再処理を厳しく規制する姿勢に転じた。そのさいカーターは、自国の高速増殖炉や再処理施設の建設をも中止し、その上で、ヨーロッパ諸国と日本にも核燃料サイクルの見直しを求めてきた。もともと68年に発効した日米原子力協定によって日本は再処理の実施や燃料用プルトニウムの入手が可能になり、東海再処理施設と高速増殖炉建設への足掛かりを得ていたのであった。しかしその協定では、米国が提供した核燃料を使用後に再処理するさいには、日米両国の「共同決定」を義務づけられていた。「共同決定」と言っても、実質的には米国の同意の必要性、裏返せば米国の拒否権であり、東海村再処理工場が使用済み核燃料を用いてプルトニウムを抽出する実験をはじめる寸前の77年に、カーターが拒否権を発動したのである。「その結果、日米間では東海再処理工場の稼働が外交問題として浮上した」のであった(『毎日』2013-10-30)。

じつはカーターは、大学で核科学と原子炉技術を学び、第二次世界大戦後には海軍で原子力潜水艦の開発にも取り組んだ核技術のエンジニアであって、のちに日本の『中日新聞』のインタビューに「私は再処理事業や高速増殖炉の計画を葬った。開発費用が巨額だし、複雑すぎた」と語っている(中日新聞社会部編 pp. 156, 218)。「高速増殖炉は、開ければその内部に何百キロという〝兵器用〟プルトニウムを抱え込んでいる」と言ったのは、カーター政権の一人の顧問である(Jungk, p. 177)。知事時代に州の自然保護に尽力したカーターは(Carter, Ch. 12)、核技術や核施設の軍事転用の危険性だけでなく、エネルギーの過剰消費にも批判的であったと見られている(Klein 2014, p. 159)。使用済み核燃料の再処理は、経済上の問題であり、技術上の問題でもあり、そして同時に高度に政治的な問題なのである。

日本の原発推進勢力はこの「カーター・ショック」を、日本核政策の「危機」であり、「国難」と捉えた(太田 2014, p. 214, 同2015, p. 165)。そんなわけで日本は、米国側が驚くほど強い姿勢で、再処理の権利を主張したと言われる。「日本は自国の原子力民事利用の包括的拡大(つまり核弾頭開発を除くあらゆる種類のプロジェクトの推進)という基本路線に固執し、その発展にとって不利益となるおそれがある場合には、アメリカの圧力に対してさえ頑強な抵抗を示してきた」(吉岡 2011b, p. 173)。それは大正末期のワシントン海軍軍縮交渉で、日本海軍が英米にたいして7割の主力艦隊保有量に最後までこだわったことにも比すべきものであった。日本の核ナショナリズムは「国難」に直面して多大な力を発揮したのである。かくして77年8月には、2年間で99トンの再処理の実施で日米間はさしあたっての合意に達した。東海村再処理工場の稼働をカーターは条件付きでしぶしぶ認めたのだった。

しかし核エネルギー企業に支えられた共和党のレーガンが米国大統領に選ばれて後、当時の中曽根首相とのあいだで、88年7月、改定された日米原子力協定に到達し、使用済み核燃料再処理の包括的合意という形で、日本は事実上「再処理の資格と権利」を手に入れたのである。これは、中曽根首相みずから、およそ憲法もなにも無視した「日本列島を不沈母艦にする」とか「三海峡封鎖」といったきわどい放言でレーガンの反共アジア政策に媚び、三木内閣以来守られてきた「武器禁輸三原則」を大幅に骨抜きすることで軍事関連の工業製品輸出について米国側の要望に応え、さらには煙草の関税を引き下げ、プラザ合意にむけて円高を容認する等の米側にすり寄る外交によって得られたのであった。骨の髄から反共主義者として知られているレーガンのことだから、場合によっては日本に核兵器を持たせてアジアの社会主義国家に対峙させることも考えていたのかもしれない。

こうして日本は事実上アメリカからの個別の同意なしに核燃料サイクル事業を進めてゆくことが可能になり、核兵器非保有国の中で唯一、ウランを抽出・濃縮し、さらにプルトニウムを抽出できる国、つまり核爆弾の「爆薬」を自力で作りだすことのできる国となった。そのことは日本核ナショナリズムの到達地点としての「日米核同盟」の形成を意味している。[68]

そのため、それ以後日本では「非核保有国の中では日本にだけ認められている、使用済み核燃料から核兵器に転用可能なプルトニウムを取り出す核燃料再処理の権利」の維持が過剰に重視されていった（上川 2018b, p. 72, 傍点山本）。実際、05年の「大綱」を答申した04年の新計画策定会議における、再処理は「国際的に認められた貴重な既得権」であり、「一度失えば二度と戻らない権利」といった策定委員の発言が残されている（鈴木真奈美 2006, p. 199）。

経産官僚や外務官僚や政治家だけではない。東電が出版している冊子には「再処理」が「我が国の大きな権利（財産）」とあり「もし、自ら再処理を放棄すれば、この権利も失い、将来日本がプルトニウム利用を再び認められる保障はありません」と記されている（東京電力 p. 158）。さらに福島の事故ののち、原発ゼロの声が高まっていたことに危機感をもった電事連は、電力総連出身の民主党議員たちに脱原発の流れに抗するための理論武装の指針を配布したのだが、そこには原発がゼロとなった場合の問題点のひとつとして、「非核保有国のうち日本だけが認められている再処理を放棄すると、二度とその権利を得られないおそれがある」と記されていた（上川 2018b, p. 57）。電力会社にすれば、再処理を否定されればただちに使用済み核燃料の処分に向き合わなければならなくなるからだということもあった。

しかしひとたびこのような形で再処理が「権利」化されてしまえば、再処理路線そのものの是非を検討することや見直すことはもとより、それに疑問を発することさえきわめて困難になる。

その「権利」とされる再処理の、現状はどうなのか。あらためてふりかえってみよう。

原子力委員会は、64年6月に再処理のパイロット・プラント建設を決定した。そして71年、実験用再処理工場の建設が茨城県東海村ではじまり、77年9月に試験操業を開始し、ようやく81年1月に本格操業に入った。先に語ったように液状化した危険な使用済み核燃料をパイプ内に流すのであるが、故障が頻発し、年間210トンの予定処理能力にたいして、実績は大きく劣り、稼働率わずか20％であった。それでも年間プルトニウム4百kg、核弾頭つまりプルトニウム爆弾50発を作りうる能力を有していた。

その後のことについて、核燃料サイクル開発機構が出版したその歴史には「溶解槽、酸回収精留塔などの大型機器の腐食トラブルや燃料導入コンベアの機器的トラブルなどを経験」とあり、トラブル続きであることが窺えるが、その最期については「平成9年（97年）3月11日にアスファルト固化処理施設の火災・爆発事故（アスファルト固化施設事故）が発生したため、工程仕掛り分を処理した後同年3月末をもって運転停止の止むなきに至った」とある（サイクル機構史編集委員会編 p. 214）。そしてその後、14年に廃止が決定されている。当初の目的を達成することなく、事故で見捨てられたのである。その後には汚染された施設とともに、プルトニウム溶液約3・5㎥と高レベル放射性廃液430㎥が残されている。これが再処理パイロット・プラントの辿った経過であった。

しかし事業ははじめから技術面の成功をあてこんで進められ、79年に再処理民営化法案が成立し、翌80年に再処理事業のための「日本原燃サービス」が発足した。そして電事連は、六ヶ所村に核燃料再処理工場、ウラン濃縮工場、そして低レベル放射性廃棄物貯蔵施設立地の協力を84年に青森県知事に要請することになる。この日本原燃サービスは、92年には濃縮・廃棄物埋設事業の主体である日本原燃産業と合併し「日本原燃」になり、電力会社等の出資で成り立っているこの日本原燃が日本の民間再処理計画を担うことになる。[69] 日本では民間企業が核弾頭の爆薬を作ることができるようになったのである。

その六ヶ所村再処理工場は、完成したならば年間処理能力8百トン、東海村パイロット・プラントの約4倍の規模であり、じつに年間核弾頭1千発に相当するプルトニウムを作りうる施設である。だがその現状は、技術面での課題が大きく、トラブルつづきで、当初は97年に完成予定だったが、90年に最初の完成延期を表明して以降、まるで年中行事のように延期をくりかえしてきたあげくに、22年9月7日に26回目の完成延期を決定している。次の完成目標期日はもはや示されてもいない。六ヶ所村の再処理工場はすでに84年の段階で「限りなく虚像に近いプロジェクト」とまで語られていたのであり（伊原 p. 267）、事実上破綻している（図13）。しかしにもかかわらず、原発の新規受注が少なくなった90年代中期以降の原発産業にとっては、なかでも三菱重工にとっては、再処理事業は大きなビジネスになっている（秋元 p. 156）。22年5月の新聞報道では「建設費だけで当初約7千6百億円と見込まれたが、21年時点で3兆円超と約4倍に膨らんでいる」とあり、「総額14兆円超とされる再処理事業は打開策もなく続き、電気料金を通して国民に重くのしかかる」のである（『東京』2022-5-22, 2022-12-23）。

ちなみに、非核保有国で日本だけが再処理の「権利」を認められているということは、国際的にはきわめて問題のあることなのだ。そもそも再処理が「国際的に認められた貴重な既得権」だと言っても、それは「日米〈核〉同盟の盟主・米国が被爆国に与えた〈特権〉」にすぎないのであり（太田 2015, p. 170）、日本の特別扱いを国際社会全体が認めているわけでは毛頭ない。高速増殖炉が経済的にペイしないことはすでに広く明らかになっているのであり、そのように引き合わない事業に日本が採算を度外視して固執しているのは、将来的な核武装という軍事目的があるからであろうと見るのは、どの国から見てもむしろ当然の判断であろう。いずれにせよ日本が再処理事業を継続することは、他の国にも再処理正当化の根拠と再処理の権利要求の口実を与え、結果的には核のさらなる拡散を助長し、国家間の緊張

(第3種郵便物認可)　東京新聞

再処理工場 完成延期を決定 26回目

原燃 新たな目標示せず

日本原燃（青森県六ケ所村）は七日、同村で建設中の使用済み核燃料再処理工場について、九月中としていた完成目標を延期すると発表した。延期は二十六回目。稼働に必要な原子力規制委員会の審査が終わる見込みはなく、次の完成目標は明示しなかった。年内にあらためて公表するとしている。

日本原燃の増田尚宏社長は青森市内で記者会見し「完成させて再処理を仕上げることが私の責任」と辞任を否定した。

二〇二〇年十二月に始まった詳細な設備設計や工事計画の審査が難航。原燃は二回に分けて申請する計画だが、一年半が過ぎても初回の申請分が認可されていない。主要設備は申請すらできていない状況で、規制委の更田豊志委員長は七日の記者会見で「審査の終了時期に見通しは持てない」と述べた。

再処理工場は、使用済み核燃料を再利用する核燃料サイクル政策の中核施設。当初は一九九七年に完成する予定だったが、試運転中にトラブルが相次ぐなどして延期を繰り返してきた。（小野沢健太、増井のぞみ）

青森県の三村申吾知事に再処理工場の完成延期を報告し、陳謝する日本原燃の増田尚宏社長（左手前）ら＝7日午後、青森県庁で

核燃サイクル 破綻明白

完成目標の九月を迎え、ようやく使用済み核燃料再処理工場（青森県六ケ所村）の二十六回目の完成延期を表明した日本原燃。能力不足で稼働に必要な審査はまったく進まない上、再処理した後に作る混合酸化物（MOX）燃料を使える原発も少なく、工場稼働の利点はない。再処理を要とする政府の核燃料サイクル政策の破綻は明らかだ。（小野沢健太）

政策継続 重いツケ

■能力なし

「審査にどう臨むか、私の見極めが甘かった」。原燃の増田尚宏社長は七日の記者会見で、審査を甘く見ていたことを認めた。

二〇二〇年七月に基本的な事故対策が新規制基準に適合した後、同十二月に申請した詳細設計や工事計画の審査では、無責任体質を露呈した。

審査会合では、担当者間の連携が不十分で規制委の求める水準の説明ができず、議論がかみ合わない場面が繰り返された。関係部署の約四百人を体育館に集めて作業し、情報共有の徹底を図った後も、審査担当の幹部が資料の実物を確認せずに未完成のまま規制委に提出しようとした。

今年八月八日の会合でも、規制委の指摘を受けて修正したはずの資料に対し、規制委側から「時間をかけたのに中途半端なものを出してきた」と叱責されるなど改善にはほど遠い。

また、関西電力大飯原発所長から六月に原燃の審査担当執行役員に就任した決得恭弘氏は、八月二十五日の規制委事務局との面談で「これまで多くの支援があったにもかかわらず、いまだ審査が進まず、改革は難しい」と吐露。経験のある外部人材を登用しても、組織の立て直しは望めそうにない。

■使い道なし

再処理工場で取り出したプルトニウムを消費するには、MOX燃料を使って「プルサーマル発電」をする必要がある。

現状でプルサーマル発電ができる原発は、再稼働済みの関西電力高浜3、4号機（福井県）、四国電力伊方3号機（愛媛県）、九州電力玄海3号機（佐賀県）の四基しかない。いずれも、海外から輸入したMOX燃料を使っている。

電気事業連合会は、三〇年度までに十二基でプルサーマル発電の実施を目指す。今後の候補に挙げる原発の多くは、新規制基準の審査が難航。福島第一原発事故を起こした東京電力の「いずれかの原子炉」で実施を見込むなど現実的な目標とは言えず、MOX燃料の利用増は絵に描いた餅だ。

■処分先なし

さらに、再処理の過程で発生する高レベル放射性廃棄物（核のごみ）の処分先も決まっていない。最終処分場の候補地選定に向け、北海道の寿都町と神恵内村で文献調査が進むが、北海道は受け入れに反対しており、先行きは不透明だ。核のごみの行き場が決まらないままでは、六ケ所村が事実上の最終処分場になりかねない。

政府は八月末、脱炭素に向けた課題を議論するGX（グリーン・トランスフォーメーション）実行会議で、政治決断が必要な事項に「再処理、最終処分のプロセス加速化」を挙げた。しかし、再処理の需要はなく、事業を担う原燃の能力不足は深刻だ。破綻した核燃料サイクル政策を撤回しなければ、消費者からの電気代を基にした総額十四兆円を超える再処理事業費は、無駄な負担となって将来世代に重くのしかかる。

日本原燃の再処理工場の経過

1993年	原燃が建設工事を開始
97年	当初の完成予定時期
2014年1月	原燃が新規制基準の審査を規制委に申請
20年7月	規制委が事故対策が新規制基準に「適合」と決定
8月	原燃が25回目の完成延期を発表。「21年度上期」から「22年度上期(22年9月まで)」に1年先送り
12月	原燃が事故対策に必要な設備の詳細設計をまとめた「工事計画」の審査を規制委に申請
21年9月	規制委の定例会合で審査が難航していることが議題に。規制委事務局の担当者は**「早く終わりたいがために、時間がかからないようなやり方をしている」**
12月	審査会合で審査担当役員が情報を統括するとの原燃の説明に対し、規制委側は**「ここが崖っぷち。ここが崩れたら登場人物がいなくなる」**
22年1月	規制委の更田豊志委員長は増田尚宏社長との面談で**「何かやらないとだめ。どうしたら状況は変わるか」**と迫る。増田社長は**「期待してもらいたい」**
4月	担当役員が審査資料の実物を見ないまま、未完成なのに**「完成した」**と規制委に連絡
5月	担当役員が資料作成の遅れについて、規制委に**「目的意識が欠けていて、単なる作業になっていた」**と釈明
8月8日	原燃が修正した申請書について、規制委側は審査会合で**「これだけ時間がかかったのに中途半端。次回の修正はしっかりとした内容でなければ受け取らない」**
25日	関西電力から原燃執行役員になった決得恭弘氏が規制委との面談で**「改革は難しい」**
9月7日	増田社長が**26回目の完成延期**を発表。次の完成目標は明示せず

核燃料サイクル　原発の使用済み核燃料から再処理という化学処理でプルトニウムやウランを取り出し、混合酸化物（MOX）燃料に加工して原発や高速増殖炉で再利用する仕組みで、日本政府の原子力政策の柱。高速増殖炉は使った以上のプルトニウムを生み出す夢の計画だが、原型炉もんじゅ（福井県）の廃炉で頓挫した。放射性廃棄物の有害度を下げる高速炉の開発に転換したが、実用化のめどは立っていない。

図13　再処理工場建設の挫折と核燃料サイクルの破綻
『東京新聞』2021年9月8日

を高めることになる。

実際にも13年に韓国政府は、日本にたいしては認めた「権利」を韓国には認めない米国のダブル・スタンダードを衝き、[70] 14年に予定されていた米韓原子力協定改定でウラン濃縮と再処理の権利を勝ち取る目的で、当時のオバマ大統領に日本並みの待遇を訴え、再処理の権利を要求しつづけていた。オバマ大統領は、再処理の技術的研究を韓国政府に認めることで、ソウルの圧力を何とかかわしたのであった。韓国だけではない。塙和也の書『原子力と政治』には、軍縮や安全保障を議論する国連総会第一委員会の16年の会合で、日本の余剰プルトニウムや再処理事業にたいする懸念が語られ、その問題が広範な国々の関心となっていることが記されている（塙 2021, p. 46f.）。

そして17年2月に東京で開催された「日米原子力協力協定（日米原子力協定に同じ）と日本のプルトニウム政策国際会議２０１７」（原子力資料情報室と米国憂慮する科学者同盟共催）の声明は語っている。

（1）日本と米国の近隣諸国の多くは日本の48トンにのぼるプルトニウム備蓄と２０１８年に稼働予定の六ヶ所再処理工場で最大年間８トンを分離する計画を深く憂慮している。そうした国々はこのプルトニウムを、地域の緊張を高める核拡散上の脅威であり、また盗難への脆弱性から核テロリズムの脅威であると認識している。（2）略

（3）使用済み燃料の再処理は、貯蔵や直接処分といった放射性廃棄物の管理、エネルギー安全保障やコストに対して、それがもたらす大きなリスクを正当化するだけのいかなる優位性も提示しない。日

本は世界の他の国々が進めている、より安全かつ確実で安価な代替手段——具体的には深地層処分が未決定の間は乾式貯蔵をおこなう——から学ぶべきだ。（『通信』No. 514, 2017-4）

先に見た米国にたいする韓国の再処理権利の要求の件について、韓国高等科学技術研究所客員教授・姜政敏は語っている。

韓国は兵器利用できない形での再処理を求めているが、再処理で得たプルトニウムを民生用に使う道は当面ない。一部の政治家らの本音は将来の核兵器開発の技術を握るためだ。／その主張は①核兵器を保有する北朝鮮に対抗する②再処理とウラン濃縮を行える日本と差別されるのはおかしい——という理由だ。米国でなく中国やロシアから原子力技術を導入する国には、米国が韓国に課すような再処理・濃縮禁止という縛りがないのだから、不公平とも言える。／しかし、韓国が核兵器開発に走れば、日本も動く。アジアでは核兵器保有の潜在的能力を得る競争が始まっている。日本はこの競争を止める見本を示して欲しい。

（『千葉日報』2013-5-20, 傍点山本。韓国の原発事情については『東京』2012-1-17に詳しい）

この姜教授の要望に日本が応えうる唯一の道は、再処理の「権利」なるものを返上し、核燃料サイクルという「国家事業」を根本から見直し、放棄することでしかないであろう。

四・三　高速増殖炉をめぐる神話

ジャーナリスト竹内敬二の書には「今では、核燃料サイクルは普通の原発利用とは別の分野に思われがちだが、原子力の黎明期では、〈サイクルあっての原子力〉と考えられ、原発利用と一体のものとして考えられてきた。……たいていの先進国も同様だった」とある（竹内 2013, p. 71）。しかしこれまで見てきたように、その件については、日本はとくに思い入れが強かったと言える。そして技術的・経済的困難から他の国がすべて撤退したのちにも、日本は「国家事業」として高速増殖炉と核燃料サイクルに固執しつづけてきた。その立ち上げを促したのは、すでに見たように、高速増殖炉では燃料が「増殖」されるはずだという「おとぎ話」であった。

現実には日本における高速増殖炉の建設は20世紀末には絶望的に難航していた。すでに米英独仏が撤退していたように、技術的にきわめて困難であるのだが、それだけではなく、核弾頭に直接使用可能な高純度の核分裂性物質を扱うものであるため、その技術情報がそれぞれの国の軍事機密として秘匿されていたという事情もある。それでも原子力委員会の97年の高速増殖炉懇談会の報告書には「資源の乏しいわが国においては……将来の非化石エネルギー源のひとつの有力な選択肢として高速増殖炉の研究開発が進められていくことが極めて重要である」と記されていた。[71] そして05年には、核燃料サイクル開発機構発行の『核燃料サイクル開発機構史』でも「ＦＢＲ〔高速増殖炉〕サイクルは、軽水炉サイクルに比べてウラン資源の大幅な有効活用が図られ、現在把握されている利用可能なウラン資源だけでも数百年以上にわたって原子力エネルギーを利用できる」と書かれている（p. 21）。

ここで、高速増殖炉では「燃料が増殖する」と長らく言われてきた事柄について、本当のところをもうすこし丁寧に見ておこう。東電の原子力本部長を務めた榎本聰明の書には「高速増殖炉とは、連鎖反応が高速中性子……で維持され、核分裂物質が運転に伴い増加していく……原子炉をいっています」と記され、そのためには、使用後に取り出した「燃料を冷却して、再処理し、分離したプルトニウムを燃料に加工して……」とあり、こうしてプルトニウムは35～40年で2倍になると語られている（榎本 pp. 164, 168, 170）。しかし元京大原子炉実験所の講師であった小林圭二の11年の論考では、国際核燃料サイクル評価（核燃料サイクル事業のあり方を再検討するための国際プロジェクト）の想定した実機のモデルデータを使い、十分に甘い条件で計算しても、倍増に約90年を要するとある（小林 2012, p. 219）。「増殖」と言ってもきわめてわずかな割合でしかないのである。

しかし本当の問題は、そのためには、高速増殖炉での使用済み核燃料をあらためて再処理して、プルトニウムを抽出しなければならないということにある。だがその再処理は、軽水炉燃料の場合の再処理にくらべてはるかに困難であり[72]、その軽水炉燃料の再処理すらおぼつかない現状では、まず実現不可能と考えられる。したがって、現実的には「**高速増殖炉から出た使用済み核燃料の再処理は、商業技術的に100パーセント不可能である**」というのが妥当な結論であろう（広瀬・藤田 p. 66，太字強調原文）。

つまるところ、高速増殖炉が完成すればプルトニウムは無限に近い核燃料資源になるなどというのは、原子力発電の安全神話にならぶ「原子力ムラ」が作りだしたいまひとつの神話——増殖神話——であり、核燃料サイクルで日本がエネルギーについて資源小国の宿命から解放されるというのは幻想にすぎなかったと言わねばならない。しかし「国家事業」としての核燃料サイクル・プロジェクトは、とりわけ高速増殖炉の開発計画は、ほかならないその「幻想」から生まれたのである。

政府・産業界を結集し、資金・人材を集中して高速増殖炉と新型転換炉の開発を目標として、原子燃料公社を母体に67年10月に動燃（動力炉・核燃料開発事業団）が発足した。その年の「長計」には、高速増殖炉を将来の原子炉の主流にすると謳われている。しかしプロジェクトが「国家事業」としてひとたび立ち上げられ巨額の金が動き出せば、当初の目的の実現可能性がどうであれ自己回転をはじめるわけで、原発産業に戦時下の軍需産業の代用を求めた財閥系原発メーカーは、このプロジェクトに一斉に食いついていった。歴史書には書かれている。

これは戦後最大の国家事業計画で、戦前の帝国海軍の〈八八艦隊〉整備計画に匹敵する規模だった。……日本原子力産業会議の要望に応え、民間企業への積極的な業務委託が約束されていた。東芝や日立製作所、三菱重工などは、高速増殖炉や新型転換炉に関連する機器機材を受注するが、その開発計画が最終的に破綻、放棄されてもその責任を負うことはない。研究開発の結果がどうであれ、原子力産業界には大きな売上がもたらされる。（秋元 2014, p. 63）

動燃による高速増殖炉の実験炉「常陽」（発電機能なし）の建設が始まったのは70年4月である。核燃料サイクル・プロジェクトの以後の展開を時系列で見てゆこう。

77年4月　「常陽」茨城県大洗町　初臨界
77年7月　「常陽」定格熱出力5万kW達成
83年5月　政府「常陽」の次段階として高速増殖炉の原型炉「もんじゅ」設置許可
85年10月　動燃「もんじゅ」（定格電力出力28万kW　熱出力はその約3倍）福井県敦賀市　本格着工
94年4月　「もんじゅ」初臨界
95年8月　「もんじゅ」発電開始　1時間発電　フル出力の5％
95年10月　「もんじゅ」初の本格発電
95年12月　「もんじゅ」運転中に2次主冷却系ナトリウム漏洩・空気と反応して炎上　事故の詳細一部隠蔽、一部改竄　動燃の総務部次長自殺　以後14年半運転停止
99年9月　「常陽」の燃料加工工場ＪＣＯ臨界事故　2名死亡　従業員および付近住民多数被曝
07年11月　「常陽」原子炉容器内の燃料交換機能故障　以来今日（23年）にいたるまで運転停止
10年5月　「もんじゅ」運転再開
10年8月　「もんじゅ」燃料交換機器炉内落下事故でふたたび運転停止
16年12月　「もんじゅ」廃炉決定

「もんじゅ」の95年のナトリウム漏れも重大事故であったが、10年の事故は、直径46㎝、長さ約12ｍ、質量3・3トンという巨大な重量物体が原子炉容器内に落下した事故で、「一歩間違えば燃料集合体を直撃し、燃料破損、放射性物質放出という重大な事故を招く恐れも否定できない」ものであった（小林2012, p. 204）。引き上げは翌年6月。その後、12年には再稼働申請後も約1万点にのぼる機器の点検漏れが判明している（詳しくは『罠』9-56参照）。そのことはもちろん原子炉等規制法にもとづく保安規定違反であり、その緊張感の無さは、目標達成の意欲をすでに失い、プロジェクトが惰性で続けられているということの表れであろう。しかしそれでも95年のナトリウム漏れ事故から次の世紀の10年の事故までの14年間、毎年200億円の国費がその「もんじゅ」に投入されていたのであった（『東京』2011-7-4）。「もんじゅ」の最初の事故をうけて97年に科学技術庁が高速増殖炉懇談会を設置したが、その実際について、委員として招かれた吉岡斉は証言している。「ところが、議論のさなかに自民党が〔高速増殖炉の〕存続方針を出してしまったのです。懇談会の結論もそれを追認した。われわれの議論は何だったのかと思いました」。結論ははじめから決まっていたのであり、何があっても「国家事業」としてのプロジェクトは継続されなければならないのであり、サイクル全体の大黒柱としての高速増殖炉建設という看板を降ろすことは許されないのであった。この吉岡の証言は『毎日新聞』の記事からの引用だが、その記事はここでも「資源小国ニッポンの宿命」と結ばれている（『毎日』2011-4-20）。

しかし97年の東海村再処理工場での火災爆発事故と、95年の「もんじゅ」の事故および事故後の事故

再処理工場　MOX燃料工場

批判の中　再開着々

核燃サイクル中核

福島第一原発事故を受けた新たなエネルギー政策が決まっていないのに、使用済み核燃料を再利用する「核燃料サイクル」事業の中核的な二施設で、試験運転や建設を再開する動きが出てきた。核燃料サイクルは中止になる可能性があり、そうなれば不要な施設となる。専門家からは批判の声が出ている。

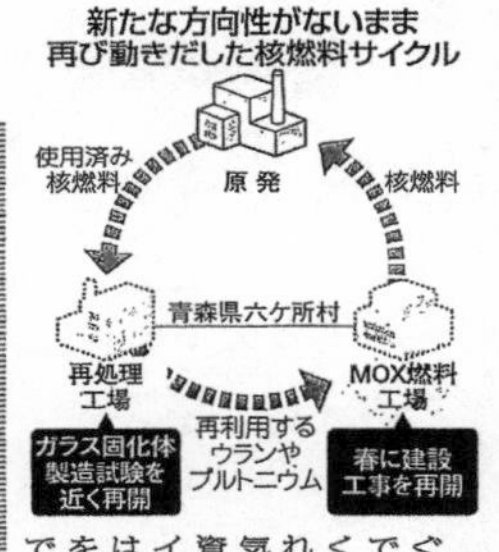

新エネ政策　待たず

核燃料サイクルをめぐっては、本紙の調べで、四十五年間に少なくとも十兆円が投じられたことが判明。電気料金の一部が主な原資となっているが、サイクルが完成するめどは立っていない。今夏をめどに決まる新政策でも、核燃料サイクルの存廃が最大の焦点だ。

福島第一の事故を受け中断された事業が再び動きだすのは、使用済み核燃料から再利用するプルトニウムとウランを取り出す再処理工場（年内に完成予定）と、取り出したプルトニウムなどを新たな核燃料につくり直すMOX燃料工場（二〇一六年に完成予定）の二つ。両工場とも電力各社が出資する日本原燃が青森県六ケ所村で運営する。

再処理工場では十日、プルトニウムなどを取り出した後にできる高レベル放射性廃液をガラス固化体にする溶融炉で、温度を上げる「熱上げ」がスタートした。まず放射性物質を含まない模擬廃液で試した後、実際に使用済み核燃料を使って試験する。

一方のMOX燃料工

図14　核燃料サイクル建設のなしくずし的再開
『東京新聞』2012年1月12日

情報の秘匿・改竄をあわせて、動燃にたいする国民の信頼は完全に失墜し、原子力行政そのものへの国民的信用が失われることになった。そのため動燃は98年に核燃料サイクル開発機構に改組され、その後さらに05年にその核燃料サイクル開発機構と日本原子力研究所（原研）が、（1）高速増殖炉および核燃料サイクルの研究、（2）高レベル放射性廃棄物処理の研究・開発のみを目的とする独立行政法人・日本原子力研究開発機構に統合再編される[73]。厳しい批判にさらされ、推進母体の組織のいた。

権限は縮小されたのである。しかしそれでも高速増殖炉建設と核燃料サイクル確立の目的は堅持されていた。

実際にも、先にも触れた05年の「大綱」、06年の「原子力立国計画」、そして07年の「エネルギー基本計画」は、いずれも高速増殖炉の50年ごろの商業ベースでの稼働と使用済み核燃料の全量再処理を掲げ、事実上破綻している核燃料再処理—高速増殖炉建設という路線の継続をあらためて表明している。[74] しかし内実はまったくともなっていない。

そして福島の事故を迎えるが、新聞によると、福島の事故後、新たなエネルギー政策がいまだ何も決まっていない12年の1月に、核燃料サイクルの中核である六ヶ所村の再処理工場とＭＯＸ燃料工場の試験運転や建設の再開がすでにはじまっていた（図14）。12年3月30日には、日本原燃はＭＯＸ燃料工場再開を発表した（『東京』2012-3-31）。どれほど重大で深刻な事故があっても、再処理の「権利」を手放さない姿勢の表れと見ることができる。

もちろん現実には、何も進展していない。「国家事業」としての日本の高速増殖炉建設プロジェクトは、原型炉つまり実用にはほど遠い研究開発段階でしかない「もんじゅ」でさえ、12年の段階で総額1兆3千億円が費やされたが（『東京』2011-7-4, 小林 2012, p. 207）、結局完成しなかった。日本の高速増殖炉建設は、半世紀近くの年月と途方もない費用を費やしても、原型炉の段階ですら、成功しなかったのである。ということは、「もんじゅ」破綻の時点で、高速増殖炉開発プロジェクトそれ自体が破綻したと見るべきであろう。相撲の言葉を借りるならば、それはもはや「死に体」である。

世界的にも「ドイツ、イギリス、アメリカ、ソ連、日本で建設された増殖炉は、原子力業界における最大の、そして最も贅沢な愚行であった」と総括されているのである(Cooke, p. 145)。

四・四　核燃料サイクルという虚構

第二次安倍政権の14年の「エネルギー基本計画」も、これまでどおり核燃料サイクルの推進を謳っている。しかしそこでは、「高速増殖炉」は「高速炉」に変更されている。「増殖」が事実上無理だとわかってきたことや、そもそも高速増殖炉の実用化の目途が立たなくなったということもあるだろうが、それとともに、プルトニウムが溜まりすぎて諸外国から厳しい目で見られている状況下で、プルトニウムのさらなる「増殖」を言えなくなったのであろう。

先述のように、16年12月には「もんじゅ」の廃炉が決定された。「もんじゅ」の廃炉にたいしては、文部科学省(文科省)は相当抵抗したようだが、経産省に押し切られたのである。「もんじゅ」の廃炉によって、文科省のもとでの「高速増殖炉」開発路線は完全に破綻し、「増殖」の看板を降ろしたプロジェクトは経産省のヘゲモニーによる「高速炉」開発へと転換してゆく。16年9月には14年の「エネルギー基本計画」を踏まえ、経産省が中心になって高速炉開発会議を発足させ、その年の11月には経産相、文部科学相、電事連会長、日本原子力研究開発機構理事長、そして三菱重工業社長よりなる会議で、新しい高速炉開発の工程表を策定する案を決定している。[75]「もんじゅ」破綻後、それに代わるものとしてフランスの高速炉実証計画アストリッドの日仏共同計画が持ち上がったが、それもフランスが18年に中止を表明し、計画の実態は完全に失われた。しかし23年5月には、15年以上も運転されていなかった「常陽」の縮小出力による再稼働にたいして、原子力規制委員会が新規制基準に適合の判断を下した（『毎日』2023-5-25）。何が何でもプロジェクトを存続させ、核燃料サイクルの旗を降ろさない構えである。かつて核燃料サイクルは「力ずくでも進めていくべき課題」であると語ったのは経産省資源エネルギー庁長官であった（佐藤 2011, p. 105）。「核燃料サイクル事業は失敗続きであったため、これを中止し、使用済み核燃料は全量直接処分に切り替えるべきだという批判もなされていたのだが、経産省には、こうした声に耳を傾ける素振りさえなかったのである」（上川 2018b, p. 201）。

かつての長良川河口堰の工事や群馬県の八ツ場（やんば）ダム建設、あるいは現在進行中のＪＲ東海によるリニア中央新幹線計画でもそうだが、ひとたび決定し推進してきたプロジェクトにたいしては、その計画がいかに無駄の多いことが判明しても、当初の見込みより経費が大幅に超過したとしても、状況が変わって無意味なものに化したとしても、あるいは根本的な不都合が判明しても、一度立ち止まりこれまでの方針を再検討し、異なる方針で進める、場合によっては計画そのものを放棄し撤退する、という柔軟な対応ができないのである。こうして誰も責任を問われず、破綻が先送りされつづける。新聞によれば、「日本は引き続き高速炉の開発を進める……国内で実現のめどが立たない中、原型炉の次の段階の実証炉を開発する米国の計画に協力し、技術の獲得をめざしている」。すなわち米国のテラパワー社が進めている高速炉開発に日本原子力研究開発機構と三菱重工業が技術協力をする、とある（『朝日』2022-1-13,

『毎日』2022-2-5, 2023-5-25）。それというのも「日本の原子力政策は高速増殖炉開発を中心に据えており、建前だけでも継続しなければ日本の原子力は崩壊する」からである（小林 2012, p. 220）。

しかし現実には、日本における核燃料サイクルは、表向きに語られていることはともかく、本心では今日では誰もその実現を信じていないし、そしてまたその実現を必要ともしていない。いまではそれは、ともかく「実現を目指している」と言いつづけて継続されていさえすればそれで「可」とされる、虚構のプロジェクトなのである。ある大手電力の幹部は、「表向きは高速炉開発を否定できないが、いくらかかるか分からない実証炉を誰も運営したいと思っていない。核燃サイクル維持の建前さえ崩れなければそれでいい」と、本音を漏らしたと伝えられる（上川 2018b, p. 222）。

動燃が68年〜96年の30年間にわたり高速増殖炉開発に投入した経費は1兆527億円、「もんじゅ」だけでも、11年までに投じられた経費は総額1兆810億円（秋元 2014, pp. 72, 127）。その建設・補修・改善の工事は、日立製作所、東芝、三菱重工業、富士電機、そしてその関連企業が担ってきたのであり、それに要した膨大な経費の多くはこれらの企業に流れ込んだ。再処理工場にはもっと金がかかっている。結局、12年までの45年間にサイクルに投じられた経費は10兆円を上まわる（『東京』2012-1-5）。18年の報道では「国民から電気代や税金で集めた13兆円を、プルトニウムを燃料にする高速増殖原型炉もんじゅ（福井県）や再処理工場（青森県六ヶ所村）などに投じながらも、構想実現のめどは立たない」とある（『東京』2018-7-18）。核燃料サイクルは、三菱重工や日立や東芝にとっては、成功しようがしまいが、手放すことのできない金のなる木なのである。関与しているいくつもの機構はまた、官僚にとっても重要な天下り先であり、その意味でも無くすわけにはゆかないのである。

そしてまた、高速増殖炉建設にはつぎの事情がある。

プルトニウムは、人体にとって猛毒であると同時に、原爆（プルトニウム爆弾）の「爆薬」でもある、という二重の意味において危険きわまりない物質であり、国際的にもその所有保管は厳しく監視されている。とくに93年に成立した米国の民主党クリントン政権が兵器用核分裂物質備蓄の削減と管理強化を打ち出したことを受けて、日本は余剰プルトニウムを備蓄しないことを国際公約として掲げてきた。以来、日本は、再処理はあくまで「平和利用」のためであり、「利用計画のないプルトニウムは持たない」と世界にむけて約束してきたのであり、プルトニウムを取り出し備蓄しているのは、ただもっぱら将来生まれる高速増殖炉の燃料に使用するためである、ということを一貫して言い訳にしてきた。東京電力が発行した冊子には「プルトニウムの利用に対するいわれのない国際的な疑念を払拭するためにも、余剰のプルトニウムを持たないとの原則を堅持し、再処理によって生産されるプルトニウムをすべて原子燃料として計画的に使い切ることとしています」とある（東京電力 p. 253）。現実には、高速増殖炉完成の展望はほぼ完全に失われているのであるが、しかし東海村の再処理施設と英仏の企業に委託した再処理によって、すでに日本は数千発ものプルトニウム爆弾を作りだすことができるだけのプルトニウムを保持している。そのため、それをあくまで燃料として消費すると言いはるためには、展望がなくとも「高速炉」建設の看板を降ろすわけにはゆかないのである。

ちなみに、MOX燃料を使用するプルサーマル計画について言うと、それは高速増殖炉計画が破綻したために、かわりにプルトニウムを軽水炉で燃やすという苦肉の策でしかなく、それゆえプルサーマル計画そのものが「日本の原子力政策が破綻したことを示している」（小林 2002, p. 112）。改良型であれ基本的には通常タイプの原子炉でウランにプルトニウムを混ぜたＭＯＸ燃料を燃やす計画は、経済性という面でも大きく劣っているのであり、[76]一時的な間に合わせでしかない。

新聞には、21年に政府は、原発のある都道府県が今後プルサーマル発電を認めたならば交付金を支払う方針を固めたとある（『毎日』2021-12-26）。「プルサーマルの導入は従来の原発に数々の新たな危険性を追加するのである」と指摘されているように（小林 2002, p. 115）、安全性という面でも懸念されていて、原発立地の自治体からは忌避されているのであり、政府はいつものように札束でしか納得させられないのである。

そこまでしなければならないのであれば、そもそも余分なプルトニウムが発生しないように使用済み核燃料の再処理をしなければよいのだが、国と電力会社にとって再処理路線の放棄を言い出せないのは、先に触れた青森県・六ヶ所村との関係もあると、メディアでは説明されている。

青森県と六ヶ所村そして日本原燃が98年に電事連の立会いのもとで交わした覚え書には、再処理事業が実施できなくなれば使用済み核燃料は六ヶ所村から運び出すと定められていた。青森県知事は、青森県を核のゴミの最終処分場にはしないという国の約束のもとに、六ヶ所村再処理工場の建設を認めたからである。現在、六ヶ所村の巨大プールにはすでに3千トンを超える使用済み核燃料が持ち込まれているが、それらはすべて「再処理のためのもの」という建前のもとに受け容れられている。だが再処理路線を放棄すれば、六ヶ所村に保管されている「使用済み核燃料」はすべて、そのもつ意味がただちに「核のゴミ」に変化し、それぞれの原発に送り返されることになる。「そうなると、日本の原発システムは即時破綻をきたし、大混乱を起こしかねない」（太田 2015, p. 110）。

核のゴミについて最終的に何処でどのように処分するのかについて何ひとつ決まっていない段階で、また決まるあてのない状態で、電力会社が無責任に六ヶ所村に使用済み核燃料を押しつけたことの結果が、今になって電力会社を縛っているのである。

電力会社にとって問題はそれだけではない。少し細かな話をすると、「一般電気事業供給約款料金算定規則」の第4条2項には、特定固定資産や建設中の資産等とならんで、新型炉の研究開発等の費用も「特定投資」として総括原価に含まれるとある。そして核燃料資産も事業年度に所有しているかぎり、たとえ何年も先に使用するつもりのものであっても「特定投資」に含まれると通産省は認めていた。それゆえ再処理を前提としているかぎり、使用済み核燃料は、将来的にそこからあらためて燃料として使用可能なウランやプルトニウムを取り出すことのできる「資産」として、総括原価に繰り込むことができる。もちろんそれは電気料金にはねかえってくる（秋元 2014, pp. 135–137）。しかし再処理を放棄すれば、それらはただちに資産価値ゼロの単なるゴミとなり、その結果、総括原価も減少し、総括原価に一定の利率を掛けて得られる利潤も当然減少することになる。いずれにしても身勝手な理屈であり、核のゴミという最重要問題を先送りにするだけの正当性はない。

そんなこんなで、もともとは再処理に消極的であった電力会社も、核燃料サイクル事業の存続に固執しなければならない状態に追い込まれている。

電力会社は、公的には再処理の目的をウラン資源の節約——ウランのリサイクル——のためだと表明していたのだが、電事連の原子力部長が「再処理路線でなければ、使用済み核燃料の受け入れ先がなくなり、原発が止まってしまうことになる」と思わず本音を漏らした、と報道されている（『東京』2012-9-5）。ルポライターの鎌田慧も「原発がある地域を取材すると、私が質問をする前から、行政や電力会社は〈廃棄物は六ヶ所村に持っていきますから安心です〉と言ったものです」と証言している（鎌田 2012, p. 46, 同 2001, p. 14）。結局のところ電力会社は、再処理を口実に、六ヶ所村のプールを体よく「使用済み核燃料の不定期の長期にわたる置き場」にしているのであり、電力会社にとって、六ヶ所村の再処理施設は、完成しなくとも、いずれそのうちに完成すると語られつづけていれば、それでよいのである。というか、それ以外の行き方は考えられなくなっている。ちなみに「核燃料サイクル事業にかかるコストの負担は、電気料金の値上げを通産省に認可してもらうことで損失補填され、〔電力会社は〕自らの懐を痛めることはなかった」（上川 2018a, p. 94）。

他方で六ヶ所村自体にとっては、施設建設が始まった88年度から10年度までの電源交付金は計3百億円、日本原燃からの固定資産税は10年度で57億円、その他に関連企業からの固定資産税もあり、これらがなければ村の財政は成り立たなくなっている（『東京』2012-2-20, -2-28）。

つまり戦後日本の「国家事業」として日本の原子力政策の柱をなしている核燃料サイクル・プロジェクトは、政治家も所轄官庁の官僚も財閥メーカーも電力会社もすべてが、すでに「死に体」のそのプロジェクトに群がり、国民から集めた税金や電気料金を投入しつづけ、将来的に実現できるかのようにふるまうことによって、命脈を保っているのである。

そしてそのことは同時に、核のゴミの最終処分というもっとも重要でもっとも深刻な問題の永遠の先送りにつながっている。

日本の原子力政策は「国策民営」と称され、国家による指導によって進められてきたが、「そんな国策民営の最たるものが核燃サイクルだった」（太田 2014, p. 144）。その巨大プロジェクトは、ひとたび動き出したならば、利害関係集団（ステーク・ホルダー）のあいだの利害とか面子とか責任問題とか諸々が交錯し、八方ふさがりというか、誰にも後退や方向転換を言い出せなくなっているのであり、破局が先送りされつづけている。

＊＊＊

かつて大日本帝国は、アジアの盟主という思い上がりと「資源小国」の強迫観念にとらわれて、大陸の地下資源、とりわけ鉄鉱と石炭の収奪のために「満洲国」を捏造し、そこから「日満支経済ブロック」の形成へ、そしてさらに南方の石油を求めて「大東亜共栄圏」の確立へと野望を広げ、東アジアの諸国を軍事侵略していった。そしてアジア太平洋戦争において、すでに勝利が見通せなくなった時点においても「神州不滅」の神話にもたれかかり、敗戦の受け容れを先送りしつづけ、「カミカゼ」が吹くのを待望して、破滅まで突き進んだ。

同様に戦後もまた、核ナショナリズムと「資源小国」の観念にとらわれて、核燃料サイクルという迷宮にはまり込んでいった。核発電の「安全神話」は、福島の破局をもたらすことになった。さらには「無限のエネルギー資源」という核燃料サイクルの「増殖神話」も、日本社会の破局をもたらしかねない状況にある。ここで立ち止まらなければ「いったん開始した研究の見通しがないときに、これを捨て去ることができない日本は、第二次大戦を自ら止めることのできなかった旧軍と、同じ病に侵されていることになる」のである（青木 2012, p. 131）。

一刻も早く核燃料サイクルの迷宮から脱出しなければならないのだ。そしてその脱出は、根本である核政策そのものの廃棄、核発電そのものの放棄によってしか可能にならないであろう。

（65）　Küppers & Sailer, p. 62. ラ・アーグとセラフィールド（一時ウインズケールと言われた）は、それぞれフランスとイギリスの再処理施設のある所。「アイリッシュ海は世界で最も汚染された海」と呼ばれている（坂・前田 p. 188f.）。日本は、71年に英仏の事業者との契約で、使用済み核燃料の一部の再処理をこの2カ所の再処理工場に委ねてきた。セラフィールドについては、そこから南1マイルの町では「子供たちは、正常より10倍多くの白血病の発生率がある」と報じられている（アドキンス 1984, p. 18）。同様に、ラ・アーグでは、再処理工場から10㎞圏での小児白血病の発症率がフランス全土の平均の2・8倍に達すると伝えられている（和田他 p. 61）。「ＥＣＲＲ（欧州放射線リスク委員会）によると、英国のセラフィールド再処理工場、フランスのラ・アーグ再処理工場、ドイツのクリュンメル原発周辺などで観察されている小児白血病の増加は、ＩＣＲＰ（国際放射線防護委員会）モデルでは説明できない内部被曝が原因である」（和田他 p. 121）。セラフィールドとラ・アーグの放射線汚染については Cooke, pp. 299-305 に詳しい。ＩＣＲＰは原子力産業の影響を受けている民間の国際学術組織であり、一貫して放射線の内部被曝を軽視している。ＩＣＲＰが提唱している被曝限度にたいするＥＣＲＲの批判は『東京』2011-7-20, -7-26, -8-27, -10-12, 2012-2-11, -3-17 にあり。

(66) 原料の濃縮ウランにおける可燃性ウランの割合に3〜5％の幅があるから、この値は大体の程度を表す。

(67) ガラス固化の実際の過程については『東京』2012-2-6 に詳しい。ガラスは原子や分子が規則正しい空間的配置をもつ結晶を作らずに集合した固体状態なので、固まっても「固体」とは言わない。ガラス固化（glassification）は通常の固体より安定ということで、高レベルの核のゴミの保存の方法として選ばれたが、しかし強い放射線と熱に晒されて10万年間も安定なのかどうかは不明であろう。

(68) 日米原子力協定締結の経緯について、詳しくは『通信』No. 494, 2015-8「日米原子力協定　歴史と課題　前篇」、同 No. 495, 2015-9「同　後編」参照。

(69) そのプロジェクトが採用したのは、国（科学技術庁）が大金を投入して東海村で開発した技術ではなく、フランスから輸入した技術であった。とすれば、東海村のパイロット・プラントは何の役にも立たなかったということになる。「電力業界は、動燃や国内メーカーの技術力を信用していなかった」のである（吉岡 2011b, p. 236）。

(70) 太田 2014, p. 152 には、ホワイトハウスの高官が太田にたいして、この韓国の主張を語ったことが記されている。

(71) 東京電力広報部『原子力発電の現状』（２００４年度版）p. 250f. より。竹内 p. 80 参照。

(72) 高速増殖炉の再処理技術に特有の困難さについては、吉岡 2011b, pp. 205-208 参照。

(73) 動力炉・核燃料開発機構（動燃）—日本原子力研究開発機構で繰り返された不祥事については『東京』2011-11-22 に詳しい。

(74) 常石 p. 158, 竹内 p. 108, 鈴木達治郎 p. 104, 吉岡 2011b, p. 340.

(75)『通信』No. 511, 2017-1, 同 No. 583, 2023-1, 滝谷紘一「新たな高速炉開発の動きとその問題点」参照。

(76) ウラン燃料にたいするＭＯＸ燃料の価格の比について、『東京』（2012-3-8）では5倍、『朝日』では7〜8倍（『罠』2-8）、『毎日』（2023-2-2）によれば、フランス財務省の貿易統計にもとづけば8・8倍、原子力資料情報室の試算（『通信』No. 564, 2021-6）では9倍以上。吉岡の書では5〜10倍だが、再処理コストを加味すれば10〜20倍（吉岡 2011a, p. 41）。なお、青森県大間の大間原発（電源開発）はＭＯＸ燃料専用の原発として設計されたものである。

終章　核のゴミ、そして日本の核武装

本書は日本の核開発・核発電の問題点を、核のゴミ、そして核燃料サイクルを中心に検討してきた。福島の事故から十余年、現在は日本が脱原発に向かうのか、原発使用の継続に向かうのかの、決定的な分岐点に位置している。先述のように23年5月31日、議論らしい議論もなく老朽原発の60年超運転を可能とする「GX脱炭素電源法」が参議院本会議で可決された。福島の事故以来曲がりなりにも維持されてきた原発依存低減化方針にまったく逆行するものである。

原発使用の継続、そして核燃料サイクル建設への固執は、もちろん将来的な重大事故の危険性を抱え込むことであるが、それとともに核発電においてもっとも困難な、それゆえにもっとも重要な核のゴミの処分という問題を先送りし、同時に核のゴミを今後も出しつづけ増やしつづけることを意味している。たとえ事故なく正常に運転されたとしても、何万年も毒性を失わない核のゴミを後世に残す核発電は、端的に「世代間倫理」に悖り、「世代間正義」に反している。それは、将来の人類と地球にたいする、無責任を通り越した、むしろ途方もない犯罪行為ですらある。

核のゴミの問題の解決には、その前提として、第一に、核のゴミを大きく増加させ、かつ問題を先送りする核燃料サイクルを止めることが必要とされる。そのことは、言うまでもなく潜在的核武装論も技術抑止論も放棄することを意味する。そして第二に、これ以上放射性廃棄物が生まれないようにすることが必要とされる。それはもちろん、国内のすべての原発の運転を止めることであり、核発電自体から撤退することである。そのうえで、この半世紀余りの原発使用で生み出され残されている大量のゴミの処分という「難題中の難題」（山岡 2015, p. 143）については、20世紀の後半に生きた人間の責任として、逃げることなく向き合い、真剣に考えてゆくことからはじめるしかないであろう。

核のゴミの最終処分について、日本では2000年に「特定放射性廃棄物の最終処分に関する法律」が制定され、この法律にのっとって、核のゴミの最終処分を専門的に担当する組織として、原発をもつ電力会社が出資する、経産省の認可法人NUMO（ニューモ）が設けられている。Nuclear Waste Management Organization of Japan の頭文字をとったもので、その通りに訳せば「日本核廃棄物管理機構」であるが、日本語では「原子力発電環境整備機構」と、まるで環境保全のための組織であるかのように称させている。とくに一番肝心の「核廃棄物（Nuclear Waste）」の言葉を隠しているのは、かなり意図的で詐欺に近い。原発の「老朽化」を「高経年化」と不自然に表現し、「事故」を「事象」と言いつくろい、原発の危険性を審査すべき委員会を「原子力安全委員会」と称してきた類の、事の本質を隠蔽してきたこれまでの原子力ムラの姑息なやり方がここにも見られる。そして最終処分場の選定は、2年程度の文献調査→4年程度の概要調査→14年程度の精密調査を経て決定されるとの方針が提起されている。そのさい、最終的に破談の場合でも調査に協力してくれれば、文献調査で最大20億円、概要調査で最大70億円の交付金が与えられるとされている。すでに北海道の寿都町、神恵内村が手を挙げているが、地方自治体の過疎と高齢化による財政難に付け込む、これまでの原子力ムラのやり方にほかならない。

いつまでもこんなことをしていれば、結局、自治体を金で買収し、住民には正確な情報を与えず、地域に分断を持ち込み、反対派を力ずくで抑えつけ、地元住民の心に深い傷を残し、あげくに既成事実を積み重ねて後戻りできなくするという、これまでのやり方をくりかえすことになるのではないか。その点の反省からこそはじめるべきではないのか。というのも「核のごみ問題は安全性などに関する技術論やコストなどの話では尽きず、倫理や道徳に深くかかわる問題である」からである[77]（今田他 p. 52）。

核エネルギーの放棄、原子力発電からの撤退について言うならば、実際には20世紀的なエネルギー多消費型産業は世界的に確実に後退しているのであり、生産と消費の両面において省エネが進み、その意味では電力需要は確実に低下している。それと同時に風力や太陽光等の自然エネルギーの技術は著しく進歩し、コストも大きく下がっている。それにひきかえ、原子力発電に要するコストは世界的に見て急速に上昇しているのであり、そんなわけで核エネルギーの比重は大きく低下している。

日本で自然エネルギーの拡大が進まないのは、自然的条件ではなくて、政策的・技術的な問題である。23年5月10日の『朝日新聞』には「再エネ制御　都市部も」の見出しで書かれている。「太陽光と風力でつくった電気の受け入れを大手電力が一時的に止める〈出力制御〉が、〔電力〕大手10社のうち8社のエリアまで広がっている。……再生可能エネルギーを使い切れずにムダにしているのに等しく、普及に向けた課題となっている」。そのような「出力制御」は、じつは18年秋に九州電力が先鞭をつけていた。

その後の報道によると、九州電力が23年の3月～5月に8日間５００万kwの出力制限をし、再生可能エネルギーを原発5基分無駄にし（『毎日』2023-8-8）、さらに全国の大手電力会社は23年度の上半期には再生可能エネルギー事業者にたいして「一時的な発電停止を求める出力制御を計１９４回実施した」とある（『東京』2023-10-17）。太陽光による発電が急増して電力供給のバランスが崩れると大規模停電になりかねないというのがその理由とされたが、他方で九州電力は電力不足を理由に15年に川内（せんだい）原発を、18年には玄海原発を再稼働させていたのである。そればかりか、原子力規制委員会は23年に川内原発の40年を超え60年までの運転延長を認めている。

原子力資料情報室の『通信』によれば「海外では再生可能エネルギーより先に原発が制御される（もちろん、こまめな制御はできない）のに日本では逆なので、秋～冬期の最大需要の40％強、最小需要に対しては50％を超える原発はフル稼働のまま、自然エネルギーの出力が制御されるのである」と説明されている（『通信』No. 536, 2019-2）。そして、日本でそのような理不尽なことになっている理由として、前述の『朝日新聞』の記事には「送電網整備など再生可能エネルギーを生かす対策が進んでいないからだ。制御のオンライン化でムダを減らせるが、その導入も遅れている」とある。その気になってやればできることではないのか。原発を手放そうとしない政府の過剰な優遇措置か、そうでなければ怠慢、そして地域独占体制に固執する電力会社のサボタージュではないのか。結局、原発優先で、既存原発を最大限使い尽くすということを第一前提としていることの結果なのであろう。そしてそのことは、自然エネルギー使用の拡大・普及を大きく妨げている。

欧米のエネルギー革命の時代に開国した日本は、明治維新以来、「殖産興業・富国強兵」をスローガンに近代国家の形成をなしとげ、戦時下でのファシズム支配のもとでの「国家総動員」をスローガンとする高度国防国家の形成を経て、戦時下の総力戦体制の継続としての戦後の復興から高度成長へと進んでいった。それは一貫して国家の指導のもとに進められたのであり、敗戦で一度リセットされたものの、70年代半ばまでは絶えざる人口増大・エネルギー消費拡大を基調とした時代であった。

電力業について言うならば、第一章で見たように、明治・大正期のさまざまなレベルの多数の企業・自治体・協同組合の競合による分散的電力生産の状態から、次第に寡占的大電力会社が台頭し、過疎地での発電と都市での消費という構造を作り出し、昭和の時代にそれらが金融資本の支配下にはいり、さらに戦時下での電力国家管理を経て、戦後の地域独占大電力会社体制の形成と、国策民営路線による中央集権的核エネルギー開発の時代へと進められてきた。それは一貫して民衆から決定権限を取り上げ、その権限を中央権力へと集約してゆく過程であった。

かつての大戦中にナチス支配から逃れてフランスに渡り、戦後フランスの核政策を見続けてきた思想家アンドレ・ゴルツは、すでに75年に「原子力発電から電力ファシズム」という標題で書いている。「産業ブルジョアジーにとっても、国家のテクノクラシーにとっても、国家の中央集権的支配が可能なかぎり強くなり、地域住民の自律性と決定権が可能な限り弱くなることが、利益である。エネルギーの生産・分配過程の技術的であるとともに地理的な集中は、中央国家を前例のないほどに強化する手段となっている。この集中こそが、新たな専制主義を可能にしているのだ」（Gorz, p. 159）。日本が本格的に原発開発に乗りだした74年以降に辿ってきた道そのものではないか。

しかしその流れは、２０１１年3月の福島第一原発の事故と、それに前後する人口減少期への移行によって、行き詰まることになった。戦後版総力戦体制としての高度成長後の核エネルギー開発・原発使用拡大政策は、福島の事故で破綻したのである。

日本の人口減少がはじまり、自動車産業や電気・電子産業にたいする需要も飽和状態に達していることもあって、国内的には経済成長の条件はすでに失われている。ちょうど50年前の73年にシューマッハーは「ごく一部の経済学者だけが、有限の環境のなかで無限の成長はありえないことが明らかである以上、今後どの程度の〈成長〉が可能なのかという疑問を抱き始めている」と語っていたが（Schumacher, p. 63）、いまでは多くの人たちが、有限の地球環境のなかでの持続的生存にむけて、脱成長を語っている。電力問題はそのことを前提に語られなければならない。つまり脱成長と自然環境の保全は、電力政策としては、大規模で無駄が多く融通の利かないばかりか、何万年にもわたってきわめて有毒な廃棄物を自然界に残し、あまつさえ破局的な事故の可能性をともなう原子力発電からの脱却を必要とし、同時に再生可能エネルギーへの転換を必然的にもたらすということである。

現在では、中央集権的・地域独占的な巨大電力会社による発送電システムから地域分散的システムに変えてゆくならば、核発電からの撤退はそれほど難しいことではなくなっている（『東京』2011-5-25）。現在の中央集権的発送電システムでは、遠隔の大規模発電所から50万ボルトの超高電圧で大手企業の工場等の大口電力消費者に送電し、そのうえで電圧を下げて圧倒的な数の末端の家庭や小口の消費者に配電している。料金は高電圧受電の業務用より家庭用は1・5倍余り高い。それは無駄の多いシステムであるばかりでなく、大企業優先で、電力使用量では全体の4割程度の小口使用者が、全電力料金の7割以上、場合によっては9割近くを負担させられているという理不尽なものなのである（田中優 p. 127）。それゆえ小口の消費者が中央集権的システムから離脱し、住民が決定権限を自分たちのもとに取り戻し、電力の地産地消システムに移行すれば、無駄も減り再生可能エネルギーへの転換が容易になり、コストも削減されることになる。

結局、原子力から再生可能エネルギーへの転換は、人間の自然への向き合い方、ひいては人間同士の社会的関係をも変えることなのである。すなわち、電力生産技術の転換にとどまらず、電力生産を利益をあげることを第一とするのではなく公益を第一とするというように、電力生産思想の変革をともなうことになる。

＊　＊　＊

最後につぎのことを言い添えておきたい。

これまでも強調してきたように、戦後日本の核ナショナリズムは、核兵器不拡散条約（ＮＰＴ）加盟国のうちの核兵器保有国以外で唯一再処理の「権利」の「獲得」をもたらした。「その結果として日本は〔核武装にむけて軍事転用可能な〕あらゆる種類の機微核技術を我が物とし、軍事転用の危険性の高いあらゆる種類の核施設が日本国内に建設されることとなった」（吉岡 2011b, p. 172f.）。ようするに「これらの技術をもっていれば、いってみれば、明日にでも原爆はつくれる」のである（三宅 1977, p. 222）。

さきに潜在的核武装を物質的に担保しているのは、核燃料サイクル、とりわけ高速増殖炉による兵器級プルトニウム生産であると言った。そのプルトニウムを、日本はすでに、プルトニウム核弾頭6千個分に相当する48トンも所有している。さらに日本は、これまで人工衛星を何発も首尾よく打ち上げてきた。そのことは弾道ミサイルを作る技術をも有しているということである。

潜在的核武装どころか、すでに日本は現実的核武装の一歩手前にきている。『日本経済新聞』の85年7月16日の社説「核開発40年の世界と日本の責任」には「〝日本は必ず核武装する〟とのしつような予言や中傷にもかかわらず、30余年の原子力開発の歴史と実績の中でわが国は平和利用に専念し、それを堅持してきた。31基、2千万kW以上の原子力発電所群を安全に、経済的に運転し、ウラン濃縮に再処理と核燃料サイクル確立をめざしつつある」とあった。しかし、そのまさにウラン濃縮、再処理、核燃料サイクルのどれもが、核兵器所有に直結する機微核技術なのである。

この『日本経済新聞』の社説からわかるように、すでに40年近くも以前から日本は外国から核武装を懸念されていたのだ。外国から発せられる日本核武装説は、単なる「中傷」でもなければ、東電発行の『原子力発電の現状』にあるような「いわれのない国際的な疑念」でも決してない。元米国国防長官のシュレジンジャーは、09年5月6日に米国下院公聴会で「米国の核の傘の下にある30余りの国のなかで最も独自の核戦力保有に傾いているのは、おそらく日本だ」と証言していた（『通信』No. 568, 2021-10）。そしてイランは、10年の9月15日に日本のプルトニウム保有を「深刻な懸念だ」と非難していたのであるが（『朝日』2011-7-21）、23年8月7日にも核兵器に転用可能なプルトニウムについて日本が貯蔵しているのは「前例のない警戒すべき量だ」と懸念を表明している（『東京』2023-8-8夕刊）。国家間では外交関係が重視されるゆえ、面と向かって公然と言うことはないにせよ、腹の中でそう思っている国はほかにも少なくないであろう。外国からそのように見られていることの意味と根拠に、日本人は向き合わなければならないのであり、自分の足元を見直さなければならない。

福島の事故の4カ月後にドイツは国内のすべての原発を廃止する法律を議会で成立させ、12年後の2023年に脱原発を達成した。このことは、ドイツは将来的に核武装しないという国際的なメッセージなのである。それにひきかえ、あれだけの大事故を起こしていながら、日本が原発放棄に向かわないどころか、使用済み核燃料の再処理を国際的に認められた「権利」だとして固執していることは、それだけで、将来的な核武装のオプションを放棄していないことを疑わせるのに十分なのである。実際日本は、2017年に国連で採択された「あらゆる核兵器の使用は、武力紛争の際に適用される国際法の諸規則、特に国際人道法の諸原則及び諸規則に反する」[78]と前文で謳っている核兵器禁止条約には、一貫して不参加の立場を貫いている。それは米国の核の傘に依存した核抑止を安全保障の核としているという立場から、マスコミの言うように、単に米国に忖度しているだけではない。もちろん、いつまでにということではないだろうが、日本自身の将来的な核武装にむけておのれの手足を縛らないための選択でもある。「平和憲法」を隠れ蓑にしているだけたちが悪い。実際に日本が核政策で一貫してもっとも重視してきたのは、核産業の育成であり原発メーカーの保護であったことを、本書でも見てきた。

そのなかでの岸田政権の原発回帰の表明は、核武装に直結する核技術——人材と設備および核分裂物質——をあくまでも維持するという、日本の支配層と財閥系原発メーカーの一貫した強固な意志を表している。とくにこの間の岸田政権による日本国憲法に反する敵基地攻撃能力保持の提唱と、その独断的な進め方を見ると、核ナショナリズムの最終到達地点とも言うべき憲法改正と核武装に至る危険性を決して過小評価してはならないと私には思われる。

反核は反原発・反原爆を意味し、反原発運動は同時に反核武装の運動でなければならないであろう。

(77) 日本における核のゴミの問題の現状について詳しくは、古儀 2021 および今田他 2023 を参照していただきたい。とくに古儀の書は詳しく優れている。

(78) 外務省の暫定的な仮訳による。

あとがきにかえて

◪　正月の能登の地震は、とくに珠洲市を中心にした被害状況は衝撃的でした。それまで知られていなかった断層がずれたとあります。日本中、どこでもこのような地震は起こりうるのです。69年に市議会が誘致を提言した石川県珠洲市の原発計画は、住民の反対で02年に中止が決定されました。住民の反対運動がどれほど貴重なものであったかが、今にして思われます。その石川県に隣接する福井県は私の母の故郷です。子供の頃、何度か福井の海で遊びました。１９５０年代です。美しい海でした。それが今では原発銀座になっています。おぞましいことです。

本書を読んでいただければわかるように、執筆にあたっては多くの新聞記事も参考にしてきました。私が購読しているのは『東京新聞』と『毎日新聞』ですが、その他の新聞も公立図書館で縮刷版を繙いて、原発記事には丁寧に眼を通すようにしてきました。『原子力資料情報室通信』はもちろん、電力産業の業界紙『電氣新聞』も、情報源として重視してきました。『東京新聞』は、「こちら特報部」もふくめて原発関連の記事が多く、平素から重宝しています。『毎日新聞』も、原発については良い記事を載せています。それとともに楽しみにしているのは「仲畑流万能川柳」です。何が「万能」なのかはよくわからないのですが、この半年間で印象深かったもの４句、挙げておきます。

「ゴミ処理は別途」原発販売中　ガンショウ　23年9月16日
原発はミサイル考慮してないな　北の馬場　23年10月19日
廃炉ってそもそも可能なんですか　荒川　淳　23年12月8日
原発は他産多消の東京都　繁本千秋　24年1月13日

日本の原子力発電の問題点があらかた指摘されています。人はちゃんと見ているのですね。新聞の他には、もちろん原発関連書も、福島の事故以前に書かれたものも含めて、手当り次第に読んできました。

そのさい原子力ムラの出版物も、利用できたかぎり眼を通してきました。原発建設を推進してきた機構や人たちの書物を読むと、正直なところ時に信じられないような表現に出会います。その一例が、本文中にも記した高速増殖炉についてのもので、核燃料サイクル開発機構が05年に出版した超豪華本『核燃料サイクル開発機構史』には「現在把握されている利用可能なウラン資源だけでも数百年以上にわたって原子力エネルギーを利用出来る」とあり、同様に東京電力の榎本聰明の09年の書にも「今後1000年以上にわたって、人類がエネルギー問題から解放されるのも夢ではなくなります」と書かれています。

私が呆れたのは、原発という高価なわりに壊れやすく不経済で、正常運転でも「核のゴミ」を生みつづけ、ひとたび事故を起こせば時に大惨事にいたるような欠陥技術が、今後「数百年以上」も「千年以上も」使いつづけられると思っている、そのあまりにも能天気な技術観にです。

そもそも現代人の作った技術が数百年も千年も先まで使用可能であるかのように語るのはまったくのナンセンスです。しかし他方で、放射性原子核では、核種によっては千年先どころか1万年先でも10万年先でも、その危険性は残ります。

この点について、昨今の科学技術の進歩は目覚ましく、それまで人類にはまったく不可能と思われてきた多くの事柄をいくつも可能にしてきたではないか、とするならば放射性原子核を無害化する、あるいはその半減期を短縮させる技術が将来的に生まれる可能性も否定できないであろう、だから「核のゴミ」がいつまでも危険であるとは断言できない、と主張する人もいます。

たしかにラザフォード以来、原子核の人工的変換は可能になっています。そのさいに変換されて生まれる原子核も通常は放射性であり、無害化されているわけではありませんが、その点を差し置いても、問題はつぎの点にあります。

核エネルギーがそれまでの燃焼つまり化学反応のエネルギーにくらべて桁違いに大きいのは、原子核を構成している核子の結合すなわち「核力」が、分子を構成している原子の結合すなわち「電磁力」にくらべて桁違いに強いからです。ところが人間の扱える技術は、基本的に「電磁力」にもとづいて形成され「電磁力」に依拠して作動するものなのです。それゆえ、それよりはるかに強い力である「核力」によって結合している原子核に手を加えるためには実験室で扱える微視的な量、つまり1個や2個の原子核の変換ですら、大型加速器のような巨大ですこぶる高価な装置を必要とします。もちろんそのためには相当のエネルギーつまり大量の電力も必要です。まして産業規模の量、つまり何キログラムや何トンもの物質を処理するとなると、天文学的なエネルギーと経費そして労力と時間を必要とするでしょう。

したがって、かりにそのような技術が開発されたと仮定しても、たとえば現在の原発がある期間に残す核のゴミを無害化するためには、その期間にその原発が生産した電力やその電力で得られる収入にくらべて桁違いに多くの電力と桁違いに多額の経費が必要とされるでしょう。その負担は国を挙げても追いつくものではなく、現実的にできることではないのです。

それでも、将来的にその問題も解決可能だとあくまで主張するのであれば、実際にその問題が解決されるまで原発を使用してはならないでしょう。その負担を現在の原子力発電の受益者つまり現在の原発の生む電力の消費者でもない何世代も先の子孫に負わせるのは、決定的に間違っているからです。

◪ ここで、本文では立ち入らなかった福島原発からの「汚染水」海洋放出の問題に触れておきます。

政府は、「汚染水」ではなく多核種除去装置ＡＬＰＳ（Advanced Liquid Processing System）によって放射性物質を除去した「処理水」だと言っています。しかし、汚染の程度は減少しているかもしれませんが、完全に浄化されているわけではありません。実際、その「汚染処理水」にはトリチウム（三重水素、半減期12年半）が含まれていることは政府も認めています。そのほかに、炭素14（半減期５７３０年）、ヨウ素１２９（半減期１５７０万年）、コバルト60（半減期５・３年）、ストロンチウム90（半減期29年）、イットリウム90（半減期64時間）、テクネチウム99（半減期６時間）、アンチモン１２５（半減期３年弱）、テルル１２５（半減期57日）、セシウム１３７（半減期30年）が検出されています（『報告』No. 594, 2023-12）。これらの多くの崩壊の際にβ線が放出されます。

この点について、これらの放射性原子核は、含まれているとしても十分に希釈されていて、ＩＡＥＡ（国際原子力機関）の「基準値」以下ゆえ問題はないと語られています。ＩＡＥＡは原発推進機関であり、その基準はもともと甘いということもありますが、そもそも放射能の危険性には、それ以下なら安全という意味の閾値（しきいち）が存在しないことが知られています。したがって「基準値」以下でも安全なわけではありません。

放射能の危険性に閾値はないというこの事実はいくつもの文献に書かれていますが、その理由は管見の及ぶかぎりではどこにも書かれていないようなので、物理学を学んできたものとしての私の理解をここに記しておきます。

光は、19世紀をとおして、ある振動数をもった波動として空間中を伝わると考えられていました。その振動数がある値の範囲のものが赤から紫までの光として人間の目に感じられるもの（可視光線）で、振動数がそれより大きいものが、順に紫外線、エックス線、γ線なわけです。

その光を金属に当てると、金属内の電子がその光のエネルギーをもらって金属の外に飛び出す光電効果といわれる現象があります。エネルギー論的には、金属内の電子が外に飛び出すためには金属ごとに決まった値以上のエネルギーが必要で、それゆえ外から当てる光のエネルギーが十分なら電子が飛び出るが、不十分なら飛び出ることはできません。

ところで実験では、「弱い光」でも、振動数が十分大きければ電子は金属から飛び出るが、「強い光」でも振動数が小さければ電子は出てこないことがわかりました。世紀の変わり目の頃です。このことは、「強い光」は多くのエネルギーを持ち、「弱い光」はわずかしかエネルギーを持たないとされるそれまでの単純な光の波動論では説明のつかないことでした。１９０５年にこの謎を解決したのが、26歳の青年アインシュタインだったのです。

アインシュタインは、次のように考えました。

これまで空間に連続的に広がった波動と思われていた光も、物質と相互作用をしてエネルギーをやり取りする際には、実は1個2個と数えられる粒子の集まりのように振る舞う。その粒子を「量子」といい、そのエネルギーは振動数に比例している。光が「強い、弱い」ということは、その量子の数が「多い、少ない」ということである。しかし金属との相互作用ではその量子1個がまるごと電子に吸収され、その持つエネルギーを電子に与えるのであり、したがって、弱い光つまり量子の数が少ない光でも、振動数が十分大きくて量子1個のエネルギーが十分であれば、電子は金属外に飛び出すことができるが、強い光、つまり量子の数が多い光でも、振動数が小さければ1個の量子のエネルギーが不十分で、そのため電子は金属外に飛び出すことができない。これが20世紀物理学としての量子論の始まりです。

さて放射能です。放射線のα線、β線はもともと粒子で、1個で十分なエネルギーを持っています。紫外線やエックス線やγ線は電磁波ですが、その振動数がきわめて大きいので、やはり量子として大きなエネルギーを持っています。γ線はもとより、紫外線やエックス線も人体に悪影響を与える理由です。

放射能が弱いということは、放射線の数が少ないということで、個々のα線やβ線やγ線のエネルギーが小さいというわけではありません。そして人体に作用するとき、つまり体細胞中の原子をイオン化する（電子をはじきとばす）ことで細胞を破壊するときには、1個の量子として、そのもつ十分なエネルギーを電子に与えるので、たとえ「弱い」放射能でも、被曝の確率が減るだけで、危険なことに変わりはないのです。そのことが、放射能の危険性にたいして閾値が存在しないことの理由なのです。それゆえ「汚染水」をどれだけ希釈しても、放射性核種が含まれるかぎり危険性がゼロになるわけではないのです。

ところで「処理水」には、トリチウムだけではなく、その他の何種類かの放射性核種が少ないにせよある割合で含まれているという事実にたいして、もともとある程度の放射線は自然界に存在しているのであるから、危険性を云々するようなものではない、という議論もあります。

放出された汚染処理水のなかに、トリチウムを除いてもっとも多く含まれていたのは炭素14です。たしかに炭素14も一定の割合で地上に存在しています。地球上の炭素原子核の大部分は炭素12（陽子6個と中性子6個の結合）ですが、地球には宇宙線と呼ばれる粒子が大気圏外から降り注いでいて、その宇宙線によって大気上空で生まれた中性子が空気中の窒素14（陽子7個と中性子7個の結合）と反応して――陽子を叩きだした中性子が吸収され――生まれたものが炭素14（陽子6個と中性子8個の結合）です。そして宇宙線の作用で生まれるその数と、半減期5730年で壊れてゆく数が釣り合った状態で、地球上の炭素原子核の中の炭素14の存在割合が決まるわけです。

ちなみに、このため炭素14は考古学の年代測定に使われています。その立ちいった説明は端折りますが、そのことは地表の炭素原子核のなかの炭素14の存在割合が長期にわたって変わらないということを前提としています。事実、人類の文明が発生して以降、20世紀後半に原水爆の実験がくり返されたことによる変化をのぞいて、その割合は変化していません。

たしかに人類にせよ、その他の生物にせよ、これまで一定の割合の放射線が自然界に存在する中で生命を保ち、繁殖してきたわけです。それに耐えうる力を持った種だけが地球上で生き延びてきたということでしょう。そのことは、そのためにある割合で癌にかかる人がいても、種の存在が維持されてきたということで、まったく影響を受けなかったわけではないでしょう。しかし、原発の使用やその事故によって新たに生み出された放射線は、これまで自然界にあったものに加えられ、その割合を増加させることになります。その増加の割合が小さいため、すぐには現在の人間や他の生物に影響が出ないということもあるかもしれません。しかしかりに10年や20年ならそうであったとしても、原発事故で熔け落ちた核燃料は何百年にもわたって強い放射線を出しつづけるのであり、汚染処理水の放出が今後何百年も累積すればどのような影響が出るのかは、わかりません。汚染処理水のなかで、圧倒的に多く含まれていたのは炭素14ですが、それは半減期が長いので、１０００年後でも9割弱が残っています。それゆえ汚染水を流しつづければ、溜まりつづけ濃度も増えつづけることになります。

それだけではありません。じつは現在でも回収され処理される以外に、福島原発の専用港付近には相当量の放射性物質が直接漏洩していることが知られています（『通信』No. 592, 2023-10）。そのことも含めて、現在の政府や東電がやっている「汚染処理水」の海洋放出にたいして、その影響をまったく無視するというのは、あまりにも無責任です。太平洋がいかに広いからといって、プランクトンから海藻類、そして小魚をへて大型魚に蓄積されてゆく食物連鎖が、何百年ものちに海洋の生態系にどのような影響を与えるのかは、誰にもわからないでしょう。しかし、影響がわかったときには、手遅れなのです。

今回政府は、漁業関係者の了解抜きに汚染水を海洋放出することはしないという以前の約束を無視して、海洋投棄に踏み切りました。しかしそもそも太平洋は日本だけのものではありません。太平洋は、ハワイやミクロネシアの諸島やその他の太平洋に面した国の人々の、もっと言えば世界中の人々にとっての、共有財産なのです。日本政府のやり方にたいして近隣のいくつもの国が批判するのは当然でしょう。それに放射性物質の海洋投棄はロンドン条約で禁じられていることなのです。

太平洋の保全ということでは、福島の原発事故だけでも日本は大変な責任を負っています。ましてや、これ以上太平洋を汚しつづけることは許されないことでしょう。とすれば、なすべきことは汚染水を当面大型タンク等に保管しておいて、日本の技術研究の総力をあげて、トリチウムも含めて汚染水を完全浄化する技術の開発を追究することではないでしょうか。放射性原子核を無害化する技術はまず不可能であるにしても、汚染水からそれを取り除く技術をより完全なものにすることは、不可能ではないでしょう。そういう努力もせずに、問答無用で海に流すことは、許されないことです。

◪ 本文でも述べたように、52年11月に米国がはじめて水素爆弾（水爆）の実験を行ない、翌年にはソ連も水爆実験に成功しました。アイゼンハワーが国連で「原子力平和利用」演説を行なった53年です。その水爆の威力に世界が驚愕し震撼したのは、54年に米国がビキニ環礁で行なった、そして現地の人々や日本の多くの漁船が被曝した、広島原爆の約千倍もの威力の水爆実験でした。核軍拡による米ソ間の緊張が高まっているときであり、両国が実際に軍事的に対決すれば、地球と人類の破滅にいたるのではないかという切迫した危機感が、人の心を捉えていました。

翌55年、哲学者ラッセルと物理学者アインシュタインは「われわれがいまこの機会に発言しているのは、……人間としてであり、その存続が疑問視されている人類の一員としてである」と始まる、核戦争絶滅にむけての共同声明を発表しましたが、その中に語られています。

われわれはいまや、とくにビキニの実験以来、核爆弾が想像されていたよりはるかに広い地域にわたって、破壊力を広げることを知っている。

信頼できる権威ある筋で、現在では広島を破壊した爆弾の２５００倍もの強力な爆弾がつくれるといわれている。

このような爆弾がもし地表近く、あるいは水中で爆発すれば、放射性の粒子が上空に吹き上げられる。そしてこれらの粒子は、死の灰または降雨の形で徐々に降下し、地球の表面に達する。日本の漁夫たちとその漁獲を汚染したのはこの灰であった。

こうした致死的な放射性の粒子が、どれほど広く広がるかは、だれにもわからない。しかし最も権威ある人々は一致して、水素爆弾による戦争は多分人類に終末をもたらすであろうと述べている。多数の水素爆弾が使用されれば、全面的な死滅が起るものと恐れられている――瞬間的に死ぬのは少数であるが、大多数のものはじりじりと病気と肉体崩壊の苦しみをなめねばならないであろう。

（グロッジンス＆ラビノビッチ編『核の世紀』みすず書房 1965, pp. 498–500. 傍点山本）

そして宣言は、核兵器について「人類の存続をおびやかしている」と表明しています。その危険性は、今も変わりはないでしょう。変らないどころか、その後、地球上の核兵器保有国も核分裂性物質もずっと増加し、その意味では危険性は増しています。

なお、この声明が発表されたのはこの年の9月ですが、じつはアインシュタインがラッセルに合意の手紙を出したのはその年の4月11日、その2日後にアインシュタインは大動脈破裂で倒れ、4月16日に死亡しています。アインシュタインが最後に公にした発言だったのです。

◪ ラッセル・アインシュタイン声明の時点はまた、本文でも述べたように核エネルギーの民生用使用すなわち核発電（原子力発電）の始まったばかりの時点で、その当時、核発電についての危険性はまだ公然とは語られていませんでした。この声明も、核エネルギーの民生用使用や核発電には触れていません。

それからほぼ70年、核発電はきわめて危険で処理の不可能な「死の灰」を含む核のゴミを生み出しつづけ、人類は今後何百年も何千年も、そのゴミを管理しつづけなければならないことを知りました。

つぎの問題もあります。先に、事故を起こした福島原発からの汚染水について触れましたが、実際には原発は、正常運転の過程でも、あるレベル以下ではあれ、汚染水を海洋に投棄していたのであり、それを政府は許容していたのです。原発の稼働は、一定量の放射性物質の環境への放出を不可欠の前提として成り立っているのです（詳しくは拙著『原子・原子核・原子力』p. 287f.）。

問題は、それだけでもありません。原発に使われる核分裂性ウランは自然界のウランにはきわめてわずか（1％以下）しか含まれていないので、ウラン鉱山から掘り出されるウラン鉱石の大部分は不要なわけです。そのため、実際に発電に必要な濃縮ウランにたいして、大量のウラン鉱滓を含む約10万倍の量の汚染残土が地上に残されます（詳しくは前掲拙著 pp. 289-291 参照）。それらはアメリカやカナダやオーストラリアやアフリカのウラン鉱山の近くに放置されていますが、もちろん放射能を有し、ウラン２３８の半減期が45億年ですから、危険な放射性のラドンガスを半永久的に出しつづけます。アメリカやカナダでは、それらは先住民の居住地の近くにあり、癌の発生等で実際に影響が出ています。

以上は、正常運転での問題です。まして原発が事故を起こせば、あらためて言うまでもなく、その影響ははるかに深刻で、時に破局的なものになります。

原発の危険性はまた、廃棄物や事故に限りません。本文で見たように、東欧やアジア・アフリカ諸国で原発建設と核発電が進んでゆくならば、たとえそれが「平和利用」だと言っても、少なくない国に核ナショナリズムが広がり、日本の支配層の一部で語られているような潜在的核武装路線を追求する国が生まれ、さらに何かのきっかけがあればいくつかの国が核武装に走る可能性も無視できません。原発推進は、たとえ民生用であれ、核兵器拡散の危険性をつねに孕んでいるのです。

その意味も含めて、核発電の何年にもわたる継続は、核戦争のように激烈なものには見えないけれども、同様に「じりじり」と長期にわたり人類社会を蝕み、同様に「人類の存続をおびやかしている」のです。ラッセル・アインシュタイン声明に付け加えるべき命題です。「反核」は、反核兵器（反原爆）であると同時に、反核発電（反原発）でなければならないのです。

この意味において日本で「反核」を語るには、しかし以下のことを指摘しなければならないと思われます。広島と長崎での原爆投下で被爆し、そしてビキニ環礁での水爆実験であらためて被曝を経験した日本は、世界にさきがけて原水爆禁止運動を立ち上げました。しかし、かつての戦争で侵略を受けたアジアの諸国の人々から見れば、日本は、米国の原爆投下の「被害国」である以前に、アジアの諸国への「侵略国」であり、日本の民衆は、原爆の「被害者」である以前に、アジアの人々への「加害者」だったのです。そのことの自覚や反省もなしに原爆被災の悲惨さだけを強調しても、アジアの人々の共感を得ることはできないでしょう。

日本が原水爆禁止の主張の普遍性・正当性をあくまで主張し、世界にそれを納得してもらい賛同を得るには、かつての日本の戦争責任をはっきり認めるとともに、日本が原水爆の禁止を心底望んでいることを身をもって表明しなければならないでしょう。そのためには、福島の事故で地球を汚染した責任を明らかにし、脱原発を宣言し、核発電から撤退することによって原発のない新しい社会の可能性を明らかにし、あわせて核燃料サイクル路線を放棄し、日本は将来的にも核武装することはないということを明白な形で世界に表明しなければならないでしょう。核技術の維持と核分裂性物質の備蓄をはかる潜在的核武装路線を放棄することによって、核ナショナリズムの克服を明瞭に示さなければならないのです。

＊＊＊

本書の出版にさいして、みすず書房の守田省吾氏と市原加奈子氏に大変にお世話になりました。とくに市原さんと校正の方には、原稿を丁寧に読んでいただき、ファクトチェックから使用用語そして表現の修正や統一にいたるまで、いくつもの重要な指摘をいただきました。また第一章については、草稿の段階で駿台予備学校日本史科講師・福井紳一氏にていねいに目を通してもらい、何点かの貴重なアドヴァイスをいただきました。この場を借りて厚く御礼申し上げます。

能登大地震から1カ月　2024年2月　山本義隆

事項索引

ページを示す数字の後の括弧内は注番号を示す.

あ行

か行

さ行

た行

な行

は行

ま行

や行

ら行

わ行

人名索引

ページを示す数字の後の括弧内は注番号を示す.

あ行

か行

さ行

た行

な行

は行

ま行

や行

ら行

わ行

参考文献

あ

青木一三 2012.『原発敗戦——事故原因の分析と次世代エネルギーの展望』工学社.
秋美二郎 1956.『通産官僚——政策とその実態』三一新書.
秋元健治 2011.『原子力事業に正義はあるか——六ヶ所核燃料サイクルの真実』現代書館.
秋元健治 2014.『原子力推進の現代史——原子力黎明期から福島原発事故まで』現代書館.
朝日新聞特別報道部 2012-15.『プロメテウスの罠（1～9)』学研パブリッシング.
アドキンス, ジェイソン 1984.「セラフィールド周辺の放射能汚染」『技術と人間』1984年11月, pp. 17-20.
有澤廣巳 1989.『歴史の中に生きる——有澤廣巳の昭和史』東京大学出版会.
安全なエネルギー供給に関する倫理委員会 2013.『ドイツ脱原発倫理委員会報告——社会共同によるエネルギーシフトの道すじ』吉田文和・M. シュラーズ編訳, 大月書店.
安藤丈将 2019.『脱原発の運動史——チェルノブイリ、福島、そしてこれから』岩波書店.
安藤良雄 1987.『太平洋戦争の経済史的研究——日本資本主義の展開過程』東京大学出版会.
安藤良雄 1968.「戦時経済統制の形成過程——戦時国家独占資本主義の体系」『経済評論』1968年5月, pp. 178-192.
飯田哲也 2020.「不可逆的な大転換」飯田哲也・金子勝『メガ・リスク時代の「日本再生」戦略——分散革命ニューディールという希望』筑摩選書, 第1章, pp. 39-103.
池内了 2023.「原子力基本法の大改定 「推進法」へ理念を変質」『毎日新聞』2023年5月19日夕刊.
池山重朗 1978.『原爆・原発』現代の理論社.
石井寛治 2012.『日本の産業革命——日清・日露戦争から考える』講談社学術文庫.
石堂清倫 1990.『続 わが異端の昭和史』勁草書房.
石橋克彦編 2011.『原発を終わらせる』岩波新書.
出弟二郎 1937.「戦争と電力動員」『科学主義工業』1937年10月号, pp. 83-91.
伊藤正子 2015.「誰のための原発計画か——その倫理性を問う」[伊藤・吉井編著 2015]所収, 第5章, pp. 133-170.
伊藤正子・吉井美知子編著 2015.『原発輸出の欺瞞——日本とベトナム、「友好」関係の舞台裏』明石書店.
伊原辰郎 1984.『原子力王国の黄昏』日本評論社.

今田高俊・寿楽浩太・中澤高師 2023.『核のごみをどうするか――もう一つの原発問題』岩波ジュニア新書.
今中哲二 2012.「学問研究の社会的責任を考えながら――放射能汚染！　チェルノブイリそして福島」［小林編 2012］所収, pp. 31-47.
植草益編 1994.『講座・公的規制と産業 1 電力』NTT 出版.
宇垣一成 1954.『宇垣日記』朝日新聞社.
宇沢弘文 1995.『地球温暖化を考える』岩波新書.
内橋克人 1998.『同時代への発言 2「消尽の世紀」の涯に』岩波書店.
内橋克人 1999a.『同時代への発言 3 実の技術・虚の技術』岩波書店.
内橋克人 1999b.『同時代への発言 7 九〇年代不況の帰結』岩波書店.
梅林宏道 2021.『北朝鮮の核兵器――世界を映す鏡』高文研.
梅本哲世 2000.『戦前日本資本主義と電力』八朔社.
NHK 取材班 1982.『原子力――秘められた巨大技術』日本放送出版協会.
「NHK スペシャル」取材班 2012.『“核”を求めた日本――被爆国の知られざる真実』光文社.
海老沢徹 2012.「批判精神を失くすことの危険――産・官・メディア情報の全てに疑問符を」［小林編 2012］所収, pp. 87-106.
榎本聰明 2009.『原子力発電がよくわかる本』オーム社.
大島堅一 2011.『原発のコスト――エネルギー転換への視点』岩波新書.
太田昌克 2014.『日米〈核〉同盟――原爆、核の傘、フクシマ』岩波新書.
太田昌克 2015.『日本はなぜ核を手放せないのか――「非核」の死角』岩波書店.
大西康之 2017.『東芝　原子力敗戦』文藝春秋.
大藪龍介 2020.『日本のファシズム――昭和戦争期の国家体制をめぐって』社会評論社.
大和田悌二 1940.『電力国家管理論集』交通経済社出版部.
奥村喜和男 1938.『日本政治の革新』育生社.
奥村喜和男 1940.『変革期日本の政治経済』ささき書房.
生越忠 1986.「幌延は高レベル廃棄物貯蔵施設の立地に適さない」『技術と人間』1986年 3 月, pp. 16-25.
尾関章 2013.『科学をいまどう語るか――啓蒙から批評へ』岩波書店.

か

核開発に反対する会編 2013.『隠れて核武装する日本　増補新版』影書房.
金井利博 1970.『核権力――ヒロシマの告発』三省堂.
鎌田慧 1977.『ガラスの檻の中で――原発・コンピューターの見えざる支配』国際商業出版.
鎌田慧 2001.『原発列島を行く』集英社新書.
鎌田慧 2012.『さようなら原発の決意』創森社.
上川龍之進 2018a.『電力と政治――日本原子力政策全史（上）』勁草書房.
上川龍之進 2018b.『電力と政治――日本原子力政策全史（下）』勁草書房.
川田稔編 2017.『永田鉄山軍事戦略論集』講談社.

河原宏 1974.「戦時下における科学・技術論――日本的科学・技術論の展開・覚書」早稲田大学社会科学研究所ファシズム研究部会編『日本のファシズム　II』所収, pp. 45-84.
関西電力株式会社建設部 1992.『関西電力水力技術百年史』関西電力株式会社.
企画院研究会 1941.『国防国家の綱領』新紀元社.
岸信介 1983.『岸信介　回顧録』廣済堂出版.
北沢洋子 1978.「原発シンジケートの暗躍と第三世界」, 反原発事典編集委員会編『反原発事典　I』現代書館, pp. 145-157.
黒沢文貴 2000.『大戦間期の日本陸軍』みすず書房.
原子力資料情報室編 2014.『日本の原子力60年　トピックス32』原子力資料情報室.
小出裕章 2004.「放射性廃物の問題点――ごみについて考える」『技術と人間』2004年1・2月合併号, 3月号［高橋他編 2012］所収, pp. 324-340.
小出裕章 2010.『隠される原子力・核の真実――原子力の専門家が原発に反対するわけ』創史社.
小出裕章 2012.「「原子力ムラ」の犯罪――問われるべき個人責任」［小林編 2012］所収, pp. 11-28.
纐纈厚 2010.『総力戦体制研究――日本陸軍の国家総動員構想』社会評論社.
纐纈厚 2011.『侵略戦争と総力戦』社会評論社.
古賀茂明 2011.『日本中枢の崩壊』講談社.
古儀君男 2021.『核のゴミ――「地層処分」は10万年の安全を保証できるか?!』合同出版.
小島精一 1940.『新体制版　ナチス統制経済読本』千倉書房.
後藤政志 2022.「技術の原理を無視する政府と原子力業界――表に出て来た原発メーカー、革新軽水炉の茶番」『原子力資料情報室通信』No. 582, 2022-12-1, pp. 7-9.
小林圭二 2002.「後退期を迎えた日本の原子力状況と地域運動の意味」『アソシエ』2002年10月, pp. 102-123.
小林圭二 2012.「「もんじゅ」破綻…もはや廃炉しかない」［小林編 2012］所収, pp. 199-223.
小林圭二編 2012.『「熊取」からの提言――怒れる六人の原子力研究者たち』世界書院.
小林哲夫 2021.「学長から学生まで徹底取材「原子力学科」はどうなる？」『中央公論』2011年10月, pp. 164-172.

さ

サイクル機構史編集委員会編 2005.『核燃料サイクル開発機構史』核燃料サイクル開発機構.
坂昇二・前田栄作 2007.『日本を滅ぼす原発大災害』風媒社.
嵯峨根遼吉 1946.「アメリカの原子核物理学」『科学圏』No. 1, Vo. 1, 1946年11月, pp. 62-66.
坂本雅子 1974.「電力国家管理と官僚統制」『季刊現代史』1974年第5号, pp. 192-203.
崎川範行 1978.『原子力との共存――今日の課題と未来への展望』本郷出版社.
佐藤栄佐久 2011.『福島原発の真実』平凡社新書.

志垣民郎著・岸俊光編 2019.『内閣調査室秘録——戦後思想を動かした男』文春新書.
司馬遼太郎 1999.『坂の上の雲（三）』文春文庫.
柴田宏行 1996.「日本の原発は本当に大丈夫か」星野芳郎・早川和男編『阪神大震災が問う現代技術』技術と人間, pp. 150-160.
白川真澄 2023.『脱成長のポスト資本主義』社会評論社.
城田登 1971.「戦争と三菱——その 100 年の歴史」城田他『三菱軍需廠——日本の産軍複合体と資本進出』所収, 現代評論社, pp. 5-98.
鈴木達治郎 2017.『核兵器と原発——日本が抱える「核」のジレンマ』講談社現代新書.
鈴木真奈美 2006.『核大国化する日本——平和利用と核武装論』平凡社新書.
鈴木真奈美 2014.『日本はなぜ原発を輸出するのか』平凡社新書.

た

高木仁三郎 1983.『核時代を生きる』講談社現代新書.
高木仁三郎 1999.『市民科学者として生きる』岩波新書.
高木仁三郎 2011.『原子力神話からの解放——日本を滅ぼす九つの呪縛』講談社＋α文庫.
高橋亀吉 1966.『明治大正産業発達史』柏書房.
高橋昇・天笠啓祐・西尾漠編 2012.『技術と人間　論文選』大月書店.
高橋衛 1972.「電力国家管理の過程」広島大学政経学会『政経論叢』1972 年 8 月, pp. 177-224.
田窪雅文 2011.「原子力発電と兵器転用——増え続けるプルトニウムのゆくえ」[石橋編 2011] 所収, pp. 165-176.
竹内敬二 2013.『電力の社会史——何が東京電力を生んだのか』朝日新聞出版.
武谷三男編 1976.『原子力発電』岩波新書.
竹林旬 2001.『青の群像——原子力発電草創のころ』日本電気協会新聞部.
竹本洋二 1983.「高速増殖炉をめぐる世界の動き」『技術と人間』1983 年 3 月, pp. 46-53.
田尻育三 1979.『昭和の妖怪　岸信介』学陽書房.
田中和男 2009.「一等国意識の浸透と動揺——明治後期のナショナリズムの諸相」米原謙・長妻三佐雄編『ナショナリズムの時代精神——幕末から冷戦後まで』第 2 章, 萌書房, pp. 27-49.
田中優 2021.『地球温暖化／電気の話と、私たちにできること』扶桑社新書.
田辺有輝 2015.「原発輸出と日本政府——海外原発建設に使われる国のお金」[伊藤・吉井編著 2015] 第 2 章, pp. 51-73.
田原総一朗 1986.『ドキュメント東京電力企画室』文春文庫.
中日新聞社会部編 2013.『日米同盟と原発——隠された核の戦後史』東京新聞.
通商産業省資源エネルギー庁長官官房原子力産業課編 1975.『日本の原子力産業——実用化段階を迎えた原子力産業』電気タイムス.
槌田敦 1993.『エネルギーと環境』学陽書房.
常石敬一 2015.『日本の原子力時代——一九四五～二〇一五年』岩波書店.

土井淑平 1988.『原子力神話の崩壊——ポスト・チェルノブイリの生活と思想』批評社.
東京電力 2004.『原子力発電の現状（2004 年度版）』東京電力株式会社広報部.
東京電力株式会社 2002.『関東の電気事業と東京電力——電気事業の創始から東京電力 50 年への軌跡』東京電力株式会社.

な

直井武夫 1939.「戦時体制下のソ連第三次五ヶ年計画」『科学主義工業』1939 年 5 月, pp. 101-110.
中尾麻伊香 2015.『核の誘惑——戦前日本の科学文化と「原子力ユートピア」の出現』勁草書房.
中嶋毅 1999.『テクノクラートと革命権力——ソヴィエト技術政策史 1917-1929』岩波書店.
中曽根康弘 1955.「国際情勢と原子力問題の方向」『経済展望』1955 年 11 月号, pp. 28-30.
中曽根康弘 1959.「原子力基本法の意図するもの」『時の法令』1959 年 2 月, pp. 14-17.
中曽根康弘 1992.『政治と人生——中曽根康弘回顧録』講談社.
中曽根康弘 2000.『二十一世紀——日本の国家戦略』PHP 研究所.
中曽根康弘 2012.『中曽根康弘が語る戦後日本外交』新潮社.
中林勝男 1982.『熊野漁民原発海戦記』技術と人間.
中村隆英編 1989.『日本経済史 7「計画化」と「民主化」』岩波書店.
中村隆英 1989.「概説　一九三七－五四年」［中村編 1989］所収, pp. 1-68.
中村隆英 2012.『昭和史（上下）』東洋経済新報社.
中村隆英 2017.『日本の経済統制——戦時・戦後の経験と教訓』ちくま学芸文庫.
中村隆英著, 原朗・阿部武司編 2015a.『明治大正史（上）』東京大学出版会.
中村隆英著, 原朗・阿部武司編 2015b.『明治大正史（下）』東京大学出版会.
中村政則 2005.『戦後史』岩波新書.
中山茂 1981.『科学と社会の現代史』岩波書店.
中山茂 1995.『科学技術の戦後史』岩波新書.
新潟日報報道部 1997.『原発を拒んだ町——巻町の民意を追う』岩波書店.
西尾漠 2003.『なぜ脱原発なのか？——放射能のごみから非浪費型社会まで』緑風出版.
西田毅 2001.「近代日本の政治思想におけるアポリア」西田編『近代日本のアポリア——近代化と自我・ナショナリズムの諸相』晃洋書房, pp. 1-9.
仁科芳雄 1951.『仁科芳雄博士遺稿集——原子力と私』学風新書.
西野寿章 2020a.『日本地域電化史論——住民が電気を灯した歴史に学ぶ』日本経済評論社.
西野寿章 2020b.「戦前の山村にあった電力改革のモデル」『評論』2020 年 1 月号, pp. 8-9.
日本原子力研究所原研史編纂委員会編 2005.『日本原子力研究所史』日本原子力研究所.

布川弘 2016.「「核の傘」と核武装論」小路田泰直他編『核の世紀——日本原子力開発史』東京堂出版, pp. 224-247.

は

橋本哲男編 1971.『海野十三敗戦日記』講談社.
長谷川公一 2011.『脱原子力社会へ——電力をグリーン化する』岩波新書.
原彬久 2003.『岸信介証言録』毎日新聞社.
原朗 1989.「戦時統制」[中村編 1989] 所収, pp. 69-105.
原武史 2011.『震災と鉄道』朝日新書.
原田正純 1985.『水俣病は終っていない』岩波新書.
塙和也 2021.『原子力と政治——ポスト三一一の政策過程』白水社.
半藤一利 2004.『昭和史　1926-1945』平凡社.
半藤一利 2006.『昭和史　1945-1989』平凡社.
半藤一利・保阪正康 2017.『ナショナリズムの正体』文春文庫.
坂野潤治 2012.『日本近代史』ちくま新書.
日高勝之 2021.『「反原発」のメディア・言説史 3.11 以後の変容』岩波書店.
広重徹 1973.『科学の社会史——近代日本の科学体制』中央公論社.
広瀬隆 2010.『原子炉時限爆弾——大地震におびえる日本列島』ダイヤモンド社.
広瀬隆・藤田祐幸 2000.『原子力発電で本当に私たちが知りたい 120 の基礎知識』東京書籍.
福田喜東 1939.「ソ連の統制経済は如何に進行しているか」『実業之日本』1939年8月, pp. 52-55.
藤田和夫 1985.『変動する日本列島』岩波新書.
藤田祐幸 1983.「地球を一周する日本の使用済核燃料——放射性物質の海上輸送のはらむ問題」『技術と人間』1983年1・2月合併号, [高橋他編 2012] 所収, pp. 309-323.
藤田祐幸 2008.「戦後日本の核政策史」核開発に反対する会編『隠して核武装する日本　増補新版』影書房, pp. 75-134.
藤田祐幸 2011.『藤田祐幸が検証する　原発と原爆の間』本の泉社.
藤田祐幸 2013.「戦後日本の核政策史」[核開発に反対する会編] 所収, pp. 75-134.
古川隆久 1990.「革新官僚の思想と行動」『史学雑誌』1990 年 4 月, pp. 1-38.
古屋将太 2023.「地域分散型再生可能エネルギーの進展とその障壁」, 茅野恒秀・青木聡子編『地域社会はエネルギーとどう向き合ってきたのか』所収, 新泉社, pp. 196-217.
保阪正康 2012.『日本の原爆——その開発と挫折の道程』新潮社.
細川進一 1939.「電力資源の今後の対策」『科学主義工業』1939 年 9 月, pp. 82-88.
堀真清 1978.「電力国家管理の思想と政策」早稲田大学社会科学研究所ファシズム研究部会編『日本のファシズム　Ⅲ』, pp. 135-168.

ま

松本三和夫 1999.「文化としての近代技術」, 加藤尚武・松山壽一編『科学技術のゆくえ』所収, ミネルヴァ書房, pp. 164-184.

水口憲哉 1985.「温廃水と漁民」『科学』1985年8月, pp. 506-510.
三谷太一郎 2017.『日本の近代とは何であったか――問題史的考察』岩波新書.
水谷三公 1999.『日本の近代 13 官僚の風貌』中央公論新社.
三菱重工業株式会社社史編さん委員会編 1990.『海に陸にそして宇宙へ――続三菱重工業社史 1964-1989』三菱重工業株式会社.
水戸巌 2014.『原発は滅びゆく恐竜である』緑風出版.
三宅泰雄 1977.「原子力と現代――プルトニウム問題をめぐって」『季刊 科学と思想』1977年10月, pp. 211-229.
宮崎正康・伊藤修 1989.「戦時・戦後の産業と企業」[中村編 1989] 所収, pp. 165-235.
宮嶋信夫 1989.「電力資本の需要拡大戦略」『技術と人間』1989年6月, [高橋他編2012] 所収, pp. 412-421.
室田武 1981.『原子力の経済学――くらしと水土を考える』日本評論社.
森谷正規 2004.『政治は技術にどうかかわってきたか』朝日新聞社.

や

矢田部厚彦 1981.「現代国際政治と原子力」『原子力工業』1981年4月, pp. 9-14.
山岡淳一郎 2011.『原発と権力――戦後から辿る支配者の系譜』ちくま新書.
山岡淳一郎 2015『日本電力戦争――資源と権益、原子力をめぐる闘争の系譜』草思社.
山川暁夫 1981.「現代ファシズムをどう捉えるか――テクノファシズム論の検討を通じて」『技術と人間』1981年5月, pp. 8-17.
山川均 1936.「国家社会主義論」『改造』1936年9月号, pp. 2-10.
山本昭宏 2012.『核エネルギー言説の戦後史 1945-1960「被爆の記憶」と「原子力の夢」』人文書院.
山本義隆 2018.『近代日本一五〇年――科学技術総力戦体制の破綻』岩波新書.
山本義隆 2022.『原子・原子核・原子力――わたしが講義で伝えたかったこと』岩波現代文庫.
吉岡斉 2011a.『原発と日本の未来――原子力は温暖化対策の切り札か』岩波書店.
吉岡斉 2011b.『新版 原子力の社会史――その日本的展開』朝日選書.
吉岡斉 2011c.「原子力安全規制を麻痺させた安全神話」[石橋編 2011] 所収, pp. 131-148.
吉田啓 1938.『電力管理案の側面史』交通経済社出版部.
吉村昭 2015.「零式戦闘機」『吉村昭 昭和の戦争 I 開戦前夜に』所収, 新潮社, pp. 7-293.
米原謙 2006.「日本ナショナリズム研究の観点から」同時代史学会編『日中韓ナショナリズムの同時代史』日本経済評論社, pp. 61-69.

わ

若泉敬 1966.「中国の核武装と日本の安全保障」『中央公論』1966年2月, pp. 46-79.
早稲田大学社会科学研究所ファシズム研究部会編 1978.『日本のファシズム II――戦争と国民』1974,『同 III――崩壊期の研究』早稲田大学出版部.

和田長久・原水爆禁止日本国民会議編 2011.『原子力・核問題ハンドブック』七つ森書館.

A-Z

Biddle, W. 2012.『放射能を基本から知るためのキーワード　84』梶山あゆみ訳, 河出書房新社, 2013.
Blakeslee, H.W. 1946.『原子力の将来』山屋三郎訳, 朝日新聞社, 1948.
Caldicott, H. 1978.『核文明の恐怖――原発と核兵器』高木仁三郎・阿木幸男訳, 岩波書店, 1979.
Carter, J. 1975.『なぜベストを尽くさないのか――ピーナツ農夫から大統領への道』酒向克郎訳, 英潮社, 1977.
Cooke, S. 2009.『原子力　その隠蔽された真実――人の手に負えない核エネルギーの70年史』藤井留美訳, 飛鳥新社, 2011.
Cumings, B. 1993.「世界システムにおける日本の位置」[Gordon ed. 1993a] 所収, pp. 92-149.
Dower, J.W. 1993.「二つの「体制」のなかの平和と民主主義――対外政策と国内対立」[Gordon ed. 1993a] 所収, pp. 40-91.
Fuhrmann, M. 2012.『原子力支援――「原子力の平和利用」がなぜ世界に核兵器を拡散させたか』藤井留美訳, 國分功一郎解説, 太田出版, 2015.
Gluck, C.「現在のなかの過去」[Gordon ed. 1993a] 所収, pp. 150-198.
Gordon, A. 2013a.『日本の200年――徳川時代から現代まで　新版（上）』原著第三版, 森谷文昭訳, みすず書房, 2013.
Gordon, A. 2013b.『日本の200年――徳川時代から現代まで　新版（下）』原著第三版, 森谷文昭訳, みすず書房, 2013.
Gordon, A. ed. 1993a.『歴史としての戦後日本（上）』中村政則監訳, みすず書房, 2001.
Gordon, A. ed. 1993b.『歴史としての戦後日本（下）』中村政則監訳, みすず書房, 2001.
Gorz, A. 1977.『エコロジスト宣言』髙橋武智訳, 緑風出版, 1980.
Jungk, R. 1977.『原子力帝国』山口祐弘訳, 日本経済評論社, 2015.
Klein, N. 2007.『ショック・ドクトリン――惨事便乗型資本主義の正体を暴く（上下）』幾島幸子・村上由見子訳, 岩波書店, 2011.
Klein, N. 2014.『これがすべてを変える――資本主義 vs. 気候変動（上下）』幾島幸子・荒井雅子訳, 岩波書店, 2017.
Küppers, C. & Sailer, M. 1994.『プルトニウム燃料産業――その影響と危険性』鮎川ゆりか訳, 高木仁三郎解説, 七つ森書館, 1995.
Lilienthal, David E. 1953.『TVA――総合開発の歴史的実験』原書第二版, 和田小六・和田昭允訳, 岩波書店, 1979.
Lilienthal, David E. 1964.『リリエンソール日記　II』末田守・今井隆吉訳, みすず書房, 1969.
Lochbaum, D, Lyman, E, Stranahan, S.Q. & The Union of Concerned Scientists 2014.『実録　FUKUSHIMA――アメリカも震撼させた核災害』水田賢政訳, 岩波書店 2015.

Meadows, D.H. 他 1972.『成長の限界——ローマ・クラブ「人類の危機」レポート』大来佐武郎監訳, ダイヤモンド社, 1972.
Meynaud, J. 1964.『テクノクラシー』壽里茂訳, ダイヤモンド社, 1973.
Mimura, Janis. 2011.『帝国の計画とファシズム——革新官僚、満洲国と戦時下の日本国家』安達まみ・高橋実紗子訳, 人文書院, 2021.
Overholt, W.H. 1977.『アジアの核武装』河合伸訳, サイマル出版会, 1983.
Ravetz, J. 2006.『ラベッツ博士の科学論——科学神話の終焉とポスト・ノーマル・サイエンス』御代川貴久夫訳, こぶし書房, 2010.
Schumacher, E.F. 1973.『スモール イズ ビューティフル——人間中心の経済学』小島慶三・酒井懋訳, 講談社学術文庫, 1986.
Schurr, S.H. & Marschak, J. 監修 1950.『原子力発電の経済的影響』湯川秀樹序, 森一久訳, 東洋経済新報社, 1954.
Van Wolferen, K. 1989a.『日本／権力構造の謎（上)』篠原勝訳, ハヤカワ文庫, 1994.
Van Wolferen, K. 1989b.『日本／権力構造の謎（下)』篠原勝訳, ハヤカワ文庫, 1994.

著者略歴

（やまもと・よしたか）

1941 年，大阪に生まれる．1964 年東京大学理学部物理学科卒業．同大学大学院博士課程中退．現在　学校法人駿台予備学校勤務．科学史家．著書に『知性の叛乱』（前衛社，1969）『重力と力学的世界』（現代数学社，1981，ちくま学芸文庫，全 2 巻，2021）『熱学思想の史的展開』（現代数学社，1987，新版，ちくま学芸文庫，全 3 巻，2008-2009）『磁力と重力の発見』全 3 巻（みすず書房，2003，パピルス賞・毎日出版文化賞・大佛次郎賞）『一六世紀文化革命』全 2 巻（みすず書房，2007）『福島の原発事故をめぐって』（みすず書房，2011）『世界の見方の転換』全 3 巻（みすず書房，2014）『原子・原子核・原子力』（岩波書店，2015）『私の 1960 年代』（金曜日，2015）『近代日本一五〇年』（岩波新書，2018，科学ジャーナリスト賞，2019）『リニア中央新幹線をめぐって』（みすず書房，2021）『ボーアとアインシュタインに量子を読む』（みすず書房，2022），ほか多数．

山本義隆
核燃料サイクルという迷宮
核ナショナリズムがもたらしたもの

2024年 5 月16日 第 1 刷発行
2024年 9 月 9 日 第 3 刷発行

発行所 株式会社 みすず書房
〒113-0033 東京都文京区本郷2丁目20-7
電話 03-3814-0131(営業) 03-3815-9181(編集)
www.msz.co.jp

本文組版 キャップス
印刷・製本 萩原印刷

ISBN 978-4-622-09697-9
[かくねんりょうサイクルというめいきゅう]

書名	著者	価格
ナガサキ 核戦争後の人生	S.サザード 宇治川康江訳	3800
ビキニ事件の真実 いのちの岐路で	大石又七	2600
昭和 戦争と平和の日本	J.W.ダワー 明田川融監訳	3800
憲法9条へのカタバシス	木庭顕	4600
日本の200年 新版 上・下 徳川時代から現代まで	A.ゴードン 森谷文昭訳	上 3600 下 3800
暗闘 新版 スターリン、トルーマンと日本降伏	長谷川毅	6000
大戦間期の日本陸軍 オンデマンド版	黒沢文貴	9500
二・二六事件を読み直す	堀真清	3600

（価格は税別です）